计算机系列教材

主　编　鲁　宁　邢丽伟　张宏翔　荣　剑　黄　苾　宋　蕾
副主编　禹玥昀　王　欢　李　莎　赵　璠　高　皜　王晓林　吕丹桔　赵家刚

大学计算机基础与新技术

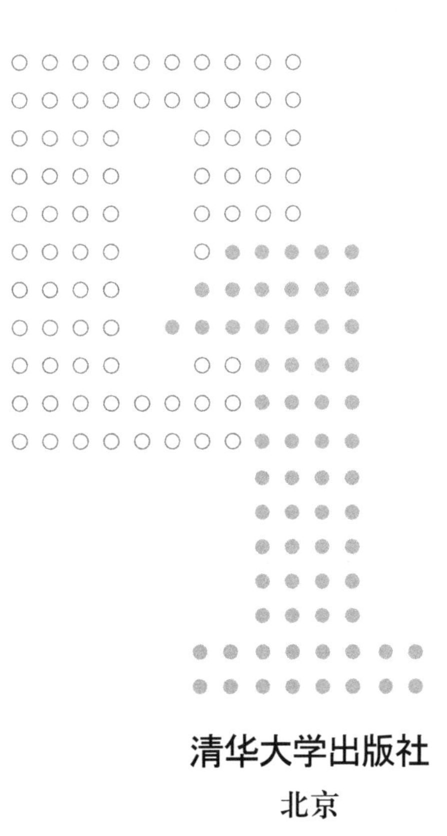

清华大学出版社
北京

内 容 简 介

本书详细讲解了大学计算机基础与新技术的相关理论及应用，并介绍了当今社会信息技术领域的一些最新成果。全书共分8章，内容包括计算机系统、操作系统、互联网应用、数据处理技术、计算思维与算法、大数据、物联网和人工智能。

本书适合作为高等院校计算机基础课程的教材，也可供计算机爱好者自学。

图书在版编目(CIP)数据

大学计算机基础与新技术/鲁宁等主编. —北京：清华大学出版社，2020.5(2024.9重印)
计算机系列教材
ISBN 978-7-302-55092-1

Ⅰ. ①大… Ⅱ. ①鲁… Ⅲ. ①电子计算机—高等学校—教材 Ⅳ. ①TP3

中国版本图书馆CIP数据核字(2020)第047371号

责任编辑：白立军
封面设计：常雪影
责任校对：焦丽丽
责任印制：宋 林

出版发行：清华大学出版社
网 址：https://www.tup.com.cn, https://www.wqxuetang.com
地 址：北京清华大学学研大厦A座 **邮 编**：100084
社 总 机：010-83470000 **邮 购**：010-62786544
投稿与读者服务：010-62776969，c-service@tup.tsinghua.edu.cn
质量反馈：010-62772015，zhiliang@tup.tsinghua.edu.cn
课件下载：https://www.tup.com.cn，010-83470236
印 装 者：三河市君旺印务有限公司
经 销：全国新华书店
开 本：185mm×260mm **印 张**：15.75 **字 数**：359千字
版 次：2020年5月第1版 **印 次**：2024年9月第11次印刷
定 价：49.00元

产品编号：087007-01

前　言

随着计算机科学和信息技术的飞速发展，国内高校的计算机基础教育面临新的机遇和挑战。"大学计算机基础"作为非计算机专业的第一门计算机类必修课程，是学习其他计算机相关技术的前导课程和基础课程。本书将计算机基础知识和新技术相结合，让新时代的大学生由浅入深地掌握计算机技能，力争把学生培养成既懂基础理论，又懂计算机最新技术的人才。

全书分为8章。第1章介绍计算机的发展历史、分类、特点及应用领域，计算机中数据的表示方法、进制转换，计算机的工作原理及计算机系统的构成；第2章介绍操作系统的概念、发展，常用的操作系统及功能等内容；第3章介绍计算机网络基础、互联网及相关技术、网络安全与防范等内容；第4章介绍数据处理技术的相关概念、Office数据处理、数据库技术及简单的数据库管理系统应用等内容；第5章介绍计算思维与算法的一些相关概念、解决问题的一般方法、Python简介、Raptor简介、C语言简介等内容；第6章介绍大数据的概念、思维、处理方法及典型应用案例；第7章介绍物联网的相关概念、起源、发展现状及相关技术；第8章介绍人工智能的相关理论、技术及应用。

本书作者都是多年从事一线教学的教师，具有丰富的教学经验，在编写时注重专题教学的实用性和可操作性。本书第1章由吕丹桔、禹玥昀编写；第2章由王欢、王晓林编写；第3章由赵璠编写；第4章由鲁宁、高皜编写；第5章由赵家刚编写；第6章由黄苾、邢丽伟、宋蕾编写；第7章由荣剑、李莎编写；第8章由张宏翔编写；本书得到张雁教授的指导及审阅，最终由鲁宁统稿。

本书涉及的知识面较广，内容的组织、编排若有不足之处，还请读者提出宝贵意见。

编　者

2020年1月

目　　录

第1章 计算机系统

从1946年第一台电子数字计算机诞生至今已超过半个世纪，在这70多年里，计算机技术和通信技术的迅猛发展，给世界带来了巨大变化和惊喜。在信息时代，以计算机和网络技术为主发展起来的新技术应用正在以惊人的速度扩散和渗透，在经济、文化等社会各领域得到广泛应用，不断更新和冲击着人类的思想观念。信息的获取、分析、处理、发布和应用能力成为现代人最基本的能力和文化水平的标志，已成为每一个生活在现代社会的人尤其是青年学生必须掌握的技能。

本章重点

(1) 了解计算机的起源和发展历史。

(2) 了解计算机的分类、特点及应用领域。

(3) 掌握计算机中数据的表示方法。

(4) 掌握不同进制之间的转换。

(5) 掌握计算机系统的基本组成。

(6) 掌握计算机的基本工作原理。

1.1 计算与计算机引论

当今，以信息科学为基础的信息技术正在高速发展，给人类社会带来一场史无前例的生产力变革。信息技术发展所创造的奇迹与神话，使人类认识自然与社会的能力得到空前增强。信息技术正在深入到社会领域的方方面面，影响着人们的生产生活方式。要正确理解什么是信息技术，先来了解几个相关的概念。

1.1.1 计算与计算机的起源

1. 什么是计算机科学中的计算

在了解这个问题之前，需要先了解两个概念：计算科学与计算学科。

计算科学(Computing Science)，又称为科学计算，它是一种与数学模型相结合，通过构建模型、定量分析再现、预测和发现客观物质运动规律或复杂现象演化规律的科学，能解决科学和工程中的数学问题。从计算机的应用范畴来说，它包括数值模拟、工程仿真、高效计算机系统和应用软件等。

学科是指相对独立的知识体系，我国高等学校本科教育专业设置按学科分类。计算学科(Computing Discipline)早在1988年就被提出，美国计算机协会(Association for

Computer Machinery,ACM)和国际电气和电子工程师协会计算机分会(IEEE-CS)联合完成了一份名叫“计算作为一门学科”的报告,第一次给出了计算学科的定义。从计算机的范畴来说,利用计算科学对其他学科中的问题进行计算机模拟或者其他形式的计算而形成的计算生物、计算化学、计算物理等学科都属于计算学科。

那么我们现在可以来回答“什么是计算机科学中的计算”这个问题了。首先来说明什么是计算机科学(Computer Science,CS)。1998 年,ACM 和 IEEE-CS 建立了计算教程 2001 联合工作组,在 2001 年年终提交了报告。报告中第一次提出了计算机科学知识体(Computer Science Body of Knowledge)的概念,此概念为计算学科的核心课程做了详细设计。计算机科学是基于艾伦·麦席森·图灵和冯·诺依曼结构的研究科学,图灵机是一个按照确定的、有限的规则和步骤,在对输入信息进行变换后给出输出信息,并在遇到停止状态时就结束工作的系统,所以说图灵机是一个可以进行计算的计算装置。由于不是所有问题都能够在确定、有限的步骤内完成,也就意味着不是所有的问题都是可计算的。到底哪些问题才是可计算的呢? 数学家丘奇于 1936 年发表的论文中给出可计算函数的第一份精确定义和可计算的严格数学定义,对算法理论的系统发展做出了巨大贡献。当今的计算机学科领域与其他的学科最大的不同之处便是,在计算机界有非常多的科学家致力于研究“什么是不可计算的问题”。

2. 计算机的起源

说到计算机的起源,不得不提到中国的算盘,算盘是中国传统的计算装置,是中国古代的一项重要发明。这种古老的计算设备很简单,它由固定在矩形框里的一组小棍组成,每根小棍又分上下两组并串上珠子,如图 1-1 所示。当珠子在小棍上上下移动时,它们的位置就表示要存储的值。正是这些珠子在棍子上的位置表示这台“计算机”所代表和存储的值。这个设备得依靠人的操作来控制算法的执行。因此,算盘本身只是个数据存储系统,它必须与人结合起来才成为一台完整的可计算数值的设备。然而,就是这样一个原始的计算工具,却有非凡的能力,在某些特殊场合,其计算效率丝毫不亚于甚至超过现在的电子计算机。直到 1982 年,中国的人口普查还使用算盘作为计数工具,可见,充满智慧的古代中国人是多么伟大。

图 1-1 中国的算盘

后来,基于齿轮技术设计的计算设备在西方国家逐渐发展成近代机械式计算机。这些机器在灵活性上得到进一步提高,执行算法的能力和效率也大大提高。

1642 年,法国物理学家布莱斯·帕斯卡(Blaise Pascal,1623—1662)制造出第一台机械式计算器 Pascaline。这台计算器是手摇的,也称为“手摇计算器”,只能够计算加法和减法。

1673 年,德国数学家戈特弗里德·威廉·莱布尼茨(Gottfried Wilhelm Leibniz,1646—1716)改进了帕斯卡计算器,在加减法的基础上,又加入了计算乘法、除法和平方根的功能。1679 年,莱布尼茨提出了二进制运算的概念。

1822年,英国剑桥大学的数学教授查尔斯·巴贝奇(Charles Babbage,1792—1871)发明了一种能够计算加减法的大型计算器,即差分机。19世纪30年代,巴贝奇又设计了分析机。他所设计的分析机具有计算机的5个基本部分:输入装置、处理装置、存储装置、控制装置,以及输出装置。这种机器以齿轮为元件,以蒸汽机为动力,能够读取卡片上的以洞孔形式表示的指令。因此,巴贝奇设计的分析机是第一台可编程的计算机。然而,遗憾的是巴贝奇所设计的分析机过于复杂,直到他去世也没有最终实现。

随着电子技术的不断发展和进步,人类社会逐渐从蒸汽时代过渡到电气时代。计算设备的设计也逐步从机械式向电子式转变。在这一期间,出现了如下具有代表性的里程碑事件。

图1-2 艾伦·麦席森·图灵

1904年,约翰·安布罗斯·弗莱明(John Ambrose Fleming)发明了真空管。

1932年,英国数学家艾伦·麦席森·图灵(见图1-2)(Alan Mathison Turing)提出了一个计算模型,现在称它为"图灵机"。现在的计算机在本质上与图灵机是一样的。

1936年,康拉德·楚泽(Konrad Zuse)制造了一台可编程的数字化计算机,它引入了二进制系统和电子管。

1944年,由美国哈佛大学数学教授霍华德·艾肯(Howard Hathaway Aiken)设计,IBM公司制造的"马克一号"(Mark Ⅰ)计算机在哈佛大学投入运行。这台机器采用大量的继电器作为开关元件,采用穿孔纸带进行程序控制。

1946年2月,美国陆军为了计算兵器的弹道,由美国宾夕法尼亚大学约翰·莫奇利(John Mauchly)和约翰·埃克特(John Eckert)等人共同研制出了世界上的第一台通用计算机ENIAC(Electronic Numerical Integrator and Computer,电子数字积分计算机),如图1-3所示,从此人类社会迈进了一个新的里程。

1946年6月,宾夕法尼亚大学的美籍匈牙利数学家冯·诺依曼(John von Neumann,见图1-4)研制出了世界上第二台计算机EDVAC(Electronic Discrete Variable Automatic Computer,存储程序通用电子计算机)。与ENIAC相比,它有两个重要改进:一是采用

图1-3 世界第一台通用计算机ENIAC

图1-4 冯·诺依曼

二进制;二是把程序和数据存入计算机内部。冯·诺依曼为现代计算机在体系结构和工作原理上奠定了基础。时至今日,计算机依然遵循的是冯·诺依曼提出的计算机体系结构。

1.1.2 计算机的发展历史

自从1946年第一台通用计算机诞生以来,在20世纪后半期的50年,由于新工艺和新材料得到突飞猛进的发展,计算机在硬件上也得到飞速发展。根据计算机所采用的物理器件,一般将计算机的发展分成以下几个阶段。

1. 第一代计算机

1946—1956年出现的通用计算机,称为“第一代计算机”。

第一代计算机最典型的代表就是世界上第一台通用计算机ENIAC。这台1946年2月诞生于美国宾夕法尼亚大学的庞然大物,质量超过30t,长30.48m,高2.4m,占地170m^2,共有1500个继电器和17 468个真空电子管。这些电子管是ENIAC的核心组成部件,但也为之带来无穷无尽的麻烦:使用这台电子计算机,每小时要耗电200kW。由于它耗电量太大,据说当它启动时,整个费城的电灯都会变暗。而且,电子管在工作时要产生大量的热能,将整个计算机变成一个大烤箱,不断地烘烤其中的部件,于是故障不断发生——平均每7min就会发生一次故障。就是这么一个巨型机器,运算效率却很不令人满意:1s内计算5000次加法,2s就可以算出的问题,却需要两天来输入指令和数据。

第一代计算机的基本特征如下。

(1) 采用电子管作为计算机的逻辑元件。

(2) 数据表示主要涉及定点数。

(3) 用机器语言或汇编语言编写程序。所有指令和数据都用1或0表示,分别对应电子器件的“接通”与“断开”。

(4) 存储设备落后,存储容量有限。由于当时电子技术的限制,每秒运算速度仅为几千次,内存容量仅几千字节。

第一代计算机体积庞大,造价高昂,主要应用于军事和科学研究工作。其代表机型有ENIAC、EDVAC、IBM 650(小型机)、IBM 709(大型机)。

2. 第二代计算机

1957—1964年出现的晶体管计算机,称为“第二代计算机”。

1929年,第一只半导体晶体管就出现了,但直到1947年贝尔实验室的肖克莱(William Shockley)获得现代的固体、可靠的晶体管的专利权时,人类才迎来新的计算时代的曙光。晶体管在本质上与真空电子管相同——控制电子的流动,但是它只有豌豆粒那么小,并且产生的热量很少。虽然晶体管在1929年就已经出现,但还只是实验室产品,没有在市场上普及。直到1954年,德州仪器公司发明了一种方法,可以大规模商业化生产硅晶体管,并将其应用在计算机上,新一代的计算机才脱颖而出。

第二代计算机的基本特征如下。

(1) 逻辑元件改为晶体管。

(2) 内存所使用的器件大多是用铁淦氧磁性材料制成的磁芯存储器,外存储器有了磁盘、磁带,外设种类也有所增加。

(3) 运算速度达每秒几十万次,内存容量扩大到几十 KB。

(4) 计算机软件也有了较大的发展,出现了 FORTRAN、COBOL、ALGOL 等高级语言。

与第一代计算机相比,晶体管电子计算机体积小、成本低、功能强,可靠性大大提高。除了用于科学计算外,还用于数据处理和事务处理。其代表机型有 IBM 7094、CDC 6600 等。

3. 第三代计算机

1965—1970 年出现的集成电路计算机,称为"第三代计算机"。

晶体管取代了电子管,虽然体积大大缩小,耗电量大大降低,但分立的晶体管元器件仍然使计算机体积较大,稳定性也不高。1958 年德州仪器公司将 5 个独立的晶体管部件组合在一起,用电路连接在一块半英寸长的锗片上,制造出了最早的集成电路。集成电路的发明为现代处理器的诞生创造了条件,极大缩小了计算机的体积,提高了电路的稳定性,对计算机微型化做出不可磨灭的贡献。随着固体物理技术的发展,集成电路工艺已经可以在几平方毫米的单晶硅片上集成由十几个,甚至上百个电子元件组成的逻辑电路。

第三代计算机的基本特征如下。

(1) 逻辑元件采用小规模集成电路(Small Scale Integration,SSI)和中规模集成电路(Middle Scale Integration,MSI)。

(2) 运算速度每秒可达几十万次到几百万次。

(3) 存储器进一步发展,用半导体存储器取代了磁芯存储器。体积越来越小,价格越来越低。

(4) 出现了操作系统,软件越来越完善。

这一时期,计算机同时向标准化、多样化、通用化、机种系列化方向发展。高级程序设计语言在这个时期有了很大发展,并出现了操作系统和会话式语言,计算机开始广泛应用于各个领域。其代表机型有 IBM 360、IBM 370、PDP-11 等。

4. 第四代计算机

1971 年至今出现的大规模集成电路电子计算机,称为"第四代计算机"。

20 世纪 70 年代以来,计算机逻辑器件采用大规模集成电路(Large Scale Integration,LSI)和超大规模集成电路(Very Large Scale Integration,VLSI)技术,在硅半导体上集成了大量的电子元器件。

第四代计算机的基本特征如下。

(1) 用超大规模集成电路取代中小规模集成电路。

(2) 采用并行处理和多处理器。

(3) 计算机出现了巨型化和微型化的分离,微型计算机异军突起。

目前,计算机的速度最高可以达到每秒20万亿次浮点运算。操作系统不断完善,应用软件已成为现代工业的一部分。主流产品有IBM的4300系列、3080系列、3090系列,以及最新的IBM 9000系列等。

5. 未来的计算机

前面所介绍的4代计算机,仅仅是在工艺和材料上的更新和发展,本质上依然是采用冯·诺依曼体系结构和二进制运算原理。日本、美国和欧洲的一些国家从20世纪80年代开始,纷纷探讨非冯·诺依曼体系结构的计算机,以及非二进制运算的计算机,将其作为新一代计算机系统的研究方向。例如,生物计算机、神经元计算机、量子计算机、光子计算机、超导计算机、纳米计算机、DNA计算机等。未来的计算机将着重致力于模式识别、语言处理、句式分析和语义分析的综合处理能力。人机之间可以直接通过自然语言(声音、文字)或图形图像交换信息,做到真正意义的"智能化",键盘和鼠标将渐渐退出历史舞台。之后,将会加大对未来的计算机在芯片级节能技术、基础架构级节能技术、系统级节能技术等方面的研究力度。

1.1.3 计算机的分类

随着计算机技术的发展和应用的推动,计算机的类型越来越多样化。计算机的类型通常可以按照下面3个不同的角度来划分。

1. 按工作原理分类

根据计算机内部处理信息方式的不同,可将计算机分为以下两大类:电子数字计算机和电子模拟计算机。电子数字计算机采用的是数字技术,其特点为:参与运算的数值信息是断续的离散量,即用二进制表示的量,如0或1。电子模拟计算机采用的是模拟技术,其特点为:参与运算的数值信息是连续量,即连续变化的物理量。现在电子模拟计算机使用较少,绝大多数都是电子数字计算机。

2. 按应用分类

根据用途及其使用的范围,计算机可以分为通用机和专用机。通用机的特点是通用性强,具有很强的综合处理信息的能力,能够解决各类问题。专用机是为某一特定领域设计的计算机,功能单一,配有解决特定问题的软、硬件,但能够高速、可靠地解决特定的问题。

3. 按规模分类

根据计算机的处理能力、运算速度、存储容量等指标综合考虑,可将计算机分为巨型机、大型机、中型机、小型机、微型计算机、嵌入式计算机等。它们的工作原理基本一样,但体积大小、硬件性能指标、软件配置等方面有所不同。随着计算机科学技术的不断发展,过去使用的大型机可能性能还比不过如今的小型机,如今使用的中型机也有可能变成将来的微型计算机。因此,按规模划分的计算机类型之间的界限是动态变化的,但计算机大型化和微型化是两个重要的发展方向。

1) 巨型机和大型机

巨型机和大型机(也被称为"高性能计算机")是指速度较快、处理能力较强的计算机。巨型计算机的发展集中体现了计算机科学技术的发展水平,推动了计算机系统结构、硬件和软件的理论和技术、计算数学,以及计算机应用等多个学科分支的发展。高性能计算机数量不多,但却有重要和特殊的用途。在军事方面,可用于战略防御系统、大型预警系统、航天测控系统等。在民用方面,可用于大区域中长期天气预报、大型科学计算等。

"中国巨型计算机之父"是 2002 年国家最高科学技术奖获得者金怡濂院士。他在 20 世纪 90 年代初提出了一个我国超大规模巨型计算机研制的全新跨越式方案。这一方案把巨型机的峰值运算速度从每秒 10 亿次提升到每秒 3000 亿次以上,跨越了两个数量级,闯出了一条中国巨型机赶超世界先进水平的发展道路。近几年来,我国巨型机的研发也取得了很大的成绩,推出了"曙光""联想"等代表国内最高水平的巨型机系统,并在国民经济的关键领域得到应用。

图 1-5 曙光 5000A 高性能计算机

2008 年 6 月,中科院计算机技术研究所、曙光信息产业有限公司、上海超级计算机中心共同研制出了中国首款超百万亿次超级计算机"曙光 5000A"(见图 1-5)。2009 年 10 月,由国防科技大学研制的"天河一号"又成功实现百万亿次到千万亿次的跨越,我国成为继美国之后世界上第二个能够研制千万亿次超级计算机系统的国家。

2) 中型机和小型机

中小型计算机的规模和性能比不上大型机和巨型机,但又比微型计算机性能要好,介于二者之间,通常用作一个单位或部门的服务器。

3) 微型计算机

微型计算机又称为个人计算机(Personal Computer,PC),简称微机。1971 年,美国 Intel 公司首先成功研制出世界上第一块微处理器 Intel 4004,从此揭开了世界微型计算机大发展的帷幕。随后,许多公司(如 Motorola、Zilog 等)也争相研制微处理器,推出了 8 位、16 位、32 位、64 位微处理器。几乎每隔 18 个月,微处理器的集成度和处理速度就能提高一倍,而价格却下降一半(符合摩尔定律),至今已经推出了 5 代微处理器产品。

第一代微型计算机(1971—1972)是以 4 位微处理器 Intel 4004、Intel 4040 和 Intel 8008 为代表的微型计算机。

第二代微型计算机(1973—1977)是以 8 位微处理器 Intel 8080、Motorola M6800、Zilog Z80、Apple 6502 为代表的微型计算机。

第三代微型计算机(1978—1981)是以 16 位微处理器 Intel 8088、8086、80286 为代表的微型计算机,如 IBM-PC 机和 IBM-AT 微型计算机。运算速度比 8 位机快 2~5 倍,赶上或超过了20世纪70年代的小型机的水平。

第四代微型计算机(1982—2001)是以32位微处理器Intel 80386、80486为代表的386、486微型计算机。

第五代微型计算机(2002年至今)是64位计算机。其实,高档的64位微处理器在20世纪就已经生产,并在一些高档的工作站和小型机中使用。但是,近几年来才在普通微机中使用64位处理器。

由于微型计算机具有体积小、质量小、价格便宜、耗电少、可靠性高、通用性和灵活性强等特点,再加上超大规模集成电路技术的迅速发展,微型计算机技术得到极其迅速的发展和广泛应用,而应用的需求又进一步推动了计算机的发展。

微型计算机主要分为3类:台式机、笔记本计算机和掌上计算机。

4) 嵌入式计算机

从20世纪80年代起,许多家用设备,像早期的电视游戏控制器,后来出现的移动电话、录像机、PDA(掌上计算机)和许多其他工业、电子设备,都内嵌有特定用途的计算机。这些计算机通常被称为"嵌入式计算机"。

1.1.4 计算机的特点

计算机是迄今为止人类发明的最智能、最精密的设备。它有如此广泛的应用领域,源于以下这些特点。

1. 运算速度快

运算速度是计算机的一个重要性能指标。计算机的运算速度通常用每秒执行定点加法的次数或平均每秒执行的指令的条数来衡量。运算速度快是计算机的一个突出特点。计算机的运算速度已由早期的每秒几千次(如ENIAC机每秒仅可完成5000次定点加法)发展到现在,就是普通的微型计算机每秒都可执行几十万条指令,而巨型计算机最高每秒可执行几千亿次乃至万亿次指令。随着计算机技术的发展,计算机的运算速度还在不断提高。计算机的高速运算能力极大地提高了人们的工作效率,把人们从浩繁的脑力劳动中解放出来。过去由人工旷日持久才能完成的计算,计算机在"瞬间"即可完成。曾有许多数学问题,由于计算量太大,数学家们终其一生也无法完成,现在使用计算机则可轻易地解决。再例如,天气预报需要分析大量的气象资料数据,单靠手工完成计算是不可能的,而用巨型计算机只需十几分钟就可以完成。

2. 计算精度高

在科学研究和工程设计中,对计算结果的精度有很高的要求。一般的计算工具只能达到几位有效数字(如过去常用的4位数学用表、8位数学用表等)的精度。而数据在计算机内是用二进制数编码的,数据的精度主要由表示这个数据的二进制码的位数决定。这样就可以通过软件设计技术来实现任何精度的要求。现在,计算机中的数据结果的精度通常可达到十几位至几十位有效数字,还可以根据需要达到任意的精度。

3. 存储容量大

计算机的存储器类似于人的大脑，可以存储大量的数据和计算机程序，这使计算机具有了“记忆”功能。因为有大容量存储器，计算机在计算的同时还可以把中间结果存储起来，供以后使用。计算机的存储器容量也是衡量一台计算机性能高低的一个重要标志。现在，计算机的存储容量越来越大，已高达 PB(拍字节)和 EB(艾字节)数量级，甚至出现了 ZB、YB、BB、NB、DB 等存储单位。

4. 具有逻辑判断功能

人是有思维能力的，而思维能力本质上是一种逻辑判断能力。计算机借助逻辑运算，也可以进行逻辑判断，并根据判断结果自动确定下一步该做什么。计算机的运算器除了能够完成基本的算术运算外，还具有进行比较、判断等逻辑运算的功能。这种能力是计算机处理逻辑推理问题的前提，也是计算机区别于其他机器的最基本的特点。

5. 可靠性高

随着微电子技术和计算机技术的发展，现代计算机连续无故障运行时间可达到几十万小时以上，具有极高的可靠性。例如，安装在宇宙飞船上的计算机可以连续几年可靠地运行。计算机应用在管理中也具有很高的可靠性，而人却很容易因疲劳等原因出错。另外，计算机对不同的问题，只是执行的程序不同，因而具有很高的稳定性。

6. 自动化程度高，通用性强

计算机的工作方式是将程序和数据先存放在机内，工作时按程序规定的步骤一步一步地自动完成运算，一般不用人工干预，因而自动化程度高。这一特点是一般计算工具所不具备的。

计算机通用性强的特点表现在其几乎能解决自然科学和社会科学中的一切问题，能广泛地应用于各个领域。现代计算机不仅可用来进行科学计算，还可用于数据处理、实时控制、辅助设计、办公自动化和网络通信等，通用性非常强。

1.1.5 计算机的应用领域

计算机的应用已渗透到社会的各行各业，正在改变着传统的工作、学习和生活方式，推动着社会的发展。计算机的主要应用领域如下。

1. 科学计算

科学计算即数值计算，是计算机应用的一个重要领域，是指利用计算机来完成科学研究和工程技术中数学问题的计算。在现代科学技术工作中，有大量且复杂的科学计算问题。科学计算利用计算机的高速计算、大存储容量和连续运算的能力，可以解决人工无法解决的各种科学计算问题。例如，建筑设计中为了确定构件尺寸，通过弹性力学导出一系列复杂方程，长期以来由于计算方法跟不上而一直无法求解。而计算机不但能求解这类方程，而且引起弹性理论上的一次突破，出现了“有限单元法”。计算机的发明和发展首先是为了完成科学研究和工程设计中大量复杂的数学计算。没有计算机，许多科学研究和工程设计，如天气预报和石油勘探等，将无法进行。

2. 数据处理

数据是用于表示信息的数字、字母、符号的有序组合，可以通过声、光、电、磁、纸张等各种物理介质进行传送和存储。数据处理，一般泛指非数值方面的计算，是对各种数据进行收集、存储、整理、分类、统计、加工、利用、传播等一系列活动的统称。据统计，80%以上的计算机系统主要用于数据处理，这决定了计算机应用的主要方向。

数据处理从简单到复杂，经历了如下4个发展阶段。

(1) 电子数据处理(Electronic Data Processing，EDP)，以文件系统为手段，实现一个部门内的单项管理。

(2) 管理信息系统(Management Information System，MIS)，以数据库技术为工具，实现一个部门的全面管理，以提高工作效率。

(3) 决策支持系统(Decision Support System，DSS)，以数据库、模型库和方法库为基础，帮助管理决策者提高决策水平，改善运营策略的正确性与有效性。

(4) 专家系统(Expert System，ES)，一种具有大量特定领域知识与经验的程序系统，它应用人工智能技术，根据某个领域一个或多个人类专家提供的知识和经验进行推理和判断，模拟人类专家求解问题的思维过程，以解决该领域内的各种问题。

3. 过程控制

过程控制也称为自动控制、实时控制，是涉及面很广的一门学科，在工业、农业、国防以及人们日常生活的各个领域得到广泛应用。例如，由雷达和导弹发射器组成的防空系统、地铁指挥控制系统、自动化生产线等，都需要在计算机控制下运行。再例如，在汽车工业方面，利用计算机控制机床和整个装配流水线，不仅可以实现精度要求高、形状复杂的零件的自动化加工，而且可以使整个车间或工厂实现自动化。

4. 计算机辅助工程

计算机辅助系统是近几年来迅速发展的一个计算机应用领域，它包括计算机辅助设计(Computer Aided Design，CAD)、计算机辅助制造(Computer Aided Manufacture，CAM)、计算机辅助教学(Computer Assisted Instruction，CAI)等多个方面。CAD广泛应用于船舶设计、飞机设计、汽车设计、建筑设计、电子设计；CAM则是使用计算机进行生产设备的管理和生产过程的控制；CAI可使教学手段达到一个新的水平，即利用计算机模拟一般教学设备难以表现的物理现象或工作过程，通过交互操作可以极大地提高教学效率。

5. 办公自动化

办公自动化(Office Automation,OA)是指用计算机帮助办公室人员处理日常工作。例如,用计算机进行文字处理,文档管理,资料、图像、声音处理和网络通信等。它既属于信息处理的范畴,又是目前计算机应用的一个较独立的领域。

6. 数据通信

计算机通信是近年来迅速发展起来的利用计算机进行数据通信的手段,它的出现大大地改变了人们进行信息交互的方式和手段,是一种真正意义上的全天候、全双工通信。计算机网络技术的发展,促进了计算机通信应用业务的开展。目前,完善计算机网络系统和加强国际信息交流已成为世界各国经济发展、科技进步的战略措施之一,因而世界各国都特别重视计算机通信的应用。多媒体技术的发展给计算机通信注入新的内容,使计算机通信由单纯的文字数据通信扩展到音频、视频和活动图像的通信。Internet 的迅速普及使诸如网上会议、网上医疗、网上理财、网上商业等网上通信活动进入了人们的生活。随着全数字网络综合业务数字网(Integrated Service Digital Network,ISDN)和异步数字用户线(Asymmetric Digital Subscriber Line,ADSL)宽带网的广泛使用,计算机通信将进入高速发展的阶段。总之,以计算机为核心的信息高速公路的实现,将进一步改变人们的生活方式。

7. 人工智能

人工智能(Artificial Intelligence,AI)是研究、开发用于模拟、延伸和扩展人的智能的理论、方法、技术及应用系统的一门新的技术科学。人工智能是计算机科学的一个分支,它企图了解智能的实质,并生产出一种新的能与人类智能相似的方式做出反应的智能机器,该领域的研究包括机器人、语言识别、图像识别、自然语言处理和专家系统等。人工智能从诞生以来,理论和技术日益成熟,应用领域也不断扩大,可以设想,未来人工智能带来的科技产品,将会是人类智慧的“容器”。人工智能是对人的意识、思维的信息过程的模拟。人工智能不是人的智能,但能像人那样思考,也可能超过人的智能。

人工智能是一门极富挑战性的科学,从事这项工作的人必须懂得计算机知识、心理学和哲学。人工智能包括十分广泛的科学,它由不同的领域组成,如机器学习、计算机视觉等,总的说来,人工智能研究的一个主要目标是使机器能够胜任一些通常需要人类智能才能完成的复杂工作。但不同的时代、不同的人对这种“复杂工作”的理解是不同的。2017 年 12 月,人工智能入选“2017 年度中国媒体十大流行语”。

1.2 计算机数据化基础

当用户使用计算机时,轻点鼠标,就可以完成上网浏览、观看视频、制作工作报表等,几乎日常生活所有需要完成的事情都可以用它来实现,这么“神奇的物件”究竟是怎么完成这些事情的呢?它怎么会“识字”“识图”“拥有超强的计算能力”,既能懂得中文也能懂英文，甚至是世界上任何语言，大家一定很想弄明白这样的“精灵”是如何做到的。本节将带领大家学习计算机是如何存储和表示数据的，了解计算机计算的基本原理，进而了解计算机中数据的分类、表示、编码和计算等诸多问题。

1.2.1 计算机与二进制

在了解二进制之前，先来看一下我们熟悉的十进制，可能因为人类有10个手指头，过去人类习惯用十进制计数。早期的机械式计算机采用的便是十进制，它利用齿轮的不同位置来表示不同的数值，如图1-6所示。

十进制有10个符号，需要有10种稳定状态与之对应，能够表示10种状态的电子器件很困难，但是能够实现在两种状态之间转换的器件非常容易。17世纪法国著名数学家莱布尼茨首次提出了用二进制数，即用0和1表示一切数字。

中国传统文化的太极八卦图(见图1-7)用0和1表示八卦图的64个卦象，朴素地映射了宇宙万物。

图1-6 机械式计算机

图1-7 伏羲八卦图

无论计算机的功能有多么强大，能够处理的信息有多么丰富，计算机硬件唯一能够直接识别的信息只有一种，就是0和1，因此计算机有足够的理由采用二进制编码。首先，技术上便于实现，因为具有两种状态的电子器件容易找；其次，只有0和1两种符号的运算规则极其简单；第三，逻辑运算的对象是“真”和“假”，两种状态正好与之对应，符合逻辑运算。

1.2.2 数据的表示和编码

下面先看一个十进制数的例子。

7 394.75可表示为

$$7\times1000+3\times100+9\times10+4\times1+7\times0.1+5\times0.01$$
$$=7\times10^{3}+3\times10^{2}+9\times10^{1}+4\times10^{0}+7\times10^{-1}+5\times10^{-2}$$

可以看到，每个数字符号的位置不同，它所代表的数值大小也不同，这就是通常所说的个位、十位、百位、千位……记数制由一组数码符号、基数和位权组成，如图1-8所示。

(1) 数码：一组用来表示某种数制的符号。如十进制采用0、1、2、…、9这组符号。

(2) 基数：为数制所用的数码的个数，用R表示，称R进制。其进位规律是“逢R进一”。如十进制有10个符号,基数为10,所以称为十进制,逢十进一。

(3) 位权:用于表示不同位置上的数的权值。在某进位制中,处于不同数位的数码,代表不同的数值,某一个数位的数值由这个数位的数码值乘以这个位置的固定常数构成,这个固定常数称为“位权”。

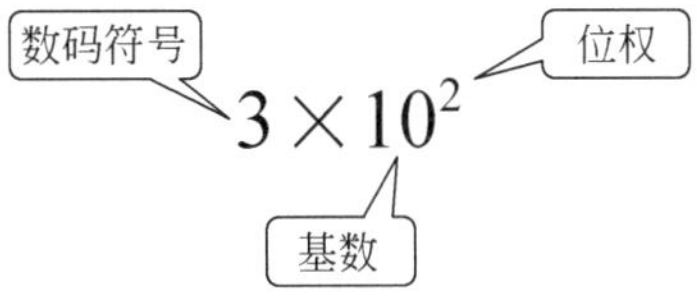

数码符号 3×10^2 位权 基数

图 1-8 记数制组成要素

在计算机科学中,通常使用的进位制是二进制、八进制、十进制和十六进制。

1. 十进制

十进制由0、1、2、3、4、5、6、7、8、9共10个不同符号组成,其基数为10,位权为10^n。十进制数的运算规则是逢十进一。

2. 二进制

计算机中的所有数据都是以二进制形式存储的。二进制数的数码是0和1,基数为2,位权为2^n,运算规则是逢二进一。

3. 八进制

八进制的数码符号有0、1、2、3、4、5、6、7,基数为8,位权为8^n,运算规则是逢八进一。

4. 十六进制

十六进制的数码符号有0、1、2、3、4、5、6、7、8、9、A、B、C、D、E、F共16个,基数为16,位权为16^n,运算规则是逢十六进一。

通常用$(\quad)_r$表示不同进制的数,如二进制数101.11表示为$(101.11)_2$,十进制数825.96表示为$(825.96)_{10}$。也可以在数字的后面用特定字母表示,如B表示二进制,D表示十进制(D可省略),O表示八进制,H表示十六进制。例如,10061O、1078D、10110AH、1011B。

1.2.3 不同进制数之间的转换

1. *R* 进制数转换为十进制数

按权展开法,可把一个*R*进制数转换成十进制数,其十进制数值为每一位数字与其位权之积的和。

$$a_n\cdots a_1a_0.a_{-1}\cdots a_{-m}=a_n\times R^n+\cdots+a_1\times R^1+a_0\times R^0+\cdots a_{-m}\times R^{-m}$$

【例1-1】 将下列数转换为十进制数。

解:

$$101011.01\text{B}=1\times2^5+0\times2^4+1\times2^3+0\times2^2+1\times2^1+1\times2^0+0\times2^{-1}+1\times2^{-2}$$
$$=32+8+2+1+0.25=43.25$$

$7320.6O=7\times8^3+3\times8^2+2\times8^1+0\times8^0+6\times8^{-1}=3792.75$

$83AB.DH=8\times16^3+3\times16^2+10\times16^1+11\times16^0+13\times16^{-1}=33\ 707.8125$

2. 十进制数与二、八、十六进制数之间的转换

(1) 整数部分：除以 R 取余数，直到商为 0，得到的余数即为二进制数各位的数码，余数从右向左排列。

(2) 小数部分：乘以 R 取整数，直到小数部分为 0 或满足精度要求为止，将所取得的整数从左向右排列，即为 R 进制中的小数部分数码。

为了方便记忆数据的排列顺序，我们可以这样记忆：无论是整数部分还是小数部分，先得到的数更靠近小数点。

【例 1-2】 将十进制数 92.375 转换为二进制数。

解：整数部分：把 92 反复除以 2，直到商为 0，所得的余数（从末位读起）就是这个数的二进制表示——除 2 取余法。

小数部分：将 0.375 连续乘以 2，选取进位整数，直到满足精度要求为止——乘 2 取整法。

演算过程如下：

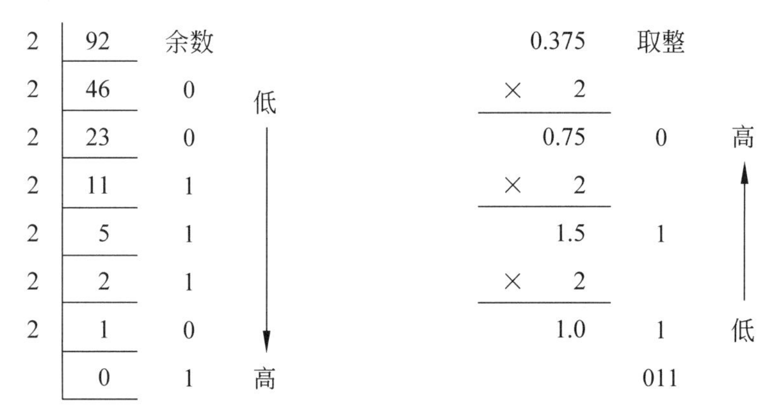

1011100

所以得：92.375=1011100.011B。

同理，将十进制整数转换成八进制数的方法是“除 8 取余法”，十进制整数转换成十六进制整数的方法是“除 16 取余法”。

【例 1-3】 将十进制整数 93 转换为八进制整数和十六进制整数。

解：

除数	被除数	余数	
8	93		
8	11	5	低
8	1	3	↓
	0	1	高

结果： 135

除数	被除数	余数	
16	93		低
16	5	13(D)	↓
	0	5	高

结果：5D

所以得：93D＝135O＝5DH。

十进制小数转换为八进制小数的方法是“乘 8 取整法”。十进制小数转换成十六进制小数的方法是“乘 16 取整法”。

【例 1-4】 将十进制小数 0.375 转换为八进制小数和十六进制小数。

解：

	取数
0.375	
× 8	
3.000	3

其小数部分为 3

	取数
0.375	
× 16	
6.000	6

其小数部分为 6

所以得：0.375D＝0.3O＝0.6H。

注意： 将十进制小数转换成二进制小数，可能出现取整后小数部分始终不为零或产生循环的情况，这时就取有限位即可。实际上，在计算机中表示的数一般是个近似数，如将十进制小数 0.2 转换为二进制小数：0.2≈0.00110011…B。

3. 二进制数与八进制数之间的转换

由于二进制数和八进制数之间存在特殊关系，即 $8^1=2^3$，它们之间的对应关系是八进制数的每一位对应二制数的 3 位。

1）二进制数转换成八进制数

二进制数转换成八进制数的方法：先将二进制数从小数点开始分组划分，整数部分从右向左 3 位一组，小数部分从左向右 3 位一组，若不足 3 位用 0 补足，再转换成八进制数。

【例 1-5】 将 1011011100.1011B 转换成八进制数。

解：

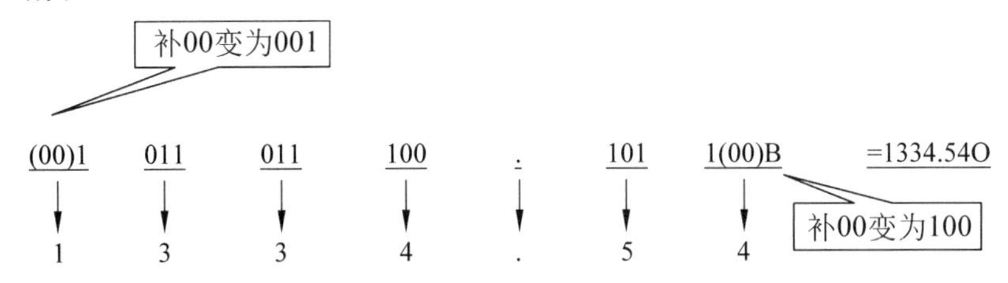

所以得：1011011100.1011B＝1334.54O。

2）八进制数转换成二进制数

以小数点为界，向左或向右每一位八进制数用相应的 3 位二进制数取代，然后将这些二进制数连在一起即可。若中间位不足 3 位，在前面用 0 补足。

【例 1-6】 将 2374.52O 转换为二进制数。

解：

2	3	7	4	.	5	2O	=10011111100.10101B
↓	↓	↓	↓	↓	↓	↓	
010	011	111	100	.	101	010	

所以得：2374.52O＝10011111100.10101B。

4. 二进制数与十六进制数之间的转换

1）二进制数转换成十六进制数

二进制数的每 4 位刚好对应于十六进制数的 1 位（$16^1=2^4$），转换方法：将二进制数从小数点开始分组划分，整数部分从右向左每 4 位一组，小数部分从左向右每 4 位一组，不足 4 位用 0 补足，每组对应一位十六进制数，即可得到十六进制数。

【例 1-7】 将 1101101110.110101B 转换为十六进制数。

解：

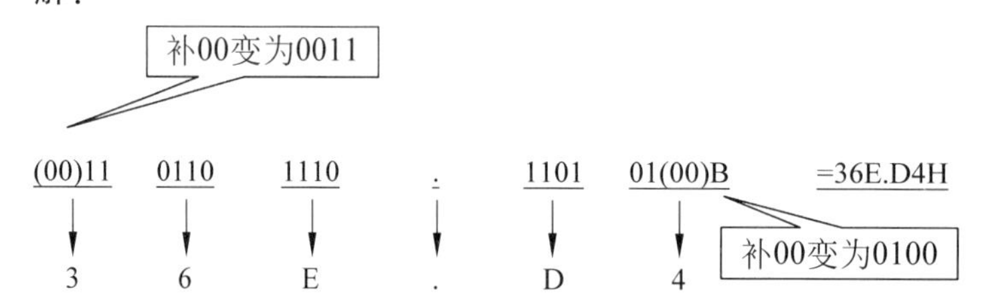

所以得：1101101110.110101B＝36E.D4H。

2）十六进制数转换成二进制数

方法：以小数点为界，向左或向右每一位十六进制数用相应的 4 位二进制数取代，然后将这些二进制数连在一起即可。

请读者自己转换 36E.D4H 为二进制数。

5. 八进制数与十六进制数之间的相互转换

八进制数与十六进制数之间的转换，一般通过二进制数作为桥梁，即先将八进制数或十六进制数转换为二进制数，再将二进制数转换成十六进制数或八进制数。

1.2.4 数值数据在计算机内的表示

1. 机器数与原码、补码和反码表示

计算机中只有二进制数值，且都是以二进制的形式存储和运算的。数的正负号也用二进制代码表示：数的正负用高位字节的最高位来表示，用 0 表示正数，用 1 表示负数，其余位表示数值。把在机器内存的正、负号数字化的数称为机器数，如图 1-9 所示。

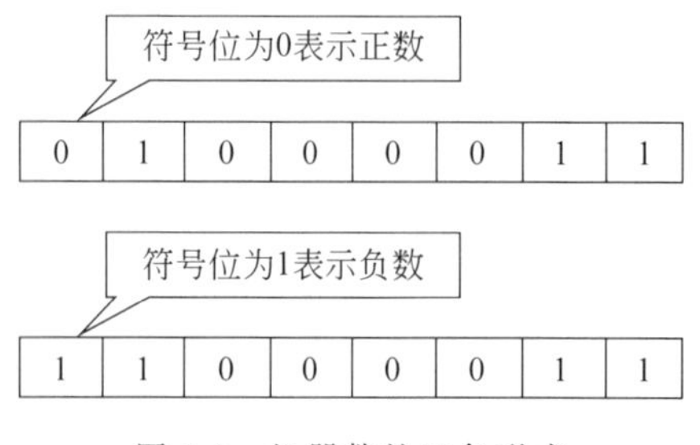

图 1-9 机器数的正负形式

例如，假设用8位(即1字节)来存储数据，则十进制数67和－67在计算机中的存储形式如图1-9所示。

注意：在计算机内究竟用多少位来存储数据取决于计算机CPU的字长，一般在微机系统中用2字节或4字节存储整数。为了简单起见，本书以8位为例。

机器数有3种表示方法，即原码、反码和补码，是将符号位和数值位一起进行编码的。机器数对应的原来数值称为真值。

1）原码表示法

在原码表示法中，数值用绝对值表示，在数值的最左边用0和1分别表示正数和负数，书写成$[X]_{原}$表示X的原码。

在原码表示法中，有以下两个特点。

(1) 最高位为符号位，符号位为0表示正数，为1表示负数，其余$n-1$位是X的绝对值的二进制表示。

(2) 0的原码有两种表示形式：$[+0]_{原}=00000000$，$[-0]_{原}=10000000$。因此，原码表示法中数值0的表示形式不是唯一的。

【例1-8】 当位数$n=8$时，写出十进制数+37和－37的原码表示。

解：因为$n=8$，所以最高位是符号位S，其余7位数值位为N。37D=100101B，共6位有效数值，在数值位的第7位N_7补0得：37D=0100101；最高一位S为符号位，正数时符号位为0，负数时符号位为1。故$[+37]_{原}=00100101$，$[-37]_{原}=10100101$。

2）反码表示法

用$[X]_{反}$表示X的反码，其特点如下。

(1) 正数的反码与原码相同，负数的反码是其数值位(绝对值)的二进制表示按各位取反(0变1,1变0)所得的表示形式。

(2) 0在反码表示中也有两种表示形式：$[+0]_{反}=00000000$，$[-0]_{反}=11111111$，即数值0的表示形式不是唯一的。

【例1-9】 当位数$n=8$时，写出十进制数+37和－37的反码表示。

解：$[+37]_{反}=[+37]_{原}=00100101$；$[-37]_{原}=10100101$数值位取反，得$[-37]_{反}=11011010$。

在实际运算过程中很少使用反码，通常它用于求补码的过渡值。下面将介绍补码表示法。

3）补码表示法

用$[X]_{补}$表示X的补码，其特点如下。

(1) 正数的补码与原码、反码相同，负数的补码是其绝对值的二进制表示按各位取反(0和1互换)后加1，即负数补码为“反码+1”。

(2) 0在补码表示法中的表示形式：$[+0]_{补}=[-0]_{补}=00000000$，数值0的补码表示形式是唯一的。

【例1-10】 当位数$n=8$时，写出十进制数+37和－37的补码表示。

解：$[+37]_{补}=[+37]_{反}=[+37]_{原}=00100101$；$[-37]_{反}=11011010$，$[-37]_{补}=[-37]_{反}+1=11011011$。

由于补码运算方便，因此补码表示法在计算机中广泛使用。如何将一个负数的二进制补码转换成十进制数？转换步骤如下。

① 将数逐位取反。

② 将其转换为十进制数，并在数前加一负号。

③ 对所得到的数再减 1，即得到该数的十进制数。

【例 1-11】 求补码 11000011 对应的十进制数。

解：①取反：00111100；②转换为十进制数，加负号：−60；③减 1：−61。

2. 定点数和浮点数

计算机中所处理的数可能带有小数部分。那么，如何表示小数点，即小数点的位置定在何处？这就是本节所要讨论的问题。

1）定点数表示法

定点数表示法就是将小数点的位置固定在某一点不变，其固定方法有两种：一种是把小数点固定在有效数位的最前面；另一种是固定在末尾，于是产生两类定点数。

(1) 定点小数：就是将小数点固定（不存储小数点）在有效数位的最前面，即符号位与最高有效数位之间。$M=N_sN_{n-1}N_{n-2}\cdots N_2N_1N_0$，$N_s$ 为符号位，M 表示一个纯小数。

(2) 定点整数：就是将小数点固定（不存储小数点）在有效数位的最末尾。$M=N_sN_{n-1}N_{n-2}\cdots N_2N_1N_0$，$N_s$ 为符号位，M 表示一个纯整数。

2）浮点数表示法

浮点数可表示成相应的科学记数（指数）法表达形式，如数值 1101.101 可表示成 $M=1101.101=0.1101101\times 2^{+4}$，将其指数也用二进制表示，则 $M=0.1101101\times 2^{+100}$。

由此可见，在计算机中，一个浮点数由两部分构成：阶码和尾数。阶码是指数，尾数是纯小数，即可表示为 $M=2^P\times S$。

其中，P 是数 M 的阶码，它是一个二进制数；S 是数 M 的尾数，它是一个二进制小数。S 表示数 M 的全部有效数字，阶码 P 指明了小数点的位置。其结构如图 1-10 所示。其中，阶码确定了小数点的位置，是可变的，它表示数的范围；尾数长短则表示数的精度，尾数符也称为数符。用浮点数表示法，数的表示范围比用定点数表示法大得多，精度也更高。

Ps	P	Ss	S
阶符	阶码	尾数符	尾数

图 1-10　浮点数表示形式

1.2.5　常见的信息编码

前面介绍过，计算机中的数据是用二进制表示的。而人们习惯用十进制数，那么输入输出时，数据就要进行十进制和二进制之间的转换处理。因此，必须采用一种编码方法，使计算机自己承担这种识别和转换工作。

1. 字符表示方法

在计算机中，对非数值的文字和其他符号进行处理时，要对文字和符号进行数字化处理，即用二进制编码来表示文字和符号。字符编码(Character Code)是用二进制编码来表示字母、数字及专门符号的。

在计算机系统中，有两种重要的字符编码方式：ASCII 和 EBCDIC。EBCDIC 主要用于 IBM 的大型主机，ASCII 用于微机与小型机。下面简要介绍 ASCII。

目前，计算机中普遍采用的是 ASCII(American Standard Code for Information Interchange，美国信息交换标准代码)。ASCII 有 7 位版本和 8 位版本两种，国际上通用的是 7 位版本。7 位版本的 ASCII 有 128 个元素，只需用 7 个二进制位($2^7=128$)表示。其中，95 个编码对应能从计算机终端输入并可以在显示器上显示的 95 个字符，打印机设备也能打印这 95 个字符，如所有的大小写英文字母，数字 0～9，通用的运算符和标点符号等。另外的 33 个字符，其编码值为 0～31 和 127，不对应任何一个可以显示或打印的实际字符，它们被用作控制码，控制计算机某些外围设备的工作特性和某些计算机软件的运行情况。在计算机中，实际用 8 位表示一个字符，最高位为 0。如字母 A 的 ASCII 编码为 01000001，表 1-1 为 ASCII 的全部 128 个符号。

表 1-1 ASCII 信息编码

低位	高位							
	000	001	010	011	100	101	110	111
0000	NUL	DLE	SP	0	@	P	、	p
0001	SOH	DC1	!	1	A	Q	a	q
0010	STX	DC2	"	2	B	R	b	r
0011	ETX	DC3	#	3	C	S	c	s
0100	EOT	DC4	$	4	D	T	d	t
0101	ENQ	NAK	%	5	E	U	e	u
0110	ACK	SYN	&	6	F	V	f	v
0111	DEL	ETB	'	7	G	W	g	w
1000	BS	CAN	(	8	H	X	h	x
1001	HT	EM	)	9	I	Y	i	y
1010	LF	SUB	*	:	J	Z	j	z
1011	VT	ESC	+	;	K	[	k	{
1100	FF	FS	,	<	L	\	l	|
1101	CR	GS	-	=	M	]	m	}
1110	SO	RS	.	>	N	^	n	~
1111	SI	US	/	?	O	_	o	DEL

2. 汉字表示方法

在汉字处理过程中，汉字信息处理系统各组成部分对汉字信息的处理有不同的要求，因而在汉字信息处理的各阶段，其代码表示也不同。汉字信息在输入时，使用汉字输入码（即汉字的外部码）；汉字信息在计算机内部处理时，统一使用机内码；汉字信息在输出时，使用字形码，以确定一个汉字的点阵。下面介绍几种主要的编码。

1）汉字输入码

汉字输入码是指直接从键盘输入的汉字的各种输入方法的编码，如区位码、五笔字型码、拼音码、自然码等，这些都是外码。如“啊”的区位码是1601，“啊”的拼音码是a，“啊”的五笔字型编码是kbsk等。外码必须通过相应的输入法（程序）才能转换成机内码，放到计算机的存储器中。目前，人们根据汉字的特点提出了数百种汉字输入码的编码方案，不同的用户可根据自己的需要选用输入码。

2）国际区位码

西文ASCII是用一字节的低7位对128个英文字符进行二进制编码，将最高位取0，形成用一字节表示的西文ASCII（西文机内码）。能否将西文机内码的设计方式搬到中文计算机系统中来呢？由于汉字数量大，显然用一字节是无法将它们区分的。这是因为一字节最多只能给256个汉字编码。那么汉字是如何编码的呢？

随着计算机在我国的应用越来越广泛，汉字信息处理系统已成为计算机系统中必不可少的一部分，我国于1981年颁布实施GB 2312—1980《信息交换用汉字编码字符集——基本集》，包含一级汉字3755个和二级汉字3008个，各种符号682个，总计7445个字符。其中，一级常用汉字以拼音为序，二级汉字以偏旁部首为序，如图1-11所示。

图1-11 《信息交换用汉字编码字符集——基本集》

区位码：一个汉字所在的区号（一字节）和位号（一字节）的简单组合称为“区位码”，共可编码94×94=8836个汉字，如图1-12所示，“节”在16区第01位，因此，“节”的区位码为“1601”。

3）汉字机内码

汉字机内码是汉字存储在计算机内的代码。西文的机内码是ASCII，但如果直接用

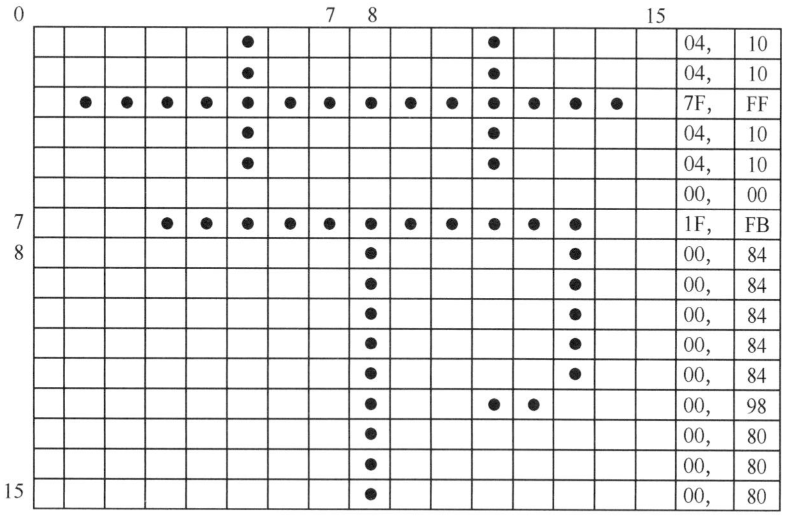

0								7	8							15		
						●						●					04,	10
						●						●					04,	10
		●	●	●	●	●	●	●	●	●	●	●	●	●	●		7F,	FF
						●						●					04,	10
						●						●					04,	10
																	00,	00
7				●	●	●	●	●	●	●	●	●	●	●			1F,	FB
8									●					●			00,	84
									●					●			00,	84
									●					●			00,	84
									●					●			00,	84
									●					●			00,	84
									●			●	●				00,	98
									●								00,	80
									●								00,	80
15									●								00,	80

图 1-12　区位码

区位码作为汉字的机内码,会和早已标准化了的 ASCII 发生冲突。

为了能区分存储器中的编码是西文还是中文,有必要对区位码进行一定的处理,产生一种与 ASCII 不冲突的编码。汉字机内码还是用连续的两字节表示,但它的每一字节最高位为 1,这样可保证每个字节的高位为 1,从而解决了与西文 ASCII 的冲突。

4) 汉字字形码

汉字存储在计算机内采用的是机内码,但显示和打印时汉字必须转换成字形码,才能让人们看懂。所谓“汉字字形”,就是以点阵方式表示汉字,即将汉字分解成由若干个“点”组成的点阵,将此点阵字形置于网状方格上,每一个小方格对应点阵中的一个“点”。每一个点可以有黑、白两色,即有字形笔画的点用黑色,反之用白色。图 1-12 所示为 16×16 的“节”字的点阵字形。

如果用二进制 1 表示黑色点,用二进制 0 表示白色点,则图 1-12 中的 16×16 点阵字形“节”可以用一串二进制数来表示。因为一行有 16 个点,所以一行要占 2 字节。这个汉字共有 16 行,要占 32 字节。图 1-12 右侧部分的数字就是用十六进制表示的汉字“节”的字形编码。将这个编码存放到计算机存储器内就是字形码。存放一个 16×16 点阵的汉字字形需要 32 字节,如果采用 24×24 点阵,则每行需要 3 字节,共 24 行,因此需要 72 字节。

3. 汉字处理

1) 汉字字库

用点阵形式存储的汉字的字形信息的集合称为“汉字字库”。从上文可以看出,要存储 8836 个 16×16 点阵的汉字字形需 8836×32=282 752B,字形库存储量大,这也是汉字信息处理的特点。

2) 汉字信息处理

汉字信息处理方法包括:汉字输入,即通过汉字输入设备输入汉字外部码,并通过输入法程序将汉字输入码转化为汉字机内码，存入存储器；汉字信息加工处理，即对汉字机内码进行加工处理；汉字输出，即把汉字的机内码转换成汉字字形码后通过输出设备输出。汉字信息处理的流程如图 1-13 所示。

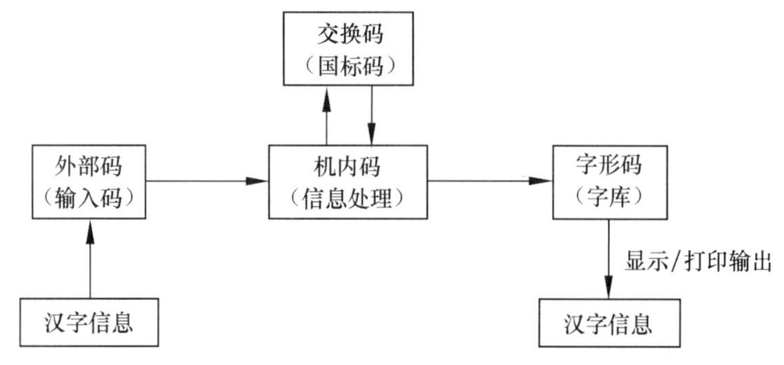

图 1-13　汉字信息处理的流程

汉字输出的实质是在汉字输出设备上输出汉字的点阵字形。其过程为：第一步，将汉字的机内码转换成区位码，并找到此汉字在字库中的起始位置；第二步，根据字模的大小，取出对应汉字的字形码，然后将字形码送到输出设备上，如果是 16×16 点阵，则从对应的位置上连续读取 32 字节。

1.2.6　条形码和二维码

二维码和条形码是当下人们生活中不可缺少的新事物。菜市场的菜摊前都会挂一个纸片，上面是二维码；三四岁的小孩都知道逛街的时候要父母手机“扫一扫”；以前上街出门一定不能忘了带钱包，现在上街只要带上手机就可以了……这个神奇的二维码到底为何物？为何一扫就可以“收钱”，读者一定很想知道吧。当然二维码的应用不仅仅是“收钱”，它在实际生活中随处可见，扫码支付、添加好友、打开链接等。那么问题来了，用了这么久二维码，你知道二维码的原理是什么吗？

1. 条形码

在了解二维码之前，先来了解下二维码的“大哥”——条形码(Bar Code)。条形码是由美国的诺曼·约瑟夫·伍德兰德(N.T.Woodland)在 1949 年首先提出的。最早的条码由几个黑色和白色的同心圆组成，被形象地叫作牛眼式条码。这个条码与人们广泛应用的一维条码在原理上一致，都是用深色的竖条纹和浅色的空条纹来表示二进制数的 1 和 0。而现在见得最多的条形码就是超市收银员扫的货品条码。计算机在水平方向上识别宽窄不均的黑白条，就能扫出商品的价格等信息。根据条码上黑白条的宽度和间距，先编码少量信息在里面，通过编码里的信息连接数据库，就可以查到商品背后更详细的数据，例如商品名称、产地、价格、库存、物流信息等。常用的一维码有标准 39 码、EAN 码、UPC 码、128 码，以及专门用于书刊管理的 ISBN、ISSN 等，被称为一维码。当今的条码辨识技术已相当稳定成熟，其读取的错误率约为百万分之一，首读率大于 98%，是一种可靠性高、输入快速、准确性高、成本低、应用面广的资料自动收集技术。

那么它的识别原理是什么呢？由于不同颜色的物体，其反射的可见光的波长不同，白色物体能反射各种波长的可见光，黑色物体则吸收各种波长的可见光，于是光电转换器接收到与白条和黑条相应的强弱不同的反射光信号，并转换成相应的电信号输出到放大整形电路，整形电路把模拟信号转化成数字电信号，再经译码接口电路译成数字字符信息。

白条、黑条的宽度不同，相应的电信号持续时间长短也不同。无论是条形码的条还是空，相应的电信号幅值仅 10 mV 左右，这样微弱的信号不能直接使用，要将电信号送放大器放大。放大后的电信号仍然是一个幅值较大的模拟电信号，要想使用需通过整形电路把模拟信号转换成数字电信号，计算机才能辨识。

整形电路转换出来的数字信号经译码器译成数字、字符信息。它通过识别静区、起始字符、数据字符与终止字符来判别出条形码符号的码制及扫描方向；通过测量脉冲数字电信号 0、1 的数目来判别出条和空的数目；通过测量 0、1 信号持续的时间来判别条和空的宽度。得到了条形码符号的条和空的数目及相应的宽度后，这些数据仍然是杂乱无章的，接下来就要用码制所对应的编码规则才可将条形符号换成相应的数字、字符信息，并通过接口电路送给计算机系统进行数据处理与管理，从而完成条形码辨读的全过程。

2. 二维码

二维码又称为 QR Code，QR 全称为 Quick Response。二维码与条形码的区别：①条形码只在一个水平维度上携带信息，而二维码在水平和垂直两个方向上都携带信息，所以条形码是长方形的，而二维码是正方形的；②一维的条形码只能由数字和字母组成，二维码能存储汉字、图片等信息。

二维码是一种比一维码更高级的条码格式。二维码其实就是由很多 0、1 组成的数字矩阵。简单来说，二维码就是把你想表达的信息用某种特定的几何图形(按一定规律在二维平面分布的黑白相间的图形)来记录，然后填到一个大方块中。在代码编制上二维码巧妙地利用构成计算机内部逻辑基础的 0、1 比特流的概念，使用若干个与二进制相对应的几何形体来表示文字数值信息，通过图像输入设备或光电扫描设备自动识读以实现信息自动处理。它具有条码技术的一些共性，如每种码制有其特定的字符集，每个字符占有一定的宽度，具有一定的校验功能等。同时还具有对不同行的信息自动识别功能及处理图形旋转变化点，即把数字、字母、汉字等信息通过特定的编码翻译成二进制 0 和 1，一个 0 就是一个白色小方块，一个 1 就是一个黑色小方块，使数据符号信息的字符在变成只有 0 和 1 组成的数字序列后，再进行一系列优化算法，就得到了最终的二进制编码。在最后的这串编码中，一个 0 就对应一个“白色小方块”，一个 1 就对应一个“黑色小方块”，我们把这些小方块分成 8 个一组填进大方块里，这就是一个完整的、可以被手机相机识别的二维码图案了。

1.3 计算机系统结构和工作原理

1.3.1 计算机系统基本组成

计算机是一类系统的总称，它不仅包括人们日常看到的微型计算机，同时也包括每秒完成上千万亿次计算的超级计算机。它既包含各种看不见摸得着的硬件，也包含看不见摸不着的软件，例如开机就可以看到的操作系统，以及各种应用软件。

一个完整的计算机系统（Computer System）由硬件系统（Hardware System）和软件系统（Software System）两大部分组成，两部分相互依存、相互支持。计算机硬件系统是由其核心部件中央处理器和存储器、外围设备构成，是提供数据的存储、运算、输入输出等操作的物质基础。仅由硬件组成的计算机称为“裸机（Bare Machine）”，它必须配上软件（即各种程序）才能使用。计算机系统组成如图 1-14 所示。

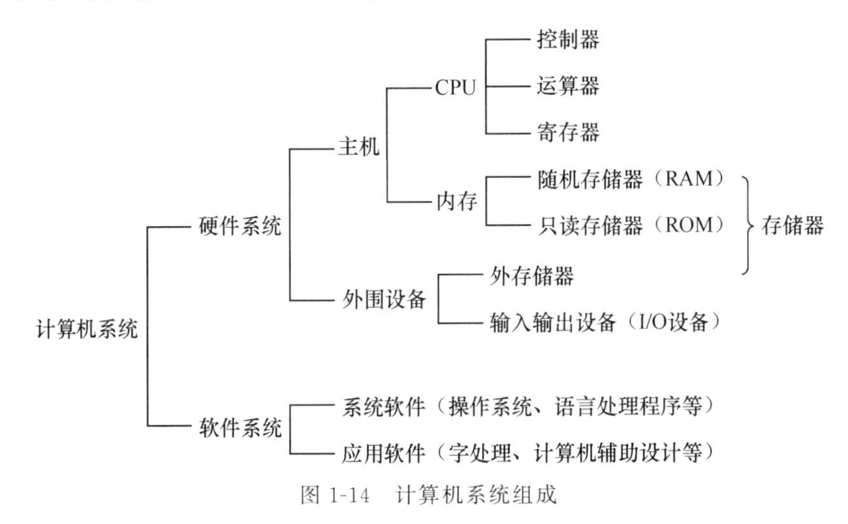

图 1-14　计算机系统组成

在介绍计算机的基本组成之前，先看一个用算盘计算 $y=ax+b-c$ 的例子。首先，将解题的步骤及进行运算的数据用笔在一张有若干行的横格纸上记录下来，如表 1-2 所示。

表 1-2　解题步骤和数据

行数	解题步骤和数据	说　明
1	取数(9)→算盘	(9)表示第 9 行的数 a，下同
2	乘法(12)→算盘	完成 ax，结果在算盘上
3	加法(10)→算盘	完成 $ax+b$，结果在算盘上
4	减法(11)→算盘	完成 $ax+b-c$，结果在算盘上
5	保存数 y→13	算盘上的 y 值记到第 13 行
6	输出	把算盘上的 y 值写出给人看

续表

行数	解题步骤和数据	说　明
7	停止	运算完毕，暂停
8		
9	a	数据
10	b	数据
11	c	数据
12	x	数据
13	y	数据
14		
⋮		
n		

(1) 横格纸由若干行构成。

(2) 每一行都有一个标明是第几行的序号，如1、2、3…。

(3) 横格纸上的部分行写入了操作步骤或数据，没有被使用的部分是空白。

(4) 每一行只记录一个操作步骤，或者是 a、b、c 等数据中的一个。

解题的过程：某人拿到该记录有操作步骤(指令)和数据的纸后，阅读第1行；理解后，按照其指示从第9行读出数据 a，并输入到算盘上；这之后，再阅读第2行，按照要求在算盘上进行相应的计算操作；这样一步一步地操作下去，直到第7行。如此，就完成了 $y=ax+b-c$ 的计算。在这个过程中用到了如下工具。

(1) 纸，用于存储解题的原始信息。

(2) 算盘，用于对数据进行加、减、乘、除等算术运算。

(3) 笔，用于把原始数据和解题步骤记录到纸上，以及把运算结果写出。

(4) 我们人本身(主要是脑和手)，用于控制解题步骤。

其实电子计算机的解题过程与上述人利用算盘解题的过程类似，也需要相应部件。现代计算机之父，美籍匈牙利数学家冯·诺依曼(John von Neumann)将电子计算机分为运算器、控制器、存储器、输入设备和输出设备5个基本组成部分，如图1-15所示。这5个组成部分在计算机系统中承担的功能分别与上述算盘计算例子中的算盘、人本身、纸、笔所承担的功能相对应。

1. 运算器

运算器相当于上例中的算盘，又称为算术逻辑单元(Arithmetic Logic Unit，ALU)。它由加法器、寄存器、累加器等逻辑电路组成，是计算机对数据进行加工处理的部件。它的主要功能是对二进制数进行算术运算(加、减、乘、除等)和逻辑运算(与、或、非等)。运算器在控制器的控制下实现以上功能，并将运算结果按控制器的指令送到内存储器。

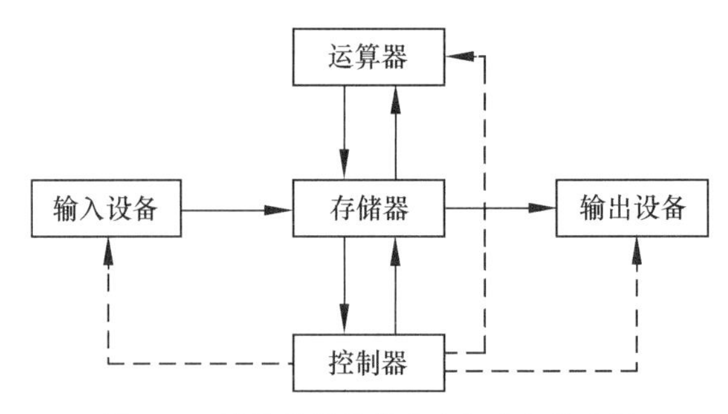

图 1-15　计算机硬件的基本组成与关系图

2. 控制器

控制器相当于人的大脑，自动控制整个计算过程。控制器主要由指令寄存器、译码器、程序计数器和操作控制器等组成。控制器用来控制计算机各部件协调工作，并使整个处理过程有条不紊地进行。它的基本功能是从内存读取指令和控制指令的执行，即控制器按程序计数器指出的指令地址从内存中取出该指令进行译码，然后根据该指令功能向有关部件发出控制命令，执行该指令。另外，控制器在工作过程中还要接收各部件反馈回来的信息。

运算器和控制器在逻辑关系和电路结构上有十分紧密的联系。特别是在大规模集成电路中，往往把这两个部分做在一块芯片上，因此，把它们称为中央处理机(Central Processing Unit，CPU)，也称为微处理器(Micro Processing Unit，MPU)。

3. 存储器

存储器相当于上例中的“纸”，是具有“记忆”功能的部件。它用来保存信息，如数据、指令和运算结果等。按其结构和与 CPU 进行信息交换的方式分为内存储器和外存储器。

1）内存储器(内存)

内存也称为主存储器(主存)，由半导体器件构成。它直接与 CPU 相连进行信息交换，其存储速度快，但存储容量较小，用来存放当前运算程序的指令和数据。内存只能暂存，关机后内存中存储的信息将完全丢失。内存储器由许多存储单元组成，每个单元能存放一个二进制数或一条由二进制编码表示的指令。通常把内存储器和 CPU(运算器和控制器)合称为主机。

2）外存储器(外存)

外存储器是内存的扩充。外存的存储容量大，价格低，存储的信息可长期保存，但存储速度较慢，一般用来存放大量暂时不用的程序、数据和中间结果，需要时可成批地与内存储器进行信息交换。外存只能与内存交换信息，不能被计算机系统的其他部件(如 CPU)直接访问。

存储器常用术语如下。

(1) 二进制位(bit)：计算机中表示信息的最小单位。能够代表 0 或 1 的一个二进制存储单元称为二进制位，简称位。

(2) 字节(Byte)：8位(bit)=1字节(Byte)。字节是表示信息的基本单位。

(3) 常用信息单位：千字节(KB)、兆字节(MB)、吉字节(GB)、太字节(TB)，它们之间的关系如下。

1KB=2^{10}B=1024B　　　　1MB=2^{20}B=1024KB

1GB=2^{30}B=1024MB　　　　1TB=2^{40}B=1024GB

(4) 字长：计算机中存储一条指令或一个数据所用的二进制位数称为计算机的字长。字长通常为字节的整数倍。早期计算机的字长有4位、8位、16位等，现代微型计算机系统为32位、64位计算机。计算机的字长越长，运行速度也就越快，其结构也就越复杂。

4. 输入输出设备

在计算机系统中，输入输出设备相当于"笔"，它能把原始解题信息送到计算机或把运算结果显示出来，也常被称为"外围设备"(即主机以外的装置)。

1) 输入设备

输入设备是实现将用户提供的原始信息(声音、图像、文字等)转变成电信号，以程序或数据形式输入计算机等功能的设备。常用的输入设备有键盘、鼠标、扫描仪、数字化仪等。

2) 输出设备

输出设备是实现将计算机处理的二进制结果转变为用户可接收的形式(如文本、声音、图像等)显示或打印出来等功能的设备。常用的输出设备有显示器、打印机、绘图仪、音响等。

3) 适配器

外围设备种类繁多且速度各异，这导致它们不能直接同高速工作的主机相连接，而需要通过适配器部件与主机相连接。不同的外围设备有不同的适配器(如声卡、显卡)，以实现外围设备与主机的通信。也可以说，适配器相当于一个转换器，它可以保证外围设备以计算机所要求的形式发送或接收信息。

5. 微型计算机(微机)中的主要硬件

微型计算机由主机箱、显示器、键盘、音箱等组成，如图1-16所示。其中，主机箱一般包含主板、CPU、内存、AGP插槽、显卡、声卡、硬盘、IDE控制器、软驱、光驱、电源、移动硬盘等，如图1-17所示。

1) 微处理器

微型计算机的中央处理器(CPU)习惯上称为微处理器，它是微型机的核心。晶体管是制造所有微芯片的基础。晶体管只能生成二进制的信息：如果电流流过就是1，而没有电流就是0。根据这些被称为位(bit)的1和0，只要计算机拥有足够的晶体管以

图1-16　微型计算机的主要硬件系统

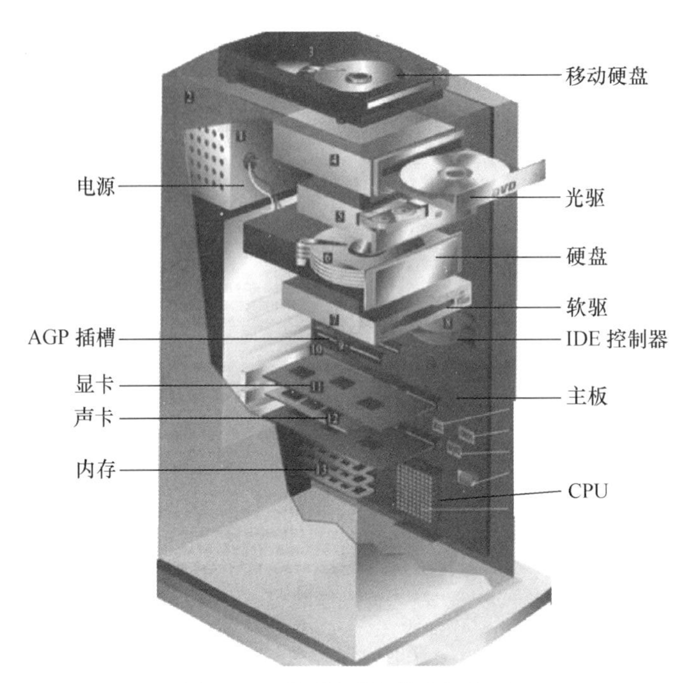

图 1-17　微型计算机的主机构成

容纳所有的 1 和 0，那么它就能生成任何数字。随着大规模集成电路的出现，微处理器的所有部分都集成在一块半导体芯片上。

目前，微处理器生产厂家有 Intel 公司和 AMD 公司等。我国也于 2002 年推出了龙芯 1 号，它是由我国（中国科学院计算技术研究所）自主研发设计的通用中央处理器。龙芯系列处理器从最初的 4 位发展到现在的 64 位，主频也从 5MHz 发展到现在的 2GHz 以上。

微处理器的发展有 30 年的历史，CPU 有 Intel 8080、80286、80386、80486、80586、Pentium 系列等，从单一核心发展到多核心，如最早的双核 Core 2 系列到如今 4 核的羿龙 Ⅱ×4、Bulldozer 8 核，英特尔的 8 核笔记本 Panther 4.0b 也于 2012 年问世。而 16 核的 CPU 也于 2012 年由我国首先发布，目前用于超级计算机中。我国自主研发设计生产的高性能计算机“神威蓝光”就是由 8204 个申威 1600 的 16 核 CPU 组成的。“神威蓝光”的出现使我国成为继美、日之后第三个能够采用自主 CPU 构建千万亿次计算机的国家。CPU 的外观如图 1-18 所示。

图 1-18　酷睿 4 核 CPU

CPU 多核技术的发展要求存储带宽也应同步增长。因此，对于超多核心处理器而言，用数据把 CPU“喂饱”成了一个难题。当一个处理器需要某段数据时，它们可能还存储在 20m 以外的机架上的某个内存中，需要通过多层光纤路由器才能获得。长时间等待数据就等于浪费了大量处理器性能。

2）主板

主板（Motherboard/Mainboard）又称为系统板、逻辑板、母板、底板等，是微机中最主要的一块集成电路板。它主要包括微处理器插槽、芯片组、内存条插槽、扩展槽（PCI 和 AGP 插槽）和各种接口电路（USB 接口、串行接口、并行接口）。计算机外部设备都插在主板上。一些高价主板也集成 IrDA、蓝牙和 IEEE 802.11（WiFi）等功能。不同的 CPU 所用的主板可能也不相同。主板的主要组成部件如图 1-19 所示。

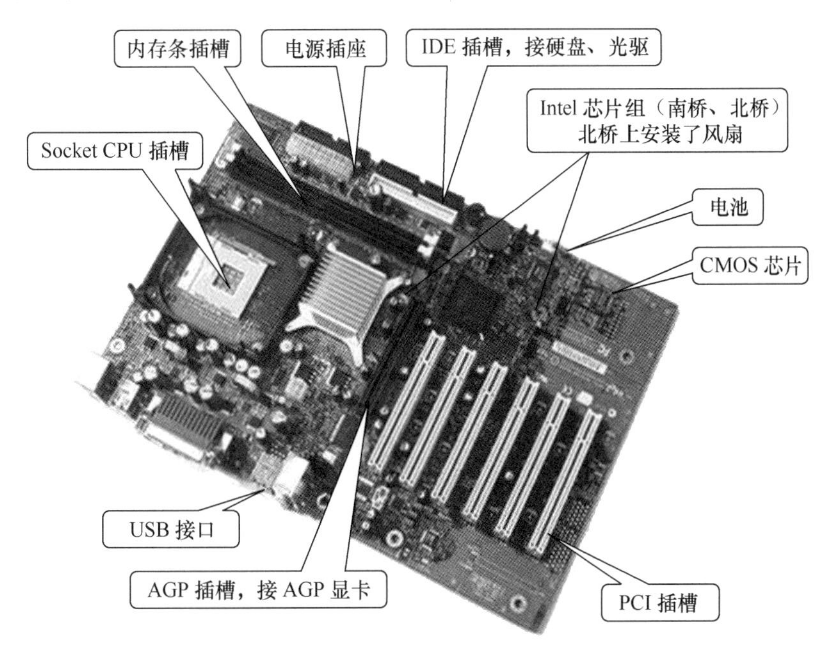

图 1-19 主板的主要组成部件

（1）主板中的芯片组。在主板中，除了 CPU 芯片外还有其他芯片。芯片组是主板的主要部件，是 CPU 与各种设备连接的桥梁，控制着数据的传输。芯片组通常分为南桥和北桥。“桥”实现了将两类总线连接在一起的功能。

（2）基本输入输出系统。基本输入输出系统（Basic Input/Output System，BIOS）是高层软件（如操作系统）与硬件之间的接口。BIOS 主要实现系统启动、系统自检、基本外部设备输入输出驱动和系统配置分析等功能。BIOS 一旦损坏，机器将不能工作。有一些病毒（如 CIH 等）专门破坏 BIOS，使计算机无法正常开机工作，以致系统瘫痪，造成严重后果。

（3）CMOS 芯片。CMOS 芯片由实时时钟控制单元和系统配置信息存放单元构成。CMOS 采用电池和主板电源供电：开机时由主板电源供电，断电后由电池供电，从而保证时钟不间断运转，提供系统时间，并使 CMOS 的配置信息不丢失。

(4) 系统总线。主板上配有连接插槽，这些插槽又称为“总线接插口”。计算机的外设通过接口电路板连接到主板上的总线接插口，与系统总线相连接。现在，主板上配备较多的是 PCI 和 AGP 总线。

PCI(Peripheral Component Interconnect)是一种局部总线标准，它能够一次处理 32 位数据，用于声卡、内置调制解调器的连接。

AGP(Accelerated Graphics Port，加速图形端口)是显卡的专用扩展插槽，它是在 PCI 图形接口的基础上发展而来的。AGP 直接把显卡与主板控制芯片连接在一起，从而很好地解决了低带宽 PCI 接口造成的系统瓶颈问题。

3) 内存储器

内存储器(内存)由半导体器件构成。内存按读写功能可分为两种。

(1) 只读存储器(Read Only Memory，ROM)：只能读出而不能写入。

(2) 随机存储器(Random Access Memory，RAM)：能读能写，RAM 按其结构又可分为动态 RAM(DRAM)和静态 RAM(SRAM)。

现在，微机中的内存都采用内存条的形式直接插在主板的内存条插槽上。内存条如图 1-20 所示，内存由 CPU 直接访问，它存放着正在运行的程序和数据。

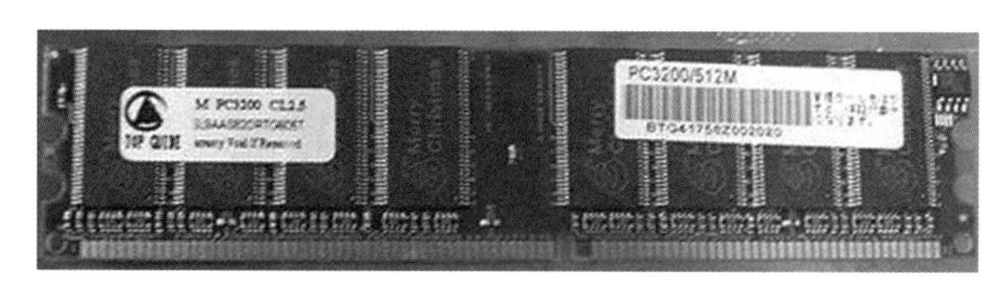

图 1-20　内存条

4) 外存储器

外存储器(外存)主要由磁表面存储器和光盘存储器等设备组成。

(1) 软驱(软盘驱动器)。在微机中使用的软盘驱动器(Floppy Disk)按尺寸可分为 3.5 英寸和 5.25 英寸。软盘是一种涂有磁性物质的塑料薄膜圆盘。5.25 英寸软盘很早就已淘汰，3.5 英寸软盘在 20 世纪 90 年代一直是 PC 的标准数据传输方式之一。但随着 U 盘的风靡、光盘刻录的发展、网络应用的普及，曾经被广泛应用的软盘驱动器已淡出人们的视线。

(2) 硬盘(硬磁盘)。硬盘(Hard Disk)由涂有磁性材料的合金圆盘组成，是微机系统的主要外存储器，它位于主机箱内，如图 1-21 所示。目前，硬盘的主流存储容量为 320～1500GB。硬盘通电后其主轴马达高速运转，在硬盘的控制芯片控制下驱动磁臂进行相应动作，来完成数据的读写操作。

一个硬盘由多个盘片组成，盘片的每一面都有一个读写磁头(位于磁臂上)。硬盘在使用时，要将盘片格式化成若干个磁道(柱面)，每个磁道再分成若干个扇区(类似软盘的格式)。

(3) 光盘驱动器。光盘驱动器(Optical Disk)是一种利用激光技术存储信息的装置。按读写性质划分，光盘有 3 种类型。

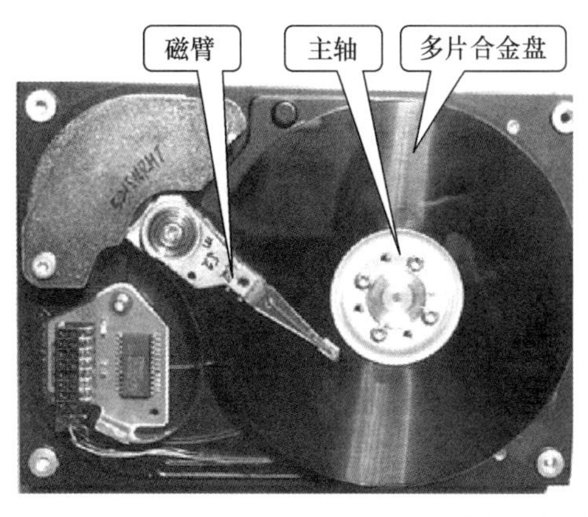

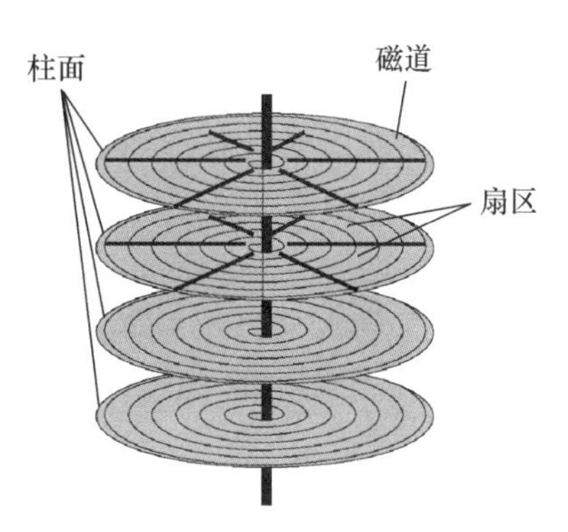

图 1-21 硬盘

① 只读光盘(Compact Disk Read-Only Memory,CD-ROM):信息只能被制造商写入,用户只能读出信息,不能修改与重写信息。

② 一次写入型光盘(Write Once Read Memory,WORM):用户可在这种光盘上记录信息,但是只能写一次,写后的信息不能再改变,只能读。一次性写入光盘有 CD-R、DVD+R、DVD-R、Double Layer DVD+等。

③ 重写光盘(Magnetic Optical,MO):用户可对这类光盘进行随机写入、擦除或重写信息等操作。重写光盘有 CD-RW、DVD+RW、DVD-RAM 等。

要使用上述 3 种外存储设备,还必须有与之相配的驱动设备,如图 1-22 所示。

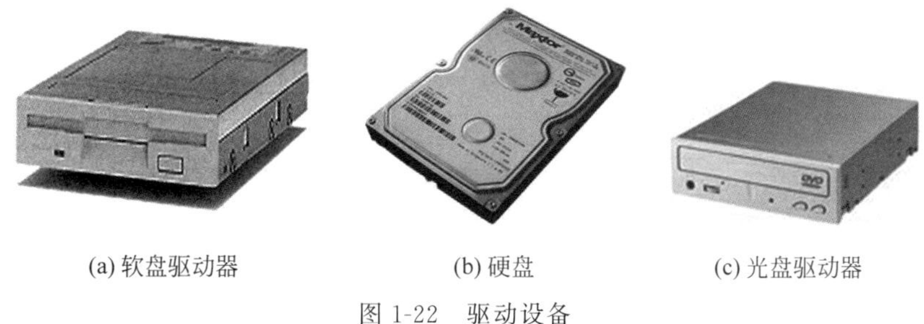

(a) 软盘驱动器　(b) 硬盘　(c) 光盘驱动器

图 1-22 驱动设备

(4) 可移动存储器。可移动存储器是由半导体集成电路制成的,如 U 盘和移动硬盘。它体积小、质量小、容量大,并便于携带,如图 1-23 所示。可移动存储器采用 USB 接口与计算机相连,实现数据的读写,不用专门的驱动设备。

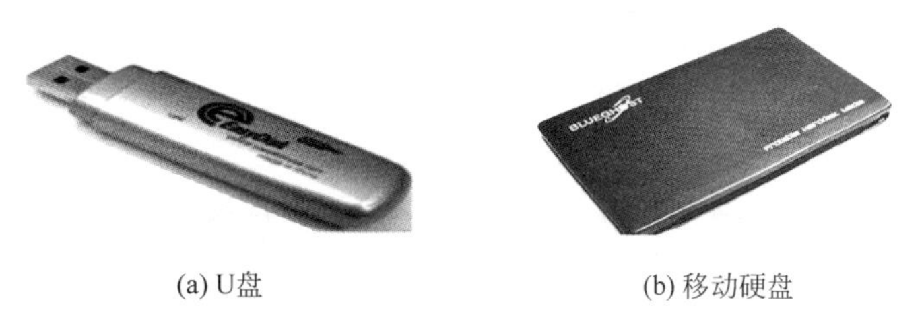

(a) U盘　(b) 移动硬盘

图 1-23 可移动存储器

(5) 云存储。云存储是与云计算同时兴起的一个概念。云存储是通过网络提供可配置的虚拟的存储及相关数据的服务,即将存储作为一种服务,通过网络提供给用户。用户可以通过若干种方式使用云存储。用户可直接使用与云存储相关的在线服务,如网络硬盘、在线存储、在线备份或在线归档等服务。目前,提供云存储服务的有 Google Drive、百度网盘、iCloud、华为网盘、EverBox 和 360 云盘等。

5) 键盘

键盘(Keyboard)是用户与计算机进行交流的主要工具。一般把键盘分为 4 个区:功能键区、主键盘区、编辑键区和数字键盘区(小键盘区),如图 1-24 所示。

图 1-24　键盘

(1) 功能键区。键盘上方的 F1～F12 为功能键,这些键对于不同的软件有不同的用途。

(2) 主键盘区。主键盘区主要包括以下内容。

① 字母键:标准计算机键盘有 26 个英文字母键,分为上中下 3 挡,即中挡键(或称为基准键)(ASDFGHJKL;')、上挡键(QWERTYUIOP[])和下挡键(ZXCVBNM,./),每挡的右边还有符号键。字母键的排列位置与英文字母的使用频率有关,使用频率最高的键放中间(中挡键),使用频率低的放上边。此外,字母的大写和小写用同一个键,用换挡键 Shift 键(左右各一个)进行字母大小写的临时转换。另一种转换字母大小写的方法是用大写锁定键 Caps Lock 进行切换。

② 数字键:数字键位于字母键的上方,用于数字的输入。在输入汉字时,数字键还用于重码的选择。

③ 标点符号键:字母键的右边还有标点符号键。这些标点符号键在不同的语言状态下可输入不同语言(其切换用 Shift 键)的标点符号。

④ 特殊键:主键盘区左上角有释放键 Esc,该区左侧有制表键 Tab、大写锁定键 Caps Lock,该区下方有空格键。字母键的右侧还有 Enter 键(在命令状态下,用于命令的执行;在书写文章时用于换行等)。数字键的右侧有退格键 Backspace(用于删除光标左侧的一个字符)。主键区左右各有一个换挡键 Shift、一个控制键 Ctrl 和一个互换键 Alt。这些键可以与其他键组合使用,实现许多功能,组合的方法为按住这些键不放,再按其他键。

(3) 编辑键区。在编辑状态时,上、下、左、右方向键,以及 Home 键和 End 键用于光标的移动,Page Up 键和 Page Down 键用于上下翻页,Insert 键用于插入和改写状态转换,Delete 键用于删除光标处的字符,Print Screen 键用于对整个屏幕进行截图。

(4) 数字键盘区。键盘的右侧还有一个数字小键盘,其上有10个数字键,排列紧凑,便于数字的连续输入,一般用于大量输入数字的情况。当使用小键盘输入数字时,应按下Num Lock键,此时对应的指示灯变亮。

6) 鼠标

鼠标(Mouse)也是常用的微机输入设备,是控制显示器上光标位置移动的一种指点式设备,如图1-25所示。在软件支持下,通过鼠标上的按钮,向计算机发出输入命令或完成某种特殊的操作。

图1-25 鼠标

目前,常用的鼠标有机械式和光电式两类。机械式鼠标的底部有一个凸出的由橡胶做成的小球,鼠标的移动会带动滚球滚动,从而使计算机获取鼠标的移位信息。

光电式鼠标不需要任何像机械鼠标一样的转动的机械组件。它依靠安装在底部的一个小灯来工作,其中的数字感光器件可以记录光滑的表面的形状、纹理、凹坑、凸起和亮度等特征的微小区别,并通过一个数字信号处理器对这些连续的图像进行分析,计算得到鼠标的移动方向和速度。

7) 显示系统

显示系统由显示器和显卡(适配器)构成,如图1-26所示,显示的效果及性能也由这两部分的性能决定。

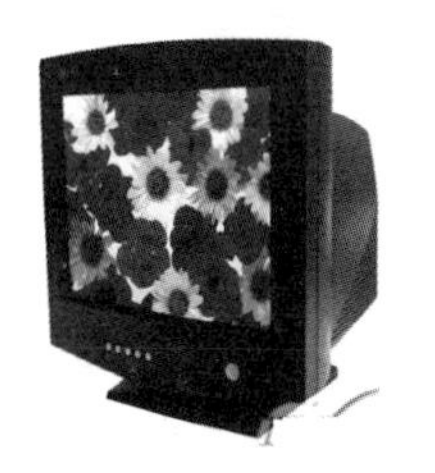

(a) 阴极射线管显示器

(b) 液晶显示器

(c) 显卡

图1-26 显示设备

(1) 显示器。显示器(Monitor)直接作用于人们的视觉感官。用户可以通过显示器直观地观察输入和输出的信息。显示器按显示器件可分为阴极射线管(CRT)显示器和液晶(LCD)显示器;按显示器屏幕的对角线尺寸可分为14英寸、15英寸、17英寸和21英寸等几种。

显示器相关术语主要有像素、点距、分辨率。

① 像素：显示器屏幕上的光点。显示器屏幕显示的图像由一个个的光点(像素)组成，每一个像素包含一个R、G、B(红、绿、蓝)3种颜色的磷光体，3种颜色的比例不同，就形成了不同的颜色。

② 点距：像素光点圆心之间的距离，单位为mm。点距越小，像素间隔越小，图像就显得越细腻。

③ 分辨率：分辨率决定了每帧画面的像素的数量，一般表示为水平分辨率(一个扫描行中像素的数量)与垂直分辨率(扫描行的数量)的乘积，如640像素×480像素、800像素×600像素、1024像素×1024像素等。

(2) 显卡。显示器必须配置正确的显卡(Video Card，Graphics Card或Video Adapter)才能构成完整的显示系统。常见显卡类型如下。

① VGA(Video Graphics Array)：视频图形阵列显卡，其分辨率为640像素×480像素，文本方式分辨率为720像素×400像素，可支持16色。

② SVGA(Super VGA)：超级VGA卡，分辨率提高到800像素×600像素、1024像素×768像素，支持16.7×10^6种颜色，称为“真彩色”。

③ AGP(Accelerated Graphics Port)：在保持了SVGA的显示特性的基础上，采用了全新设计的速度更快的AGP显示接口，显示性能更加优良，是目前常用的显卡。

把在显卡中存储屏幕的每个像素的RGB信息的设备称为显示内存，其容量越大，显示质量越高。

8) 打印机

打印机(Printer)是计算机的一种输出设备，用于用户保存计算机处理的结果。打印机种类很多，按工作原理可分为击打式打印机(如针式打印机)和非击打式打印机(如喷墨打印机和激光打印机)。目前，常用的是喷墨打印机和激光打印机(如图1-27所示)。

(a) 激光打印机

(b) 喷墨打印机

图1-27 打印机

(1) 喷墨打印机。喷墨打印机是通过直接将墨水喷到纸上来实现打印的。喷墨打印机价格低廉，打印效果较好，较受用户欢迎，但喷墨打印机对纸张的质量要求较高，墨盒消耗较快。

(2) 激光打印机。激光打印机是激光技术与电子照相技术相结合的产物。激光打印机的技术来源于复印机，但复印机的光源是灯光，而激光打印机用的是激光。由于激光光束能聚焦成很细的光点，因此激光打印机能输出分辨率很高且色彩很好的图形。它具有高速度、高精度、低噪声的优势。

1.3.2 计算机的基本工作原理

前面提到第一台通用计算机ENIAC于1946年2月在美国宾夕法尼亚大学诞生，从那之后的半个多世纪里，计算机技术以及它相关的研究发展几乎改变了全世界。计算机的系统和组成经过一代又一代计算机科学家们的改进，如今的计算机跟当年的ENIAC相比，无论是外形还是性能都有天壤之别，计算机的体积缩小了很多，性能得到了巨大的提升。但是无论如何改进，如今的计算机的工作原理和系统结构依然沿用的是1952年冯·诺依曼等人提出来的方案，当时的方案叫作EDVAC方案，也就是现在的冯·诺依曼体系结构，如图1-28所示，因此，现在电子计算机也被称为冯·诺依曼机。如果说图灵奠定了计算机的理论基础，冯·诺依曼则是计算机体系结构的奠定者。他一生最大的成就便是提出了现代计算机的体系结构，因此被称为“计算机之父”。

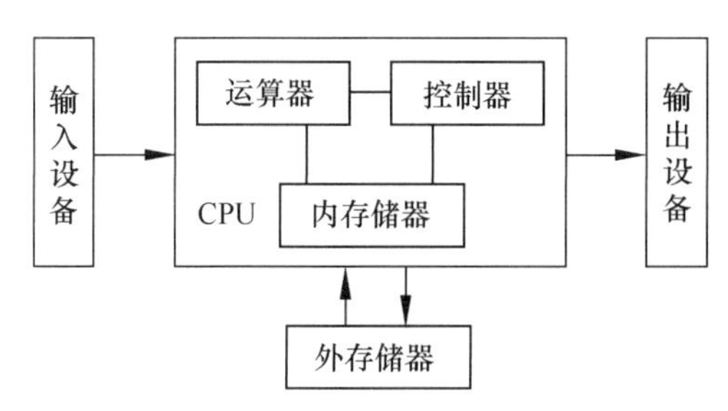

图1-28 冯·诺依曼体系结构

其核心是存储程序与程序控制原理：人们事先把计算机在工作中使用的程序和数据通过输入设备送到计算机的存储器——存储程序中；当计算机运行时，控制器负责有序地从内存逐条取出指令，对它们进行分析，并根据指令的要求，通过控制总线向相应的硬件发出控制命令，指挥有关部件完成相应的操作——程序控制。这也是计算机能够离开人的干预，自动完成相应的运算或处理的原因。

程序(Program)是为解决某个问题而编制的一系列工作步骤。这些工作步骤是计算机能识别并执行的基本操作命令(机器指令)的组合。指令按其完成的操作类型可分为数据传送指令(主机↔内存)、数据处理指令(算术和逻辑运算)、程序控制指令(顺序和跳转)、输入输出指令(主机↔I/O设备)和其他指令。每条指令由如下两个部分组成。

(1) 操作码：规定计算机完成什么样的操作，如实现算术或逻辑运算等操作。

(2) 操作数：规定操作的对象或其所在的地址，即指明操作对象是谁等信息。

与算盘计算的例子类似，计算机的工作流程：事先将能完成某种功能的指令序列写入存储器(纸)；计算机启动后，在控制器(人)的操纵下自动到存储器(纸)中读取第一条指令；控制器(人)对该指令进行译码后，执行该指令(将数据a从第9行取出，输入到算盘)；然后，取第二条指令，译码，执行。以此类推，最后完成整个操作。图1-29所示，

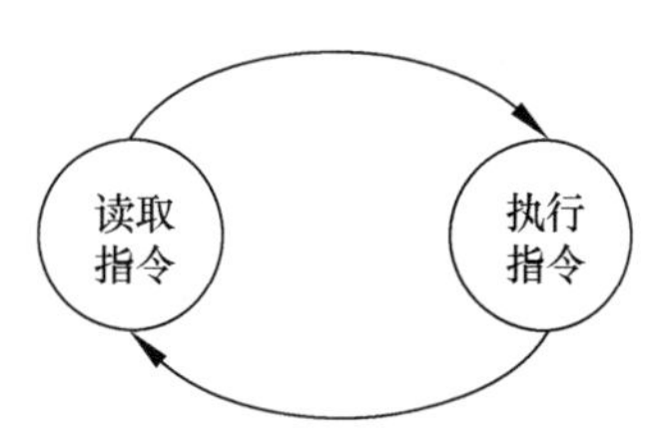

图1-29 计算机运行状态图

可以简单地认为启动后的计算机总是在读取指令、执行指令两种状态之间转换，周而复始，直到结束。需要说明的是，在读取指令的状态时，每次读取的是下一条将要被执行的指令。

1.4 计算机技术展望

随着信息技术的不断进步，特别是微电子学、材料科学、软件科学和通信科学等相关学科的突飞猛进，大规模集成电路、芯片制造工艺、软件理论和系统工程等均得到了高速发展，由此带来计算机科技日新月异的发展，而且也将不可抗拒地在21世纪产生新的历史性跨越。

1.4.1 计算机技术的最新进展

计算机从诞生到现在，已经有70多年了。在这期间，计算机无论是在硬件还是在软件方面，都发生了天翻地覆的变化。

1. 硬件方面

在硬件上，当前计算机的发展趋势是向巨型化、微型化、网络化和智能化方向发展。

(1) 巨型化：是指计算机具有高速运算能力、大存储容量和强大的功能，其运算能力一般在每秒百亿次以上，内存容量在几百吉字节以上。这种计算机主要用于尖端科学技术和军事国防系统的研究开发，如我国的百万亿次超级计算机“曙光5000”、千万亿次超级计算机“天河一号”等。

(2) 微型化：自20世纪70年代以来，由于大规模和超大规模集成电路飞速发展，微处理器芯片连续更新换代，微型计算机连年降价，再加上其具有丰富的软件和外部设备，且操作简单，使其很快普及到社会各个领域并走进千家万户。同时，微型计算机的形式也多种多样：除了传统的台式PC，笔记本计算机、掌上电脑等微型计算机也纷纷投入市场。而且，随着微电子技术的进一步发展，今后的计算机在体积上将会越来越小，袖珍型计算机，甚至只有昆虫大小或指甲盖大小的计算机在生活中也将会越来越常见。

(3) 智能化：是指要求计算机能模拟人的感觉和思维能力，这也是第五代计算机要实现的目标。智能化的研究领域很多，其中最有代表性的领域是专家系统和机器人。目前，已研制出的机器人可以代替人进行危险环境中的劳动，如深海科考和火山观测。

(4) 网络化：是指利用通信技术和计算机技术，把分布在不同地点的计算机互连起来，按照网络协议相互通信，以达到所有用户都可共享软件、硬件和数据资源的目的。现在，计算机网络在交通、金融、企业管理、教育、邮电、商业等各行各业中均得到广泛应用。

2. 软件方面

在计算机的软件和应用领域，由于数理科学的不断进步，新的计算理论不断出现，新的软件设计思想和方法不断成熟和完善，计算机的应用领域也在不断扩展和深化。这里简单列举一些方面。

(1) 社会信息化方面：如电子政务、电子商务、企业信息化、农业信息化等。

(2) 空间信息化方面：如数字城市、数字地球、地理信息系统、GPS 等。

(3) 信息安全方面：入侵检测、信息隐藏、身份认证等。

(4) 计算新技术方面：网格计算、数字媒体与内容管理、音频与视频的编码和解码等。

(5) 人工智能方面：模式识别、专家系统、人工神经网络、虚拟现实等。

(6) 新网络方面：家庭网络与智能终端、宽带多媒体网络、IPv6 与下一代网络、分布式系统等。

1.4.2 计算机今后的发展方向

人类对未知领域的追求是永无止境的。展望未来，计算机的发展必然还要有很多新的突破。从目前的发展趋势来看，未来的计算机将是微电子技术、光学技术、超导技术和电子仿生技术相互结合的产物。量子计算机、光计算机、纳米计算机、DNA 计算机等新名词未来将会一一走入人们的生活。第一台超高速全光数字计算机已由英国、法国、德国、意大利和比利时等国的 70 多名科学家和工程师合作研制成功。光子计算机的运算速度比电子计算机快 1000 倍。在不久的将来，超导计算机、神经网络计算机等全新的计算机也会诞生。届时，计算机将发展到一个更高、更先进的水平。

至于下一代计算机网络，根据专家预测，在未来的 20 年间，通信速度有可能从 3Gb/s 增长到 3Tb/s(1Tb=1024Gb)。若以 T 级别的处理速度和通信速度进行传输，有人做过计算，像美国的《每日新闻》，即便是累计 300 年的信息量，从地球的一端传送到另一端，也仅仅需要 1s。在这样的通信速度面前，时间和地点的障碍将完全变得没有意义。与此同时，目前各国都在开发"三网合一"的系统工程，即将计算机网、电信网、有线电视网合为一体。因此，有理由相信，将来通过网络能更好地传送数据、文本资料、声音、图形和图像，用户可随时随地在全世界范围拨打可视电话或收看任意国家的电视和电影。那时，我们就可以真正地把地球叫作"地球村"了。

1.4.3 我国在信息技术发展中面临的机遇与挑战

信息技术的发展是从 20 世纪四五十年代开始的，而后美国确立了在信息技术领域的霸主地位，其他国家在信息技术上无法与美国抗衡。这是因为信息技术的主要发明、创新都发生在美国：第一台计算机是在美国诞生的；第一支晶体管、第一个集成电路是在美国发明的；第一个操作系统是由美国人编写的。因此，美国理所当然地成了信息技术领域的霸主。

我国在信息化领域起步较晚，而且长期以来，一直受到西方发达国家在高科技领域内的技术垄断与封锁。因此，目前我国在信息技术领域与世界先进水平还有较大差距。当前，我国在计算机硬件方面有许多地方还受制于人，许多核心芯片尚不能自行生产；计算机操作系统等重要的系统软件、网络系统关键技术部分也都掌握在外国生产商手里。更为严重的是,绝大多数技术标准、协议和专利都被以美国为首的西方国家所垄断。

“落后就要挨打”这一让中国人刻骨铭心的事实告诉我们,在信息技术领域必须奋起直追。从1958年我国制造出第一台小型通用数字电子计算机(103机,每秒运算1800次)开始,经过几代人的努力,目前我国在信息技术领域正逐步赶上世界先进水平。在信息技术领域,超级计算机是世界高新技术领域的战略制高点,是体现科技竞争力和综合国力的重要标志。世界各大国均将其视为国家科技创新的重要基础设施,投入巨资进行研制开发。2009年10月国防科技大学计算机学院研制出的“天河一号”,是我国在战略高技术和大型基础科技装备研制领域取得的一项重大创新成果,实现了我国自主研制的超级计算机的运算能力从百万亿次到千万亿次的跨越,使我国成为继美国之后世界上第二个能够研制千万亿次超级计算机的国家。微处理器制造始终是我国的一个“短板”。然而,从2002年中国科学院计算技术研究所设计的第一颗通用CPU龙芯-1(Godson-1,266MHz)开始,中国结束了“无芯”的历史,如图1-30所示。随后,经历龙芯-2(Godson-2,1GHz,2006年)的发展,到2010年初,发布多核的龙芯-3(Godson-3),这是中国首颗多核龙芯问世,其CPU计算能力将突破千万亿次浮点运算,标志着中国通用CPU的设计制造能力将达到世界先进水平。

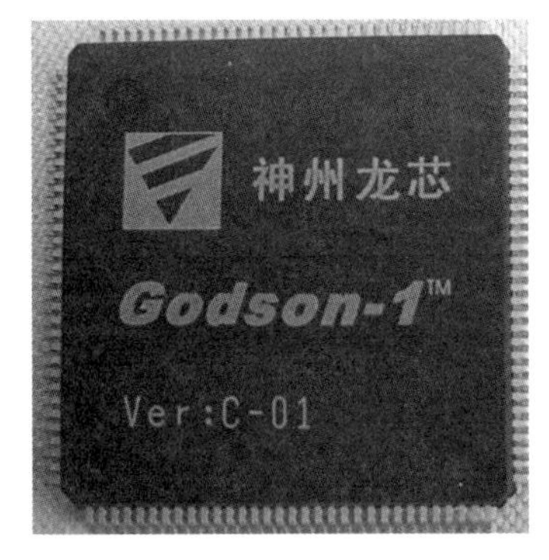

图1-30　神州龙芯通用CPU

在日新月异、竞争激烈的信息技术领域,不进则退是十分现实而残酷的生存法则。21世纪,信息技术的发展将会越来越快。能否在21世纪信息革命的舞台上唱主角,是摆在我们每一个中国人面前的问题。

本章小结

本章介绍了计算机系统及其组成,以计算机硬件为基础,讲述了计算机的起源、计算机的工作原理;详细介绍了微型计算机硬件系统和软件系统;详细介绍了计算机中数据的表示方法,其内容涉及进制数之间的转换,数值和文字在计算机中的表示方式。本章通过对以上内容的介绍,主要达到以下目的。

(1)了解计算机系统组成。

(2)以微型计算机为对象,了解主要硬件的功能,从而理解计算机工作原理。

(3)理解计算机中数据信息的表示方式。

习题

一、判断题

1. CPU是计算机的心脏,它只由运算器和控制器组成。　(　　)

2. 存储器分为内存储器、外存储器和高速缓存。　(　　)

3. 内存可以分为ROM和RAM两种。（ ）

4. 针式打印机非常适用于会计工作中的票据打印，而激光、喷墨打印机更多用于正式财务会计报告的打印。（ ）

5. 外存储器中的数据可以直接进入CPU处理。（ ）

6. 硬盘通常安装在主机箱内，因此，硬盘属于内存。（ ）

7. 突然断电，RAM中保存的信息全部丢失，ROM中保存的信息不受影响。（ ）

8. ASCII是计算机内部唯一使用的统一字符编码。（ ）

9. 操作系统是用户与计算机之间的接口。（ ）

10. 所有微机上都可以使用的软件称为应用软件。（ ）

11. 在计算机中，表示信息的最小单位是位(bit)。（ ）

12. 一台计算机只有在安装了操作系统后才能使用。（ ）

13. 内存越大，机器性能越好，内存速度应与主板、总线速度匹配。（ ）

14. 常见的外存储器分为磁介质和光介质两类，包括软盘、硬盘、光盘等。（ ）

15. 微机中的系统主板就是CPU。（ ）

16. 字节是计算机的存储容量单位，而字长则是计算机的一种性能指标。（ ）

17. 主存储器容量通常都以1024字节为单位来表示，并以K来表示1024。（ ）

18. "即插即用"的USB接口成为新的外设和移动外存的接口标准之一。（ ）

19. 激光打印机是击打式打印机。（ ）

20. 指令在计算机内部是以二进制形式存储的，而数据是以十进制形式存储的。（ ）

二、单选题

1. 构成计算机的电子和机械的物理实体称为（ ）。
   A. 主机　B. 外部设备　C. 计算机系统　D. 计算机硬件系统

2. 在下列存储器中，存取速度最快的是（ ）。
   A. 软盘　B. 光盘　C. 硬盘　D. 内存

3. 一字节包含（ ）个二进制位。
   A. 8　B. 16　C. 32　D. 64

4. ROM的意思是（ ）。
   A. 软盘存储器　B. 硬盘存储器　C. 只读存储器　D. 随机存储器

5. 现今世界无论哪个型号的计算机的工作原理都是（ ）原理。
   A. 程序设计　B. 程序运行　C. 存储程序　D. 程序控制

6. 下面（ ）组设备包括输入设备、输出设备和存储设备。
   A. 显示器、CPU和ROM　B. 磁盘、鼠标和键盘　C. 鼠标、绘图仪和光盘　D. 磁带、打印机和调制解调器

7. 以下计算机语言中，（ ）属于低级语言。
   A. C语言　B. 汇编语言　C. BASIC语言　D. Java语言

8. CPU 每执行一个(　　),就完成一步基本运算或判断。

A. 软件　　B. 指令　　C. 硬件　　D. 语句

9. 在下列软件中,属于应用软件的是(　　)。

A. UNIX　　B. WPS

C. Windows 2000　　D. DOS

10. 一个完整的计算机系统是由(　　)组成的。

A. 软件　　B. 主机

C. 硬件和软件　　D. 系统软件和应用软件

11. 微型计算机通常是由(　　)等几部分组成的。

A. 运算器、控制器、存储器和输入输出设备

B. 运算器、外部存储器、控制器和输入输出设备

C. 电源、控制器、存储器和输入输出设备

D. 运算器、放大器、存储器和输入输出设备

12. 一般情况下,外存储器中存放的数据,在断电后(　　)失去。

A. 不会　　B. 完全　　C. 少量　　D. 多数

13. 硬盘工作时应特别注意避免(　　)。

A. 噪声　　B. 震动　　C. 潮湿　　D. 日光

14. PC 的更新主要基于(　　)的变革。

A. 软件　　B. 微处理器　　C. 存储器　　D. 磁盘容量

15. CD-ROM 是一种(　　)的外存储器。

A. 可以读出,也可以写入　　B. 只能写入

C. 易失性　　D. 只能读出,不能写入

16. 某公司的工资管理程序属于(　　)。

A. 应用软件　　B. 系统软件　　C. 工具软件　　D. 字表处理软件

17. 在 PC 上通过键盘输入一段文章时,该段文章首先存放在主机的(　　)中,如果希望将这段文章长期保存,应以(　　)形式存储于(　　)中。

A. 内存　文件　外存　　B. 外存　数据　内存

C. 内存　字符　外存　　D. 键盘　文字　打印机

18. 现代计算机之所以能自动地连续进行数据处理,主要因为(　　)。

A. 采用了开关电路　　B. 采用了半导体器件

C. 具有存储程序的功能　　D. 采用了二进制

19. 在微型计算机中,常见到的 EGA、VGA 等是指(　　)。

A. 微机型号　　B. 显示器适配卡类型

C. CPU 类型　　D. 键盘类型

20. 硬盘的容量越来越大,常以 GB 为单位,已知 1G=1024M,则 1GB 等于(　　)B。

A. 1024×1024×8　　B. 1024×1024

C. 1024×1024×1024×8　　D. 1024×1024×1024

21. 计算机存储器中的一字节可以存放(　　)。

A. 一个汉字　　B. 两个汉字

C. 一个西文字符　　D. 两个西文字符

22. 在下列设备中,既是输入设备又是输出设备的是(　　)。

A. 显示器　　B. 磁盘驱动器　　C. 键盘　　D. 打印机

23. 计算机语言的发展经历了(　　)、(　　)和(　　)几个阶段。

A. 高级语言　汇编语言　机器语言　　B. 高级语言　机器语言　汇编语言

C. 机器语言　高级语言　汇编语言　　D. 机器语言　汇编语言　高级语言

24. 磁盘存储器存、取信息的最基本单位是(　　)。

A. 字节　　B. 字长　　C. 扇区　　D. 磁道

25. 微机中 1KB 表示的二进制位数是(　　)。

A. 1000　　B. 8×1000　　C. 1024　　D. 8×1024

26. 操作系统是(　　)的接口。

A. 用户与软件　　B. 系统软件与应用软件

C. 主机与外设　　D. 用户与计算机

27. 关于随机存储器(RAM)功能的叙述,(　　)是正确的。

A. 只能读,不能写　　B. 断电后信息不消失

C. 读写速度比硬盘慢　　D. 能直接与 CPU 交换信息

28. 计算机的内存通常是指(　　)。

A. ROM　　B. RAM　　C. 硬盘　　D. ROM 加 RAM

29. “32 位微型计算机”中的 32 是指(　　)。

A. 微机型号　　B. 内存容量　　C. 存储单位　　D. 机器字长

30. 在下面不同进制的 4 个数中,有一个数与其他 3 个数的值不等,它是(　　)。

A. 5EH　　B. 136O　　C. 1011101B　　D. 94D

三、填空题

1. 二进制数 0.101B 转化为十进制、十六进制数应为________D、________H。

2. 大写字母 A 的 ASCII 编码是 41H,则小写字母 a 的 ASCII 编码是________H。

3. 标准 ASCII 占有________位,表示了________个不同的字符,在计算机中用________个字节表示,其二进制最高位是________。

4. 28.125D 转化为二进制数为________B,转化为八进制数为________O,转化为十六进制数是________H。

5. 正数 01111010 的补码是________H(十六进制表示);十进制数 −17 的补码是________H(十六进制表示),反码是________H。

第2章 操作系统

计算机的灵魂是它所运行的软件,而核心的软件就是操作系统。本章将向读者简要介绍操作系统的概念、发展、功能等内容。

本章重点

(1) 了解操作系统的定义。

(2) 了解操作系统的发展和分类。

(3) 了解当前流行的操作系统。

(4) 熟悉操作系统的功能模块。

2.1 什么是操作系统

一个人由肉体和精神两个部分组成,一台计算机由硬件和软件两个部分组成。如果把一台计算机比作一个人的话,那么计算机的 CPU 和内存就类似于人的大脑,具备"思考和记忆"的能力;而计算机软件就好比是人的思想和精神,它决定了计算机能"思考和记忆"些什么东西,也就决定了计算机能完成什么样的工作。没装任何软件的计算机就像一个头脑空空的人,除了看起来很酷之外,别无他用。

操作系统就是一个(或者说"一系列")非常重要的计算机软件。当打开计算机,拿着鼠标在屏幕上点来点去的时候,当打开浏览器浏览网页的时候,当玩着游戏、听着音乐的时候……你俨然就是这台机器的主宰,操控着它的一切。而在幕后帮助你完成这一系列任务,让你成为"主宰"的关键角色就是操作系统。

图 2-1 所示操作系统(Operating System)是介于系统硬件(Hardware)和各种应用程序(Application)之间的软件。任何应用程序如果想控制系统硬件,都要通过操作系统。例如,浏览器就是个浏览网页用的应用程序,它要联网的话肯定要用到网卡这一硬件设备,但浏览器并不能直接去控制网卡,它一定要经过操作系统来帮它完成这一工作。

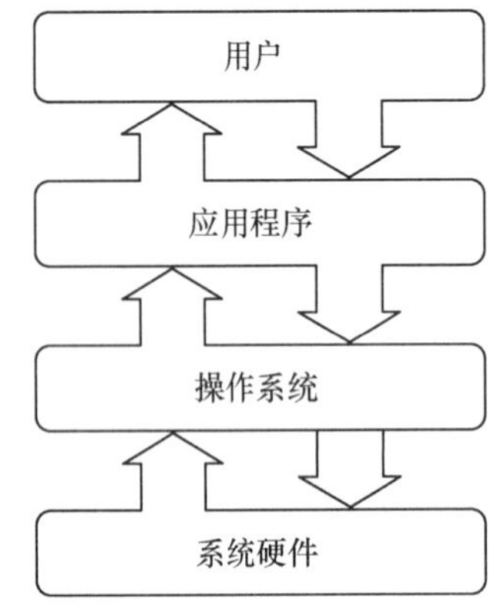

图 2-1 操作系统在计算机系统中的位置

为什么非要这么复杂呢?抛开操作系统,让浏览器直接控制网卡不是更省事吗?

的确,假如计算机系统里只有浏览器这一个应用程序要用到网卡的话,那么完全可以抛开操作系统,让浏览器直接控制网卡。但实际上系统里除了浏览器,还有网络电视、网络音乐、网络聊天、网络游戏等很多应用程序都要用到网卡。大家"抢用"同一块网卡,这就好比在一个杂乱无章的十字路口，汽车们争先抢道，既无交通警察，又无红绿灯，那么将要发生的只会是事故。

操作系统并不仅仅只是"交通警察"。试想，如果你的世界的确"简单而完美"，系统里真的只有浏览器使用网卡，也就是说，浏览器可以抛开操作系统，直接操作网卡的话，那么还要面对另一个问题，浏览器必须有能力与不同厂家、不同型号的网卡和谐工作，否则，一旦换了浏览器不支持的网卡，就上不了网了。负责让网卡工作的那部分软件，通常把它叫作网卡驱动程序。让浏览器包含所有厂家的所有型号的网卡驱动程序显然是不太现实的。回到这个既不简单又不完美的世界，系统里有那么多网络应用程序，让它们都各自携带一大堆同样的网卡驱动程序，显然也是不明智的。

为了防止大家无序地抢用硬件设备，避免每个应用程序都携带同样的一大堆硬件驱动程序，专家们在应用程序和硬件之间插入了一层特殊的软件，它就是操作系统。它负责整个计算机系统的管理、调度、控制，同时还携带所有的硬件驱动程序。操作系统的功用还远不止这些。

操作系统很像一个政府，它是资源管理者、系统控制者和公共服务提供者。

(1) 资源管理者。所谓"资源"，笼统讲就是所有的系统硬件，包括 CPU、内存、网卡、声卡、显卡、键盘、鼠标等，它们的共同特点就是"紧缺"。系统中的众多应用程序都要"抢用"这些硬件资源。操作系统要负责协调应用程序之间的资源竞争。当然，它本身也要消耗掉一部分系统资源以维持自身的正常运转。一个低消耗、高效率的政府才会受欢迎，操作系统也是一样。

(2) 系统控制者。操作系统控制着系统中程序的运行，一旦发现有程序出错，或有程序非法使用系统资源，就要及时处理，以保障系统能安全、有序、高效地工作。

(3) 公共服务提供者。正如上面说到的，所有硬件的驱动程序只要在操作系统里保留一份就可以了，不必每个应用程序里都携带相同的驱动程序。

什么是操作系统？到目前为止，还没有哪一个定义被大家普遍采纳成为"标准"。但作者最喜欢的定义是 *Everything a vendor ships when you order an operating system*（当你订购一个操作系统的时候，人家寄给你的东西就是）。

言归正传，说得专业一些，操作系统的功能通常包括进程管理、中断处理、内存管理、文件系统、设备驱动、网络协议、系统安全、输入输出等许多方面。在后续课程中，会简单介绍这些功能模块。

2.2 操作系统的发展

2.2.1 批处理系统

如前文所述，如果你的计算机是一个单任务系统，也就是说，在同一时间它只需要（或者只能够）做一件事情，那么操作系统是可以被抛到一边的。这就好比大马路上只跑一辆汽车，是不需要交通警察的。在计算机诞生之初，情况的确是这样的，计算机只能完成单一的工作。现在我们还常看见的简单的计算器就是这样的单任务系统。如果两个程序员写了两个不同的程序，都要在计算机上运行，那该怎么办呢？很简单，两个程序员按“先来后到”排队。等第一个程序员的程序运行结束了，再把第二个程序员的程序放进去就可以了。如果两个程序员都比较急躁，抢着要先运行自己的程序，那该怎么办呢？很简单，雇用一个专职的计算机操作员，由他来负责接收、管理程序员们的程序，并按顺序输入到计算机就可以了。没错，这位操作员就是最早的“操作系统”，他完成的工作叫“任务调度”。他完成工作的方式叫“批处理”，也就是说他手头上有“一批”程序，由他逐一地送到计算机里去处理。

“大马路上只跑一辆汽车”这太奢侈浪费了，为了摆脱这种低效率的资源利用，计算机专家们开始研究如何能够“同时在大马路上跑多辆汽车”。这一研究在20世纪60年代取得了长足进展，现代操作系统——分时多任务操作系统就此诞生了。

2.2.2 分时系统

所谓“分时多任务操作系统”，就是让一个CPU能够“同时”运行多个程序。当然，这个带引号的“同时”不是真的同时，只是看起来“同时”。例如，现在有A、B、C三个任务需要处理，那么操作系统可以先把CPU分配给A程序，运行20ms之后，再把CPU分配给B，也是20ms，再给C，还是20ms。然后，再运行20ms A程序、20ms B程序、20ms C程序……如此循环往复，这就叫“分时”（行话叫“时分复用技术”），给用户一个A、B、C“同时”运行的印象。当然，CPU的时间不一定要平均分配，操作系统可以根据不同的情况，如任务优先级的高低，来分配每个程序运行一次的时间。

2.2.3 形形色色的操作系统

自20世纪60年代分时系统诞生以来，已经历了50多年的发展。随着计算机硬件技术的突飞猛进，操作系统这一与硬件形影不离、息息相关的软件，也产生了巨大变化。1969年诞生的UNIX操作系统只有寥寥4200余行代码，而今天它的分支系统已遍布天下，其中Linux系统内核的代码量已超过了1500万行。

除了常见的计算机上的操作系统，随着硬件技术和网络技术的发展，各种特殊用途的操作系统也应运而生。

1. 实时嵌入式操作系统

随着硬件技术（尤其是集成电路）的发展，越来越多的电器设备中都“嵌入”了一个“专用计算机”，能够自动、精确控制设备的运转。这些专用计算机都非常小巧，小到可以放进1cm见方的晶片里，这就是所谓的单片机了。装在这些小巧晶片里的操作系统软件叫嵌入式系统。嵌入式系统不像PC里的系统那么庞大、复杂，它们通常用在一些特定的设备上，在不需要人为干预的情况下完成一些相对单一的工作，例如微波炉、电视机、汽车、DVD机、手机、MP3播放器里都是这样的小系统。

嵌入式系统几乎都是“实时”操作系统。实时系统比普通操作系统的响应速度更快。

系统收到信息后，没有丝毫延迟，马上就能做出反应，所以才叫“实时”。实时系统被广泛用于对时间精度要求非常苛刻的领域。例如，科学实验、医疗图像系统、工业控制系统、某些有特殊要求的显示系统、汽车燃料注入控制系统、家用电器设备、武器控制系统等，都需要用到实时嵌入式系统。

实时系统的运作有严格的时间要求，必须在特定时间内完成特定动作，并返回正确的结果，否则整个系统的任务就会失败。举例来说，如果一个机器人手臂收到“停”的指令之后，不能马上停下来，那么它刚刚组装好的汽车就可能被它自己打个稀巴烂。

比较而言，时分系统当然也是反应越快越好，但是这个“越快越好”是没有苛刻的时间要求的，也就是说，反应慢点系统也不会出什么毛病。类似地，一个批处理系统在时间方面通常也没有什么限制。

2. 分布式操作系统

近半个世纪以来，随着网络技术的出现与发展，操作系统和网络的联系日趋紧密。网络不仅可以让远隔千里的计算机共享资源，还可以让它们相互传递信息，协调工作，共同完成某一特定的运算任务。换句话说，大量联网的计算机可以通过网络通信，相互协调一致，共同组成一个大的运算系统。这个大系统就叫“分布式计算系统”，这个系统中的每台计算机都有独立的运算能力。同时，在这些计算机上运行的操作系统还具有让大家协调工作的功能。这种具有“协调功能”的操作系统就是“分布式操作系统”。在分布式操作系统的支持下，各计算机内运行的“分布式程序”之间相互传递信息，彼此协调，共同完成特定的运算任务。

分布式系统具有可靠性高和扩展性好的优点。系统中任何一台(或多台)机器发生故障，都不会影响整个系统的正常运转。同时，整个系统的结构是可以动态变化的。也就是说，随时可以有新的计算机加入到系统中来，也随时可以将计算机从系统中移除。系统中的计算机可以是多种多样的，网络连接形式也可以是多种多样的。

3. 云计算

云计算(Cloud Computing)是近年来比较流行的新技术，听起来它是不是给人莫测高深之感？这就对了。云计算所涉及的技术繁杂，设备多样，服务广泛，实在很难给这项新兴技术一个确切的描绘，它就像云彩一样难以说清，难以看清，难以画清。它依赖于互联网，互联网也是一个不太容易画出来的东西，专业技术人员通常是随手画一个“大云朵”来代表互联网。于是，这个基于互联网的“高科技新宠”干脆就被叫作“云计算”了。云计算系统逻辑图如图 2-2 所示。

基于网络的计算，这是不是很容易让你想到我们刚刚提过的“分布式系统”？分布式系统不就是大量计算机通过网络连接相互传递信息，协调工作，并共同完成一个大的运算任务吗？没错，我们甚至可以说，分布式系统就是云计算的基础设施。云计算是在分布式系统的支撑之下诞生的一个更为复杂、多样、灵活的服务平台。

那么，什么是服务平台？

笼统地说，服务平台就是公共基础设施，如公路、自来水、电力供应、煤气供应、电话等

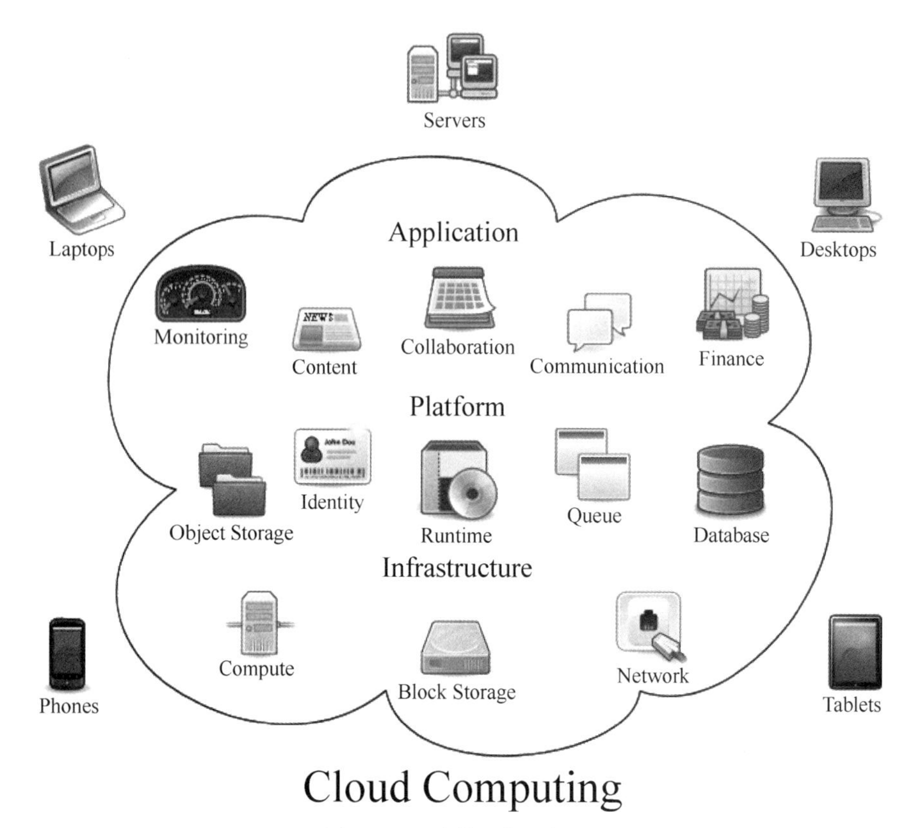

图 2-2　云计算系统逻辑图

人们日常生活离不开的东西，都属于公共基础设施。“云计算”或者更直接地说“云服务”“互联网服务”就是继水、电、煤气、电话、公路之后的又一走入千家万户的基础服务设施。

“不就是在家随时可以上网吗？说得这么玄虚干什么？”

“的确，对于一个普通用户来讲就是在家上网，享受网络服务。一个普通用户并不在意这‘云’里面有什么技术玄虚。但对于技术专家们来说，这里面的细节就多了。就像打开水龙头，自来水就流了出来，这对于用户是‘天经地义，自然而然’的事情。但在‘自然而然’的背后有水源、过滤、消毒、传输等诸多的技术细节。云计算也是这样一种涵盖很多技术细节的东西。专家们正在努力钻研这些技术细节，完善这一服务平台，好让这朵‘云’能把任何你想得到的信息以最快捷、方便的方式送到你手里。”

“不就是上个网吗？我现在就是在家上网啊，那么，也就是说，我现在就在享受云服务了？”

“没错，笼统地说，互联网服务就是云服务。但浏览网页、收发邮件、网络聊天、网络电影这样的简单事情只是云服务中很小的一部分。未来的云服务将提供人们所能想到的一切服务。2009 年底，谷歌公司推出了一款崭新的笔记本计算机，叫 Chromebook。如果你拿到了一台 Chromebook，按一下电源开关，系统会在 10s 之内完成启动。这时呈现在你面前的是什么呢？也许你会感到惊讶，它呈现给你的就是一个 Google Chrome 浏览器的界面，如图 2-3 所示。而且在 Chromebook 里面，除了浏览器，就没其他什么软件了。”

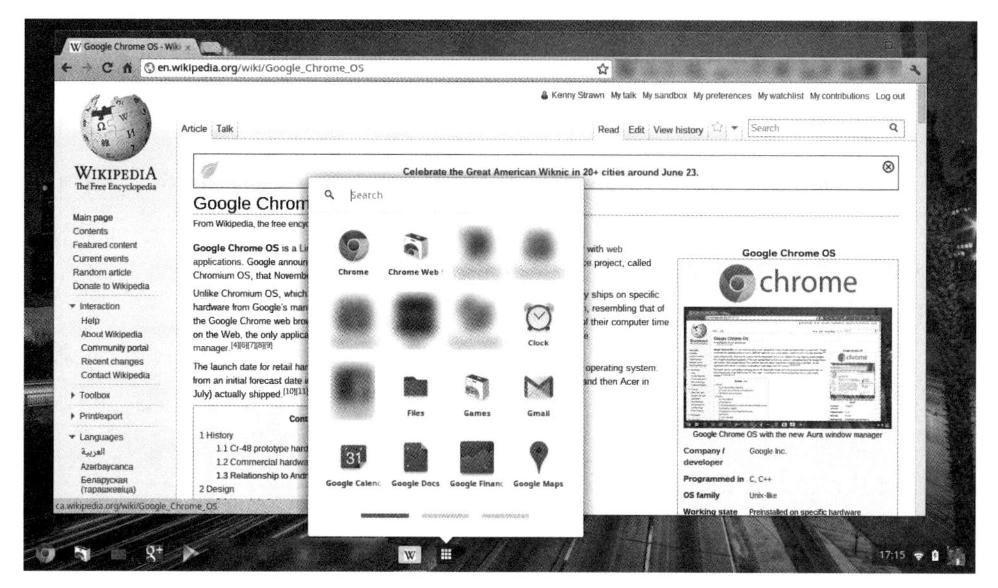

图 2-3　Google Chrome 浏览器的界面

“难道笔记本就是个浏览器吗？”

“没错，可以这么说，它甚至只有一个很小的 SSD 硬盘，不能再额外安装什么应用程序了。你一定会想，一个浏览器能干什么呢？那么，我问你，现在还有什么事情是不能在浏览器里完成的呢？”

“写文章、做报表和 PPT 可以用 Google Docs；安排日程可以用 Google Calendar；安排行程可以用 Google Maps；看电影可以用 YouTube；听音乐可以用 Google Play Music；看书可以用 Google Books……以前你在计算机上安装很多软件之后才能完成的工作，而现在有一个浏览器就足以应付了。浏览器就像是一个从 Google 的‘云’里接出来的水龙头，把各种服务直接送到你面前。”

“那么，完成这些任务所需要的软件在哪里呢？”

“在云里。浏览器就是从云朵里伸出来的水龙头。当然，不一定非要是浏览器，其他能完成工作的上网软件也可以。”

“等等，您是不是跑题了？云计算和操作系统有什么关系呢？”

“你没听说过‘云操作系统’吗？同学，欢迎你来到地球！下面我给你简要介绍一下我们地球人的网络生活……”

“……”

“所谓‘云操作系统’，它不过是个概念。我们知道，一个传统意义上的操作系统只是用来对一台计算机上的硬件资源进行管理。而‘云’就像是一台巨大无比的计算机，它也需要负责管理和维护的软件。这个角色不是很类似于操作系统吗？与其给它起个新名字，不如还叫操作系统。于是‘云操作系统’这个新名词就诞生了。”

“前面您不是已经有一个‘分布式操作系统’了吗？为什么这里又搞出个‘云操作系统’呢？”

“分布式操作系统是一个传统意义的操作系统，也就是说，它是单机操作系统，是被安装在每一台计算机里的操作系统。而‘云操作系统’是负责维护管理‘云’这个超级大计算机的，它不是单机操作系统。”

“那它在哪儿呢？”

“它就是个概念，是个虚拟的操作系统，是一种管理‘云’的机制。其实‘云’本来也不是个计算机，只是我们把它想象成了一个超级大计算机，一个‘概念计算机’。云操作系统就是管理这个概念计算机的概念操作系统。”

“原来如此。”

“除了 Google，世界上很多大 IT 公司，比如 IBM、微软、Amazon、VMware 也都在打造自己的云服务。在‘云时代’，我们的计算机上可以不再需要硬盘，因为我们可以用‘云存储’；我们的计算机也不再需要最贵的 CPU，因为一切运算都可以在云里完成。”

“什么都在云里？感觉有点没根。靠谱吗？”

“你刚来地球，慢慢就习惯了。”

“……”

2.3 声名显赫的操作系统家族

一提到“计算机”这三个字，你脑海里出现的是不是图 2-4 所示的这个东西？没错，这是一个传统意义上的个人计算机。但主机、显示器、键盘、鼠标这些只是计算机硬件，它里面装的是什么操作系统呢？其实，作为一名普通的计算机使用者，我们是不直接接触操作系统的。用户只使用应用程序，应用程序才需要和操作系统打交道。

图 2-4 个人计算机

但不接触不等于不关心，操作系统的优劣直接影响整个计算机系统的性能。那么，现在我们就来认识和了解这些常见的操作系统吧。

操作系统的种类和数量用多如牛毛来形容并不算太过分。不过，常见的操作系统可以分为 UNIX 家族操作系统、Windows 家族操作系统和移动操作系统。

2.3.1 UNIX 家族操作系统

UNIX 诞生于 1969 年。一开始，26 岁的美国计算机科学家肯·汤普逊(Ken Thompson)在 BCPL 语言的基础上发明了一个编程语言，叫 B 语言，并用它写出了 UNIX。但他发现 UNIX 的性能很不理想，于是，他的同事，29 岁的丹尼斯·里奇(Dennis Ritchie)又在 B 语言的基础上重新开发了一个编程语言，这就是著名的 C 语言。1972 年，他们用 C 语言重写了 UNIX(见图 2-5)。

图 2-5 丹尼斯·里奇和肯·汤普逊

之后，UNIX 逐渐发展成为一个庞大的操作系统家族，对现代操作系统的发展一直产生着重大的影响。UNIX 被认为是 20 世纪 IT 行业最伟大的发明。当年 Thompson 和 Ritchie 的 4000 余行程序代码，至今仍被认为是世界上最有影响力的软件。庞大的 UNIX 家族如图 2-6 所示。

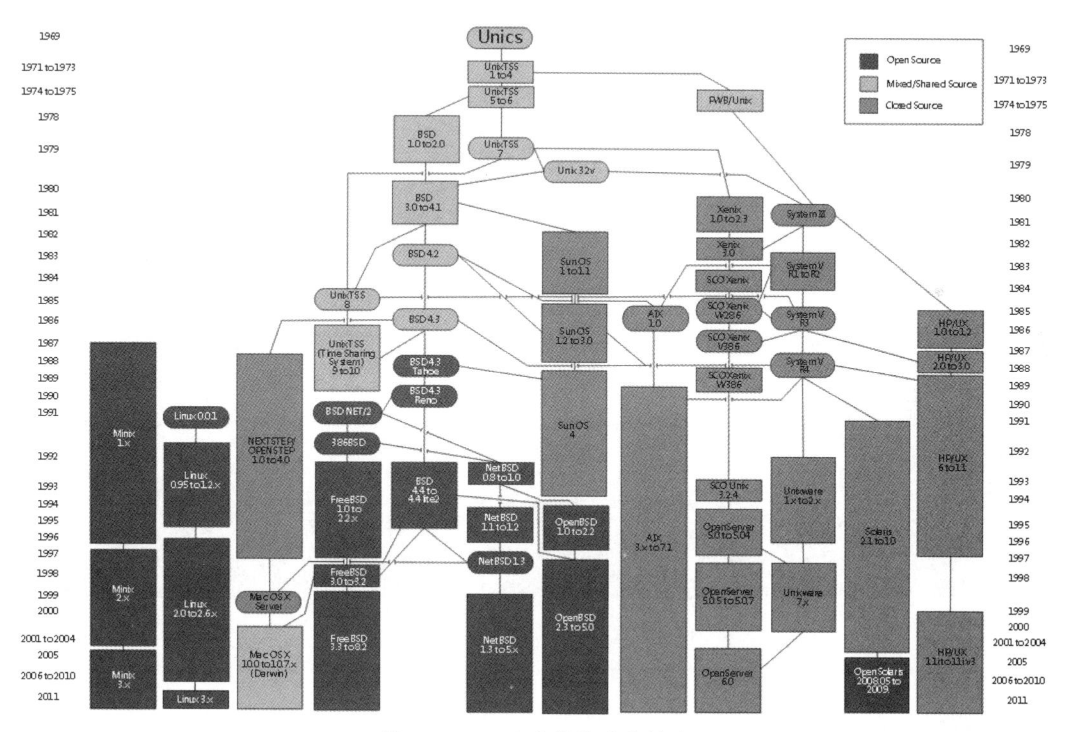

图 2-6 UNIX 家族的进化简史

在这个人丁兴旺的 UNIX 大家族里，有以下两个分支是我们不能不提的。

1. BSD

BSD(Berkeley Software Distribution)是 UNIX 大家族中一个久负盛名的“家庭”，其中包括 FreeBSD、NetBSD、OpenBSD 和 PC-BSD 等优秀的家庭成员。这些操作系统因为它们出色的性能和安全性而广受赞誉，它们普遍被用来作为 Web 服务器。当然，也有不少 BSD 粉丝把它们装到个人计算机上。互联网的发展在很大程度上要归功于 BSD“家庭”，因为众多的网络协议都是首先在 BSD 系统上尝试、实施并优化的。世界上的第一个 Web 服务器就是首先在 BSD 的一个分支系统上运行的。

早在 1974 年，美国加州大学伯克利分校就已经用上了 UNIX 系统。该校计科系的师生们以 UNIX 为基础，做了大量的学习、研究、开发工作。1978 年，该校比尔·乔伊(Bill Joy)同学在 UNIX 第六版的基础上推出了自己的 1BSD 系统，它标志着 BSD 家族的诞生。Bill Joy 同学实非等闲之辈，1982 年，他与人合创了自己的公司，那就是大名鼎鼎的 Sun Microsystems。

BSD 家族里还有一个不太起眼的分支 NeXTSTEP。后来，NeXT 公司被苹果公司收购。苹果在 NeXTSTEP 的基础上开发出了今天炙手可热的 Mac OS X 系统(见图 2-7)。

图 2-7　Mac OS X 的标准桌面

2. GNU/Linux

GNU/Linux 是一个陌生、奇怪且拗口的名字，但它却是 UNIX 家族中最为兴旺发达的一个大家庭。它的家庭成员之多，应用之广远远超过了现有的任何操作系统家族(或家庭)。大到世界上最强大的超级计算机，小到手机甚至手表，都可以看到 Linux 的身影。广受企业用户欢迎的 RedHat(红帽子)，拥有百万桌面用户的 Ubuntu，还有在手机、平板计算机市场上独占鳌头的 Android 系统，它们都是 Linux 家族的成员。

“等等，您一口一个 Linux，那么 GNU 是什么？”

“GNU 是‘GNU is Not UNIX!’的递归缩写。”

“那什么是递归啊？”

“递归就是……举个例子，从前有座山，山上有座庙，庙里有个老和尚在讲故事。讲的什么呢？从前有座山，山上有座庙，庙里有个老和尚在讲故事。讲的什么呢？从前有座山……这就是递归，也就是说，一个故事讲述它本身。‘GNU is Not UNIX!’这是在用一个单词 GNU 来解释它本身，所以也是递归。”

“那么，递归有什么意义吗？”

“递归是一个常用的编程技术，一个函数调用它本身，程序员都比较熟悉它。把它用在 GNU 身上，这只是程序员开的一个玩笑而已。但‘GNU is Not UNIX!’这句话并不是玩笑。它在明白无误地告诉你说，GNU 不是 UNIX!”

“那么，GNU 到底是什么呢？”

“说来话长，要知道 GNU 是什么，我们必须先认识一个人，他叫理查德·马修·斯托曼(Richard Matthew Stallman，见图 2-8)。在计算科学的王国里，理查德·马修·斯托曼是个备受尊崇的神话式英雄。他令人景仰的职业生涯是从大名鼎鼎的 MIT 人工智能实验室开始的。20 世纪 70 年代中后期，他在那里开发出了著名的 Emacs 编辑器。直到 40 多年后的今天，Emacs 还是世界上最强大的编辑器，是职业程序员的首选编程工具。”

图 2-8 GNU 项目的创始人 Richard Matthew Stallman

20 世纪 80 年代早期，UNIX 的所有者 AT&T 公司不再对外公开 UNIX 的源代码。同时，商业软件公司从人工智能实验室吸引走了绝大多数优秀的程序员，并和他们签署了严格的保密协议。RMS 孤零零枯坐空荡荡的办公室，而且看不到 UNIX 的源代码。作为一个软件研究员，其郁闷之情不免会引发极端的想法。他认为软件和其他产品不同，在复制和修改方面它不该受到任何限制。只有这样才能开发出更好更强的软件。1983 年，他在著名的《GNU 宣言》中，向世人宣告了 GNU 项目的启动，开始了贯彻其哲学的自由软件运动。

RMS 要开发出一套和 UNIX 一样优秀的操作系统，这个系统的名字就叫 GNU，在技术上，它将不输于 UNIX。不同于 UNIX 的是，它将是自由、开放的操作系统，任何人都可以自由地获得它的源代码。这就是“GNU is Not UNIX!”的意义所在。

为了最终实现开发出一个自由操作系统的梦想，他得先制造些工具。于是，在 1984 年初，RMS 开始创作一个令商业企业程序员叹为观止的作品 GNU C 编译器(gcc)。他出神入化的技术天才，令所有商业软件程序员自愧不如。gcc 被公认为世界上最高效、最强健的编译器之一。

图 2-9 Linux 吉祥物

到 1991 年，GNU 项目已经开发出了众多的工具软件。大家期待已久的 GNU C 编译器也问世了，但自由操作系统还没有出现。GNU 操作系统内核——HURD 还在开发中，几年之内还不可能面世。但就在这一年，一个自由的操作系统在芬兰的赫尔辛基大学悄然诞生了，它就是 Linux(见图 2-9)。

1991 年，Linus Benedict Torvalds 还是个芬兰学生，在赫尔辛基大学念计算机专业二年级。同时他也是个自学成才的黑客。这个长着沙滩黄头发，说话软绵绵的 21 岁芬兰帅哥喜欢折腾他的计算机，把它不断推向能力的极限。但他缺少一个合适的操作系统来满足他如此专业的需求。MINIX 不错，可它只适合学生，是个教学工具，不是一个强大的实战系统。

1990 年，服了一年兵役的 Linus Benedict Torvalds 重新回到学校，开始钻研 UNIX。一年之后，1991 年 8 月 25 日，Linus 在 MINIX 新闻组发出了历史性的一帖，由此宣告了 Linux 操作系统的诞生。

Linus 自己并没预料到他的小创造将会改变整个计算科学领域。1991 年 9 月中旬，Linux 0.01 版问世了，并且被放到了网上。它立即引起了人们的注意。源代码被下载、测试、修改，最终被反馈给 Linus。10 月 5 号，Linux 0.02 版出来了。几周以后，Linux 0.03 版发布了。12 月，Linux 0.10 版发布了。这时的 Linux 还显得很简陋，它只能支持 AT 硬盘，而且不用登录(启动就进 bash)。Linux 0.11 版有了不少改进，可以支持多国语言键盘、软驱、VGA、EGA、Hercules 等。Linux 的版本号从 0.12 直接上升到了 0.95、0.96 等。

Linux 的开发非常活跃。加入开发的人数很快就超过了一百，然后是数千，然后是数十万。Linux 不再只是个黑客的玩具，配合上 GNU 项目开发出的众多软件，Linux 已经可以走向市场了。1992 年 12 月中旬，Linus 正式以 GNU 公共许可证(GPL)发布了 Linux 的 0.99 版，这标志着自由软件运动从此真正有了自己的操作系统。任何人都可以自由获得它的源代码，可以自由复制、学习和修改它。学生和程序员们都没错过这个机会。Linux 的源代码通过在芬兰和其他一些地方的 FTP 站点传遍了全世界。

不久，软件商们也看到了巨大的商机，闻风而至。Linux 是自由的操作系统。软件商们需要做的只是把各种各样的软件在 Linux 平台上编译，然后把它们组织成一种可以推向市场的形式。这与其他操作系统在运作模式上没什么区别，只是 Linux 是自由的。

RedHat、Caldera 和其他一些公司都获得了相当大的市场，获得了来自世界各地的用户。除了这些商业公司，非商业的编程专家们也自发组织起来，推出了他们自己的品牌——享誉全球的 Debian。配上崭新的图形界面（比如 X Window System、KDE、GNOME），Linux 的各个品牌都备受欢迎，图 2-10 所示为 Ubuntu GNU/Linux 桌面。

图 2-10　Ubuntu GNU/Linux 桌面系统

Linux 最大的优势就是推动它前进的巨大开发热情。一旦有新硬件问世，Linux 内核就能快速被改进以适应它。例如，Intel Xeon 微处理器才问世几个星期，Linux 新内核就问世了。它还被用在了 Alpha、ARM 等几十种硬件架构上。目前，Linux 是世界上支持硬件架构最多的操作系统。

Linus Benedict Torvalds（见图 2-11）。完成学业之后，移居美国，一直领导着 Linux 的内核开发工作。世界范围内的计算机社区都对 Linus 推崇备至，到目前为止，他仍是世界上非常受欢迎的程序员。

图 2-11　Linus Benedict Torvalds

2.3.2　Windows 家族操作系统

中学时代的比尔·盖茨就在计算机编程方面表现出了浓厚的兴趣和超人的天赋。他曾经和几个同学（包括保罗·艾伦 Paul Allen，后来的微软合伙创始人）入侵学校主机系统，以获取更多的免费上机时间。东窗事发后，学校让他们负责寻找系统的软件漏洞，以换取自由上机时间，同时还付给他们一定的报酬。在工作过程中，比尔·盖茨有机会接触到各种各样的程序，包括 FORTRAN、LISP，还有直接用机器码写的程序。

1973 年秋天，比尔·盖茨以优异的成绩考入哈佛大学。在哈佛大学，尽管比尔·盖茨的成绩一直很不错，但他并没有一个很明确的学习目标和计划，他把大量的时间花在了学习计算机上。他和中学好友 Paul Allen 保持着联系。他们都怀着一颗跃跃欲试的心，密切关注着计算机科学日新月异的快速发展。终于，在 1975 年，他们再也坐不住了，比尔·盖茨从哈佛大学退学，与 Paul Allen 共同创办了自己的软件公司——Microsoft（微软）。

1980 年 7 月，IBM 为了即将推出的 IBM PC 来找微软公司，希望微软能为其写一个 BASIC 解释器。同时，比尔·盖茨得知 IBM 向另一家公司购买操作系统的谈判刚刚失败，希望微软公司能帮他们找一个操作系统。精明的比尔·盖茨没有错失商机，他迅速花五万美元从一个西雅图黑客手里买了一个简陋的操作系统，略加改进就满足了 IBM 的需求。从此，微软和 IBM 建立了重要的伙伴关系。IBM 卖出的每一台 PC 里都装上了微软操作系统——MS-DOS。

比尔·盖茨并没有把 DOS 系统的版权卖给 IBM，因为精明的他相信其他计算机硬件厂家很快就会克隆 IBM 的系统。果不其然，在很短的时间内，各种 IBM 兼容机如雨后春笋般纷纷上市，它们装的都是廉价的 MS-DOS 系统。凭借着聪明的市场策略，这个简陋的操作系统悄悄渗透到了世界的每一个角落。

1985 年 11 月，微软为 MS-DOS 添加了一个简单的图形界面，并将它取名为 Windows，这就是微软视窗系统的开端。之后的十余年，Windows 系统不断地改进完善。1990 年微软推出 Windows 3.0，1992 年推出 Windows 3.1，这两个版本在虚拟内存等方面都做了显著改进，被认为是 Windows 系统发展的一个里程碑。Windows 的下一个里程碑是 1995 年的 Windows 95 和 1998 年的 Windows 98。它们支持 32 位应用程序，在用户界面设计上采用了面向对象技术，而且支持长文件名和即插即用硬件。

在个人计算机市场上，微软系统凭借其价格优势，很快就取代了苹果计算机的主导地位。2000 年前后的十年间，Windows 一直占据着超过 90％的桌面计算机市场份额，成为桌面计算机市场上名副其实的霸主。直到近年，随着 Linux 和 Mac OS X 系统的逐渐流行，MS-Windows 的市场份额才开始下降。2012 年 7 月的网上调查显示，Windows 的市场占有率已下降到了 85％左右。

Windows 采用了图形化模式 GUI，而从前的 DOS 需要键入指令才能使用，与 DOS 相比 Windows 更为人性化。随着计算机硬件和软件的不断升级，微软的 Windows 也在不断升级，从架构的 16 位、32 位再到 64 位，系统版本从最初的 Windows 1.0 到大家熟知的 Windows 95、Windows 98、Windows 2000、Windows XP、Windows 2003、Windows Vista、Windows 7、Windows 8、Windows 8.1、Windows 10 和 Windows Server 服务器企业级操作系统，不断持续更新，微软一直致力于 Windows 操作系统的开发和完善。

1. Windows XP

Windows XP 是微软在 2001 年 10 月 25 日推出的基于 X86、X64 架构的 PC 和平板计算机使用的操作系统，包括商用和家用的台式计算机等，大小为 575MB～1GB。

其名字 XP 的意思是英文中的“体验”(Experience)，是继 Windows 2000 及 Windows ME 之后的下一代 Windows 操作系统，也是微软首个面向消费者且使用 Windows NT

5.1 架构的操作系统。Windows XP 启动画面和桌面如图 2-12 所示。

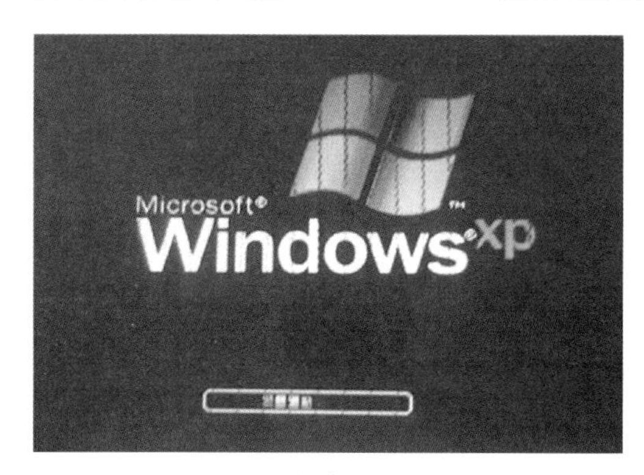

(a) 启动界面

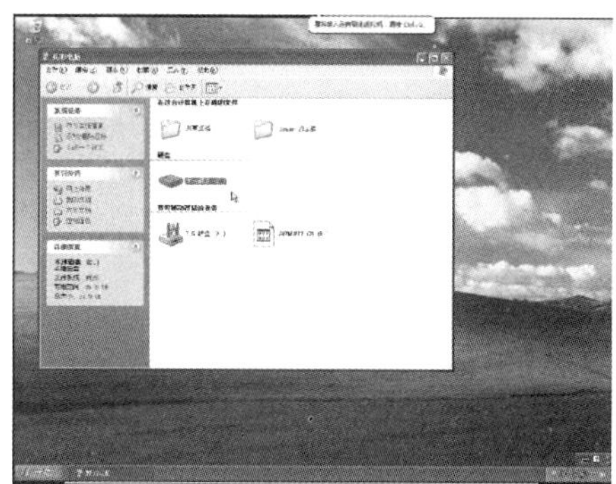

(b) 蓝天白云经典桌面

图 2-12 Windows XP 启动界面和蓝天白云经典桌面

Windows XP 堪称一款经典操作系统，具有硬件环境要求低、系统速度快、支持老式计算机等优点，其最高市场占有率一度达到 90％以上。但是随着计算机硬件不断发展和操作系统功能升级，2014 年 4 月 8 日，服役 13 年的微软 Windows XP 系统正式“退休”。尽管系统仍可以继续使用，但微软不再提供官方服务支持。

2. Windows 7

Windows 7，中文名称视窗 7，是由微软公司开发的操作系统，内核版本号为 Windows NT 6.1，其标准桌面如图 2-13 所示。Windows 7 可供家庭及商业工作环境使用，如笔记本计算机、平板计算机、多媒体中心等。与 Windows Vista 一脉相承，Windows 7 继承了包括 Aero 风格等在内的多项功能，并且在此基础上增添了一些其他功能。

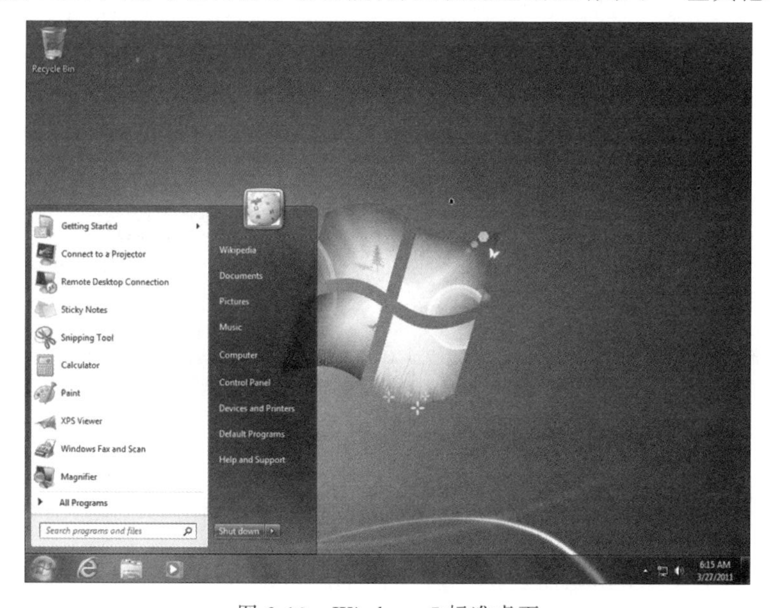

图 2-13 Windows 7 标准桌面

Windows 7 可供选择的版本有入门版(Starter)、家庭普通版(Home Basic)、家庭高级版(Home Premium)、专业版(Professional)、企业版(Enterprise)(非零售)、旗舰版(Ultimate)。

2009 年 7 月 14 日,Windows 7 正式开发完成,并于同年 10 月 22 日正式发布。10 月 23 日,微软于中国正式发布 Windows 7。2015 年 1 月 13 日,微软正式终止了对 Windows 7 的主流支持,但仍然继续为 Windows 7 提供安全补丁支持,直到 2020 年 1 月 14 日正式结束对 Windows 7 的所有技术支持。

Windows 7 因其具有易用性、兼容性、稳定性等优点,成为继 Windows XP 之后最受欢迎的操作系统之一,同时也是 Windows 安装占有率最高的操作系统之一。目前在原厂安装基础上,衍生了很多 Ghost 版本。

3. Windows 8

Windows 8 是由微软开发的第一款带有 Metro 界面的桌面操作系统,内核版本号为 NT 6.2,如图 2-14 所示。该系统旨在让人们日常的平板计算机操作更加简单和快捷,为人们提供高效易行的工作环境。Windows 8 支持来自 Intel、AMD 和 ARM 的芯片架构。Windows Phone 8 采用与 Windows 8 相同的 NT 内核。2011 年 9 月 14 日,Windows 8 开发者预览版发布,宣布兼容移动终端,微软将苹果的 iOS、谷歌的 Android 视为 Windows 8 在移动领域的主要竞争对手。2012 年 8 月 2 日,微软宣布 Windows 8 开发完成,正式发布 RTM 版本;2012 年 10 月 25 号正式推出 Windows 8,微软自称触摸革命将开始。

图 2-14 Windows 8 操作系统

Windows 8 的配置要求如下。

(1) CPU: 1GHz 以上。

(2) 内存: 至少 1GB RAM(32 位)或 2GB RAM(64 位)。

(3) 硬盘: 至少 16GB(32 位)或 20GB(64 位)。

（4）显卡：Microsoft DirectX 9 图形设备或更高版本。

（5）分辨率：若要访问 Windows 应用商店并下载和运行程序，需要有效的 Internet 连接及至少 1024 像素×768 像素的屏幕分辨率。若要拖曳程序，需要至少 1366 像素×768 像素的屏幕分辨率。

（6）其他：若要使用触控，需要支持多点触控的平板计算机或显示器。

Windows 8 特性如下。

1）Windows 的徽标

2012 年 02 月 18 日，微软证实 Windows 徽标将大幅简化，前身旗形标志简化成长方形，并加入透视效果。

2）资源管理器改名

在 Windows 8 Build 843x 中，告别了人们熟悉的“Windows 资源管理器”这个名字（即 explorer.exe），而改为了 File Explorer，中文译名为“文件资源管理器”。此举或许是为了微软最新的手机操作系统 Windows Phone 8。虽然和 Windows 8 是同一内核，但是系统名字实际是 Windows Phone，而不是 Windows。因此，微软为了满足在 Windows Phone 8 设备名称上的“兼容性”，把 Windows Explorer 改为 File Explorer，其实也更加合理。

3）声控操作系统

使用过 Windows Vista 和 Windows 7 的声控功能吗？如果用过，你一定会对其强大的声音识别能力印象深刻。如果你还没有用过，赶紧去体验一下。如果你和我一样，藏着一个疑问，那就问出来吧：如此强大的声控功能，为什么没有大规模运用，而仅仅是用在辅助功能中呢？我想：可能是这项声控技术还在研究阶段，尚没有完全走向成熟，一旦成熟，立刻就会推向市场，成为微软操作系统的新招牌。

4）触屏操作系统

多点触屏技术是 Windows 7 的一个亮点。但很可惜，市场上没有这么多且廉价的支持多点触屏的显示器，使得这个亮点形同虚设。而且从视频上来看，手指也仅仅是第二个鼠标而已。Windows 的界面历来都是为鼠标而设计的，怎么可能会适合手指呢？所以，我们又把希望寄托在了 Windows 8 身上，因为 Windows 8 的推出，有可能正赶上多点触屏显示器大规模上市。只要微软坚持在 Windows 8 里加入并强化多点触屏技术，Windows 8 就有可能成为一款真正的触屏操作系统。Windows 8 触摸操作系统的完善，可以使平板计算机的触摸体验更加流畅。

5）向云迈进

云计算模式使得未来的云时代需要一种基于 Web 的操作系统，这种系统依靠分布在各地的数据中心提供运行平台，并需要连接互联网。这种架构模式使得在未来的云计算时代，强大的终端将变得不再必要，甚至仅仅依靠一个显示屏、一个鼠标和一个键盘就可以实现今天终端能实现的一切功能。当然，这种情况是需要很高的网络带宽才能实现的。微软的 Windows Azure 的云操作系统，就是在这样一种思路下开发并发布的，该系统也是微软试图主宰未来的云操作系统市场，并为未来云计算之战抓取战略筹码。Windows 8 将会推出云服务器版，这表示 Windows 8 的云服务器版将有可能会是 Windows Azure，这代表 Windows 8 会与云计算有直接关系，因为这项技术有太多诱人之处(最大的诱惑大概就是云计算能显著减少操作系统对计算机的配置要求，Windows 系列的操作系统一直有配置要求过高的诟病)，让传统操作系统与云共处也不是一个坏主意。

6) 混合启动

Windows 8 包含一个新的“混合启动”(Hybrid Boot)方式，使用进阶的休眠功能来替代关机功能。在整合既有的启动模式和新增的快速休眠/唤起特性后，让 Windows 8 系统转为一种类似休眠的状态，同时减少内存暂存的数据写入，大幅缩短开机时硬盘读取与初始化的时间。

7) Connected Standby

Connected Standby 是 Windows 8 全新的电源管理系统，即当系统进入休眠状态时，应用程序虽处于暂停(Suspend)的状态，但依旧会与网络维持联机。

8) Refresh

这项新功能将针对用户的部分系统文件进行还原动作，让日后庞大烦琐的还原动作更便利且灵活；也就是说，此功能将允许用户在无须事前备份数据的情况下进行系统重新安装。

9) USB 3.0

新一代的 Windows 8 将全面支持 USB 3.0 接口。USB 3.0 的传输速度将是 USB 2.0 传输速度的 10 倍左右(5Gb/s)，且将在 1～2 年后完全普及。

10) Internet Explorer 10

Internet Explorer 10 原生支持 Windows 8。在 Modern 菜单中，有 Internet Explorer 10 的全屏应用，内核与桌面版的一样。由于它是全屏的，可以使用户不会在使用 Internet Explorer 10 工作时受地址栏和标签的影响，如果要显示它们，只需在空白处右击。所以，如果要玩 Flash 游戏或者看视频等，可使用传统版 Internet Explorer 10，也就是桌面版的 Internet Explorer 10。快速启动栏的第一个图标就是 Internet Explorer 10 桌面版。

11) 平台统一

Windows 8 统一 PC 与平板计算机后，Windows Phone 8 采用与 Windows 8 相同的内核并且内置诺基亚地图，这标志着移动版 Windows Phone 提前与 Windows 系统同步，Windows 8 应用可以更方便地移植到手机上，但上市的 Windows Phone 不能直接升级为 Windows Phone 8。

Windows Phone 8 Apollo 在硬件支持方面将显著改进，不仅支持多核心处理器，同时还支持分辨率更高的屏幕和可移动 MicroSD 存储卡，从硬件上 Apollo 已经逐渐赶上了 iPhone 和 Android 设备。同时 NFC 近场通信也将在 Apollo 中得到支持，应用范围也将更广，例如电子钱包，以及近距离的单击分享，而单击分享可以与更多的桌面或其他设备产生连锁反应。Windows Phone 8 在 UI 设计上将与 Windows 8 有很多相同点，开发者更容易将桌面应用程序移植到手机上，Belfiore 特别提到了 Windows Phone 8 的内核、网络堆栈、安全和多媒体支持等方面，内核将与 Windows 8 内核相同。

换上新内核的 Windows Phone 8 开始向所有开发者开放原生代码(C 和 C++)，应用的性能将得到提升，游戏更是基于 DirectX，以便于移植。由于采用 Windows 8 内核，

Windows Phone 8 手机可以支持更多 Windows 8 上的应用，而软件开发者只需要对这些软件做一些小的调整。除此以外，Windows Phone 8 首次支持 ARM 构架下的 Direct3D 硬件加速，同时由于基于相同的核心机制，因此 Windows 8 平台向 Windows Phone 8 平台移植程序将成为一件轻松的事情。

Windows 8.1 是为之后的 Windows 10 铺路。微软 Build 2013 大会于北京时间 2013 年 6 月 27 日零点在美国旧金山开幕。在该大会中，微软正式推出了 Windows 8.1，大会发布了 Windows 8.1 预览版操作系统。全新的微软 Windows 8.1 预览版系统不仅让“开始”按钮重新回到了桌面，而且针对键盘、Outlook、搜索、娱乐等功能体验都进行了大量优化，号称拥有多达 800 项的更新，并于同年 10 月正式发布该版本。

4. Windows 10

Windows 10 是 Windows 8.1 的下一代操作系统，如图 2-15 所示，于 2015 年 7 月 29 日正式发行。

图 2-15　Windows 10 标准桌面

Windows 10 新特性如下。

1）全设备平台通用

从 4 英寸屏幕的“迷你”手机到 80 英寸的巨屏计算机，都可采用 Windows 10。这些设备将会拥有类似的功能，微软正在从小功能到云端整体构建这一统一平台，跨平台共享的通用技术也在开发中。

2）高效的多桌面、多任务、多窗口

（1）分屏多窗口功能增强：现在用户可以在屏幕中同时摆放 4 个窗口，Windows 10 还会在单独窗口内显示正在运行的其他应用程序。同时，Windows 10 还会智能地给出分屏建议。

(2) 多桌面：现在用户可以根据不同的目的和需要来创建多个虚拟桌面，切换也十分方便。单击加号即可添加一个新的虚拟桌面。

3) 全新命令提示符功能

Windows 10 命令提示符功能全面进化，不仅直接支持拖曳选择，而且可以直接操作剪贴板，支持更多功能快捷键。

4) “开始”屏幕与“开始”菜单

Windows 10 同时具有触控与键鼠两种操控模式。传统桌面“开始”菜单照顾了 Windows 7 等老用户的使用习惯，Windows 10 还同时照顾到了 Windows 8/Windows 8.1 用户的使用习惯，依然提供主打触摸操作的“开始”屏幕。

5) Windows 10 内核版本

Windows 10 预览版初期内核为 NT 6.4，从 Build 9888 开始，Windows 10 系统内核由 NT 6.4 升级为了 NT 10.0。

6) Microsoft Edge 浏览器

传说中的 IE12 并没有随着 Windows 10 发布，微软放弃了饱受诟病的 IE，并推出了代号为斯巴达(Project Spartan)的浏览器作为 IE 的替代品。新浏览器的正式名称为 Microsoft Edge。Microsoft Edge 的新功能除了创建修改并分享页面、集成 Contana 外，还增加了对 Firefox 浏览器以及 Chrome 浏览器插件的支持。这对于在浏览器方面非常保守的微软来说，可以算是一大突破。

7) Cortana 整合至“开始”菜单，Aero Glass 回归

在微软 2015 年 5 月推送的 Build 10074 版本中，中文 Cortana 已整合至“开始”菜单，同时在 Windows 8 中被取消的 Aero Glass 效果正式回归，另外还有很多细节的改变。2015 年后 Windows 7 操作系统开始占据主要市场份额，如图 2-16 所示。

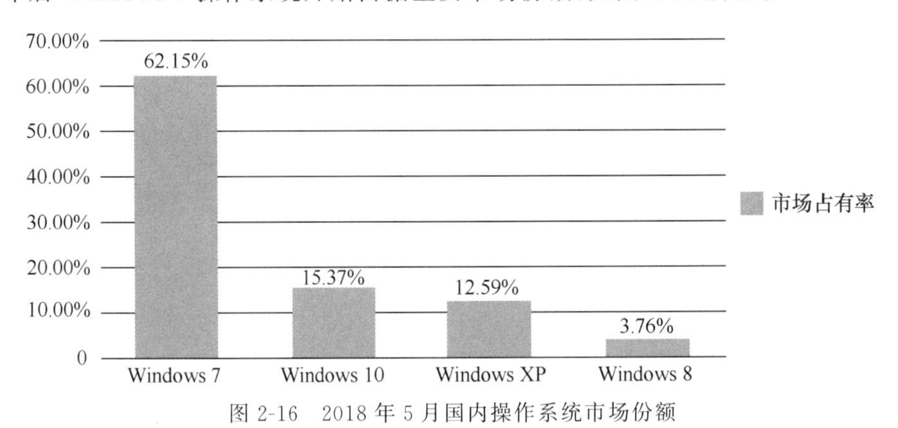

图 2-16　2018 年 5 月国内操作系统市场份额

5. Windows 的安全性问题

Windows 的安全性问题由来已久。微软操作系统最初的设计目标就是要给用户提供一个便宜的、单用户的、不联网的、“好用”的系统，所以安全功能根本就不在设计目标

中。与之形成鲜明对比的是UNIX系统。UNIX最早的设计目标是简单、高效、联网、多用户。联网和多用户支持这样的功能需求，要求UNIX在设计之初必须充分考虑系统的安全性。同时，UNIX并没有把“好用”考虑在内，所以它去除了很多“对用户友好”，而对专业人士可有可无的东西，这就更加强了它的安全、可靠、高效性。

后来，微软推出的Windows NT系列虽然也是面向多用户的，也在设计中考虑了安全性，但是由于当时(20世纪90年代初期)互联网才刚刚为人所知，Windows NT的设计者头脑中似乎没有太多网络安全的概念。这些设计上的先天不足，加之编程中的漏洞，使得日益流行的Windows系统自然而然地成为网络蠕虫和病毒的首选攻击目标。与Windows NT系列相比，微软的Windows 9x系列都是单用户系统，其安全设计更加简陋。其脆弱的安全性招致了广泛、激烈的批评。2005年6月，美国权威的计算机网络安全公司Counterpane Internet Security在一份报告中说，2005年上半年新出现了1000多种蠕虫和病毒。还是在2005年，卡巴斯基实验室就发现了大约11 000个针对Windows系统的恶意程序，包括病毒、木马、后门和破解程序。

微软通过它的Windows Update(更新)系统，大约每个月都会发布一个安全补丁。微软的“安全服务包”可达百兆之巨。但如此频繁而巨大的补丁也无法满足用户的需求。谷歌公司的工程师Tavis Ormandy向微软报告过一个Windows VDM安全漏洞，该漏洞在被报告了7个月之后才被补上。更有报告宣称，有的安全漏洞在被发现了200天以后才被补上。

2.3.3 移动操作系统

随着硬件技术的发展，计算机越做越小巧。现在一提到计算机，人们脑海里出现的已经不只是台式机和笔记本计算机，还有智能手机、平板计算机、PDA等，它们也都是功能强大的计算机设备，里面也装备着一个功能完备的操作系统。

智能手机、平板计算机和PDA，都被称为移动设备。移动设备里的操作系统自然也被称为移动设备操作系统(Mobile OS)。Mobile OS在传统PC操作系统的基础上又加入了触摸屏、移动电话、蓝牙、WiFi、GPS、近场通信等功能模块，以满足移动设备所特有的需求。

智能手机作为大众消费品，已经成为每个人的标配。手机操作系统主要应用在智能手机上。主流的智能手机有Google Android和苹果的iOS等。智能手机与非智能手机都支持Java，智能机与非智能机的区别主要看能否基于系统平台进行功能扩展。手机操作系统一般只应用在智能手机上。目前，在智能手机市场上，中国市场仍以个人信息管理型手机为主，随着更多厂商的加入，整体市场的竞争已经开始呈现出分散化的态势。目前应用在手机上的操作系统主要有Android(谷歌)、iOS(苹果)、Windows Phone(微软)、Symbian(诺基亚)、BlackBerry OS(黑莓)、Windows Mobile(微软)等。世界范围内的手机市场份额如图2-17所示。

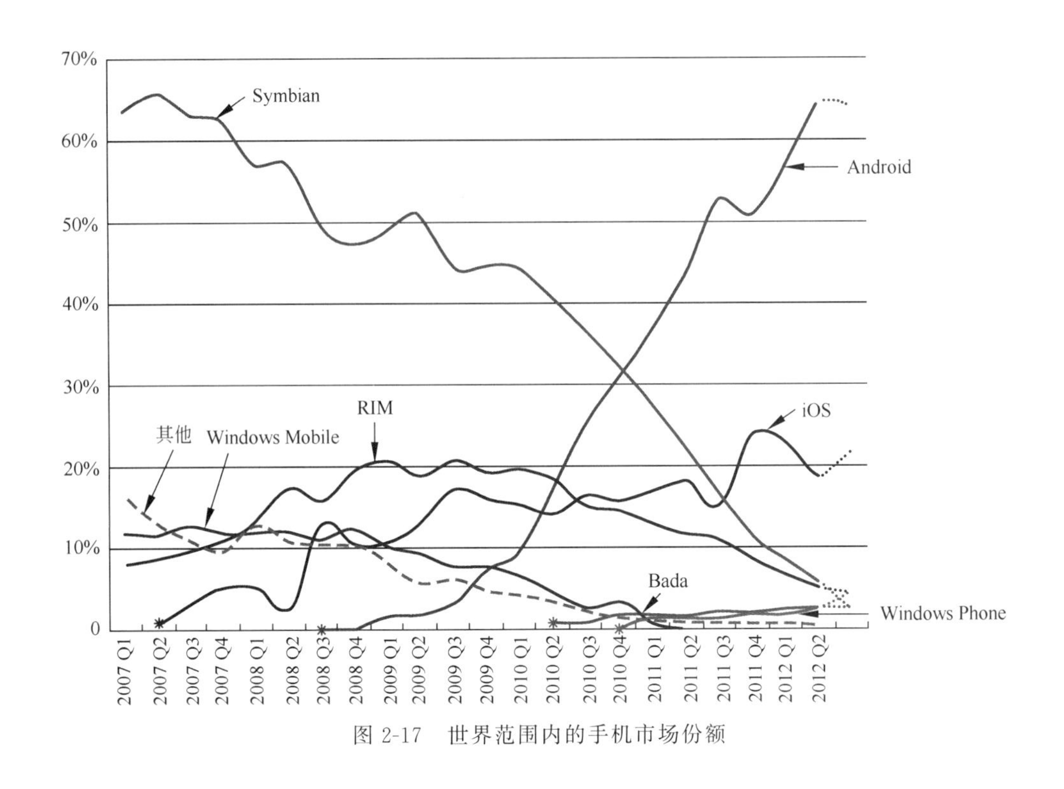

图 2-17　世界范围内的手机市场份额

1. Android

Android 英文原意为“机器人”，Andy Rubin 于 2003 年在美国创办了一家名为 Android 的公司，其主要经营业务为手机软件和手机操作系统。谷歌公司斥资 4000 万美元收购了 Android 公司。Android OS 是谷歌公司与由包括中国移动、摩托罗拉、高通、宏达和 T-Mobile 在内的 30 多家技术和无线应用的领军企业组成的开放手机联盟合作开发的基于 Linux 的开放源代码的开源手机操作系统。并于 2007 年 11 月 5 日正式推出了其基于 Linux 2.6 标准内核的开源手机操作系统，命名为 Android，其图标如图 2-18 所示，是首个为移动终端开发的真正开放的、完整的移动软件，支持厂商有华为、三星等。

图 2-18　Android 图标

Android 平台的最大优势是开发性，允许任何移动终端厂商、用户和应用开发商加入到 Android 联盟中来，允许众多厂商推出功能各具特色的应用产品。平台提供给第三方开发商宽泛、自由的开发环境，由此会诞生丰富、实用、新颖、别致的应用。产品具备触摸屏、高级图形显示和上网功能，界面友好，是移动终端的 Web 应用平台。

2008 年 9 月 22 日，美国运营商 T-Mobile USA 在纽约正式发布第一款 Google 手机—T-Mobile G1。该款手机为 HTC 制造，是世界上第一部使用 Android 操作系统的手机，支持 WCDMA/HSPA 网络，理论下载速率为 7.2Mb/s，并支持 WiFi。HTC G1 操作界面 Android 是谷歌开发的基于 Linux 平台的开源手机操作系统。它包括操作系统、用户界面和应用程序——移动电话工作所需的全部软件，而且不存在任何以往阻碍移动产业创新的专有权障碍。

Android 作为谷歌企业战略的重要组成部分，将进一步推进“随时随地为每个人提供信息”这一企业目标的实现。谷歌的目标是让移动通信不依赖于设备甚至平台。出于这个目的，Android 将补充，而不会替代谷歌长期以来奉行的移动发展战略：通过与全球各地的手机制造商和移动运营商结成合作伙伴，开发既有用又有吸引力的移动服务，并推广这些产品。

Android 在正式发行之前，最开始拥有两个内部测试版本，并且以著名的机器人名称来对其进行命名，它们分别是阿童木(Astro Boy)和发条机器人(Android 1.0)。后来由于涉及版权问题，谷歌将其命名规则变更为用甜点作为它们系统版本的代号。甜点命名法开始于 Android 1.5 发布的时候。作为每个版本代表的甜点的尺寸越变越大，然后首字母则按照 26 个字母顺序：纸杯蛋糕(Android 1.5)、甜甜圈(Android 1.6)、松饼(Android 2.0/2.1)、冻酸奶(Android 2.2)、姜饼(Android 2.3)、蜂巢(Android 3.0)、冰激凌三明治(Android 4.0)、果冻豆(Jelly Bean，Android 4.1/Android 4.2/Android 4.3)等，如图 2-19 所示。

图 2-19 Android 版本

Android 衍生版又叫定制版，现在由于各个手机厂商基于 Android 都推出了自己的定制优化版，也从侧面推广了 Android。目前常见的有小米 MIUI 定制版、华为 EMUI 定制版、VIVO 手机 Funtouch OS 定制版、OPPO 手机 Color OS 定制版、魅族 Flyme 定制版。

2. iOS 苹果系统

iOS 是由苹果公司开发的手持设备操作系统。苹果公司于 2007 年 1 月 9 日的 MacWorld 大会上公布了这个系统，以 Darwin(Darwin 是由苹果公司开发的一个开放源代码操作系统）为基础，属于类 UNIX 的商业操作系统。2012 年 11 月，根据 Canalys 的数据显示，iOS 已经占据了全球智能手机操作系统市场份额的 30%，在美国的市场占有率为 43%。

2012 年 2 月，iOS 平台上的应用总量达到 552 247 个，其中游戏 95 324 个，占 17.26%；书籍类 60 604 个，排在第二，占 10.97%；娱乐应用排在第三，总量为 56 998 个，占 10.32%。

2012 年 6 月，苹果公司在 WWDC 2012 上发布了 iOS 6，该操作系统提供了超过 200 项新功能。2013 年 3 月，推出 iOS 6.1.3 更新，修正了 iOS 6 的越狱漏洞和锁屏密码漏洞。2013 年 6 月，苹果公司在 WWDC 2013 上发布了 iOS 7，重绘了所有的系统 App，去掉了所有的仿实物化，整体设计风格转为扁平化，于 2013 年秋正式开放下载更新，如图 2-20 所示为 iOS 11 版。

图 2-20　苹果 iOS 11

1）iOS 的特点

iOS 的产品特点如下。

（1）优雅直观的界面。iOS 创新的 Multi-Touch 界面专为手指而设计。

（2）软硬件搭配的优化组合。苹果公司同时制造 iPad、iPhone 和 iPod Touch 的硬件和操作系统都可以匹配，高度整合使 App 得以充分利用 Retina（视网膜）屏幕的显示技术、Multi-Touch（多点式触控屏幕技术）界面、加速感应器、三轴陀螺仪、加速图形功能以及更多硬件功能。Face Time（视频通话软件）就是一个绝佳典范，它使用前后两个摄像头、显示屏、麦克风和 WLAN 网络连接，使得 iOS 成为优化程度又好又快的移动操作系统。

（3）安全可靠的设计。低层级的硬件和固件功能可防止恶意软件和病毒，高层级的 OS 功能有助于在访问个人信息和企业数据时确保安全性。

（4）多种语言支持。iOS 设备支持 30 多种语言，可以在各种语言之间切换。内置词典支持 50 多种语言，VoiceOver（语音辅助程序）可阅读超过 35 种语言的屏幕内容，语音控制功能可读懂 20 多种语言。

（5）新 UI 的优点是视觉轻盈，色彩丰富，更显时尚气息。Control Center 的引入让操控更为简便，扁平化的设计能在某种程度上减轻跨平台的应用设计压力。

2）关于 SDK（见图 2-21）

图 2-21　苹果 SDK

软件开发工具包（SDK）于 2008 年 3 月 6 日发布，苹果公司允许开发人员开发 iPhone 和 iPod Touch 的应用程序，并对其进行测试，名为“iPhone 手机模拟器”。然而，只有在支付 iPhone 手机开发计划的费用后，应用程序才能发布。自从 Xcode 3.1 发布以后，Xcode 就成为 iPhone 软件开发工具包的开发环境。

iPhone SDK 包含了开发应用程序所需的资料和工具，使用这些工具可以开发、测试、运行、调试和调优程序以适合 iOS。XcodeIDE 已经更新到支持 iOS 的开发。除了提供代码的基本编辑、编译和调试环境，当在 iPhone 或者 iPod Touch 设备上调试程序时，Xcode 还提供了运行点（Launching Point）功能。

3）关于 iTunes

iTunes 是一款供 Mac 和 PC 使用的免费数字媒体播放应用程序，能管理和播放数字音乐及视频。由苹果公司在 2001 年 1 月 10 日于旧金山的 MacWorld Expo 推出。

iTunes 除了能管理苹果计算机、iPod 数字媒体播放器上的内容外，还能连线到 iTunes Store（假如网络连接存在），以下载购买的数字音乐、音乐视频、电视节目、iPod 游戏和各种 Podcast。iTunes 10 界面如图 2-22 所示。

3. Windows 手机操作系统

微软系统在桌面计算机市场，尤其是亚洲市场，一直居垄断地位。这可以说是微软进一步拓展其移动市场的先天优势，因为庞大的 Windows 用户群都有了根深蒂固的使用习惯。在选择手机系统的时候，他们会优先考虑 Windows 手机也就不足为怪了。

早在 20 世纪末，微软就推出了它的移动操作系统 Windows CE，并在亚洲取得了相当不错的市场业绩。但随着 iOS 和 Android 的相继问世，微软的移动市场份额一落千丈。到 2010 年第二季度，其市场占有率已经下滑到了 5%。鉴于严峻的市场形势，微软逐步放弃了 Windows CE，转而研发一个新的操作系统和软件平台——Windows Phone。Windows Phone 于 2010 年 2 月 15 日推出，它集成了微软的全套服务，例如 Windows Live、Zune、Xbox Live 和 Bing。同时也支持一些非微软的服务，例如 Facebook 和 Google，如图 2-23 所示为 Windows Phone 8。

图 2-22　iTunes 10 界面

图 2-23　Windows Phone 8

2.4　操作系统的功能模块

一个操作系统通常包括进程管理、中断处理、内存管理、文件系统、设备驱动、网络协议、系统安全和输入输出等功能模块。下面简要介绍一下主要的功能和工作原理。

2.4.1 进程管理

计算机是靠运行程序来完成工作的。那么,什么是程序呢?程序也就是我们常说的软件,它是一系列指令,图 2-24 所示就是一系列的汇编程序指令。计算机一条条地执行这些指令,就可以完成一些运算任务。计算机程序通常有两种存在形式,一种是人(通常是程序员)能够读懂的"源程序"形式。源程序经过某种处理(即编译)就得到了程序的另一种形式,也就是我们常说的可执行程序,或者叫应用软件。源程序是给人看的,供程序员阅读、学习、修改,然后可以生成新的更好的可执行程序。可执行程序通常是人看不懂的,但计算机能读懂它,并按照它里面的指令做事情,以完成一个运算任务。

```
        pushl   %ebp
        movl    %esp, %ebp
        subl    $16, %esp
        movl    $0, -8(%ebp)
        movl    $0, -4(%ebp)
        jmp     .L2
.L3:
        movl    -4(%ebp), %eax
        addl    %eax, -8(%ebp)
        addl    $1, -4(%ebp)
.L2:
        cmpl    $7, -4(%ebp)
        jle     .L3
        movl    $0, %eax
        leave
        ret
```

图 2-24 一个简单的汇编程序实例

那么什么是进程呢?一个运行着的程序,我们就把它叫作进程。具体来说,程序是保存在硬盘上的源代码和可执行文件,当要运行它时,例如当要运行浏览器程序的时候,双击浏览器图标,则这个浏览器程序的可执行文件就被操作系统加载到内存中,就产生了一个浏览器进程。之后,CPU 会逐行逐句地读取其中的指令,这也就是所谓的"运行"程序了。直到关闭了浏览器窗口,这个进程也就终止了。但浏览器程序(源代码和可执行文件)还原封不动地保存在硬盘上。

进程的英文是 Process,字面上它有前进、进展、过程、处理的意思。如此看来,进程应该是个"活着"的东西。没错,一个进程很像一个大活人,它有生命,能做事情,可能会"生孩子",也就是能产生子进程。最后,会死亡,也就是进程终止。和人不同的是,进程没有性别,产生子进程时,并不需要感情纠葛。每个进程都出生于单亲家庭。

好了,下面来说说进程管理。一个运转着的计算机系统就像一个小社会,每个进程都是这个小社会中活生生的人,而操作系统就像是政府,它负责维持社会秩序,并为每一个进程提供服务。进程管理就是操作系统的重要工作之一,包括为进程分配运行所需的资源,帮助进程实现彼此间的信息交换,确保一个进程的资源不会被其他进程侵犯,确保运行中的进程之间不会发生冲突。

进程的产生和终止，进程的调度以及死锁的预防和处理等都是操作系统的工作。

1. 进程状态

进程在其一生中，存在的状态是不断变化的，如图 2-25 所示。它可以有如下状态。

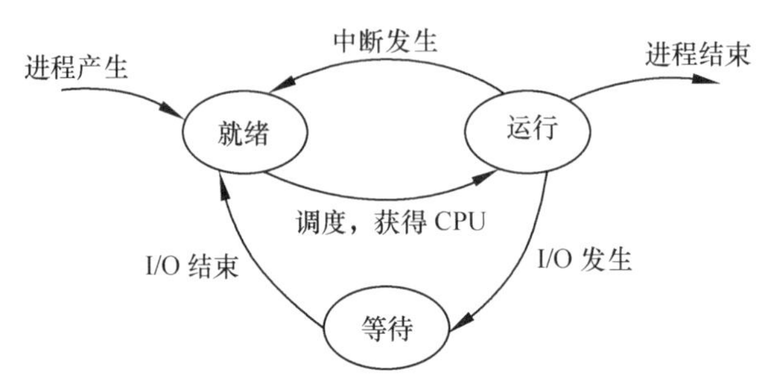

图 2-25　进程状态变化图

（1）运行：CPU 正一条一条地执行该进程的程序指令。

（2）就绪：该进程一切准备就绪，就等操作系统把 CPU 的使用权交给它。

（3）等待：由于种种原因，例如需要读磁盘上的文件，需要操作系统帮忙产生个子进程等，该进程正在等待。

对于单 CPU 系统，在某一特定时刻，只可能有一个进程在运行，其他进程都处于就绪或等待状态。

2. 进程切换

即使是一台单 CPU 的计算机，只要它配备一个多任务、分时操作系统，那么它就有能力让许多的进程同时运行。前面在讲分时系统时，已经简要介绍过分时系统的工作原理。它通过时分复用技术，使 CPU 快速地在进程间切换，以达到“同时”运行多个进程的目的。

为了方便管理，操作系统要为每一个进程建立一份详细的档案（即“进程控制块”，Process Control Block，PCB），里面记录着该进程的运行状态和它所占用资源的信息。当操作系统决定将 CPU 从一个进程 A 切换给另一个进程 B 的时候，例如，因为 A 的 20ms 时间片用完了，那么操作系统就要进行如下操作。

（1）将 A 的 PCB 保存到一边。

（2）将 B 的 PCB 加载进来。

（3）将 CPU 的使用权交给 B。

一会儿，操作系统决定将 CPU 从进程 B 切换回进程 A，那么同样也进行一系列操作：

（1）将 B 的 PCB 保存到一边。

（2）将 A 的 PCB 加载进来。

（3）将 CPU 的使用权交给 A。

进程切换过程如图 2-26 所示。

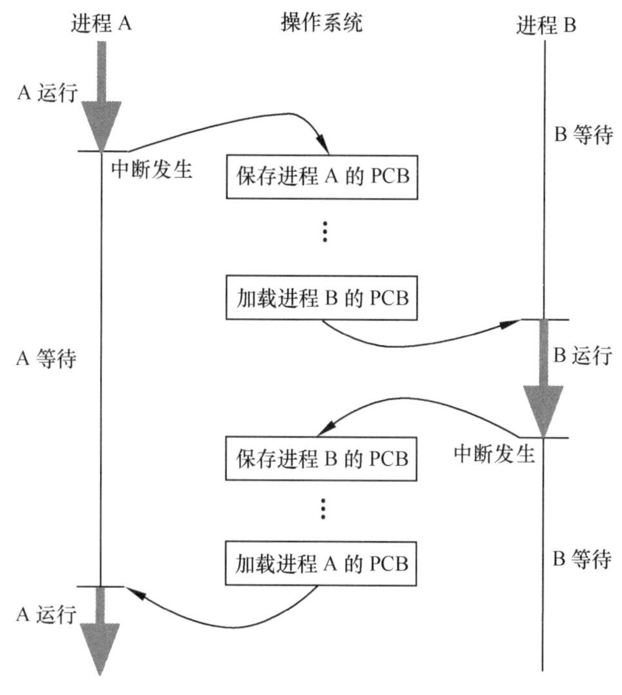

图 2-26 进程切换

3. CPU 调度

操作系统中负责进程切换的功能模块称为“调度器”。由于整个系统中 CPU 的数量远远少于进程的数量，那么在系统繁忙的时候，系统中等待使用 CPU 的进程肯定会排成长队。调度器的工作就是按照某种调度规则（即“调度算法”）从进程队列中选一个进程，把 CPU 的使用权暂时交给它。

系统中的进程大致可以分成以下 3 类。

1）人机互动进程

这类进程的特点是经常需要人们敲键盘或者动鼠标。每当人们敲一下键盘或动一下鼠标，计算机会马上做出反应，这就是“人机互动”。这类进程显然要求系统的响应速度要快，否则，动一下鼠标半天没反应，人们肯定会认为系统死机了。

2）批处理进程

这类进程通常就是闷头计算，不需要人们敲键盘或动鼠标，也就是说，不需要人为干预。它主要就是用 CPU 运算，很少输入、输出。至于运算得快一些还是慢一些，对用户的感受影响不大。所以，这类进程通常优先级会低一些。

3）实时进程

这类进程对时间的要求最为苛刻。对系统响应时间的要求比人机互动进程还要高。音频、视频应用程序都属于这一类，一旦系统响应时间稍慢或是不稳定，那么声音、画面的播放质量就会大受影响。所以，它们在系统中的优先级是最高的。

调度算法的设计大有讲究。系统中各进程的特性不同、任务不同、优先级不同，调度器的任务就是让五花八门的进程能在系统中“愉快工作”。所谓“愉快工作”，就是尽量早点把工作做完，早点结束。系统调度除了要保证高优先级的进程能优先运行外，还要保证低优先级的进程也能用上 CPU。

4. 进程间通信

在很多时候，多个进程要共享一些信息，于是操作系统就要为信息的传递和共享提供方便，以满足进程们的需求。操作系统为进程提供信息共享与传递服务，通常采用两种方式：共享内存和消息传递。

1）共享内存

一个进程如果要通过共享内存与其他进程通信，首先要在自己的空间里开辟出一块地方。然后，将要共享的信息放进来，另一个进程将信息读走，这就实现了两个进程间的通信功能。需要通信的两个进程通常是“生产者”和“消费者”的关系。生产者生产出来的东西放在一个篮子里，消费者把它从篮子里拿走消费掉。例如，你要把正在阅读的网上文章打印下来，当你在浏览器里单击“打印”按钮的时候，浏览器进程就把文章送到了一个队列里。在这个队列里排队的都是等待被打印的东西，它们都是由各进程“生产”出来的。这个打印队列就相当于我们说的“大篮子”，里面装的都是生产者生产出来的东西。那么，消费者是谁呢？在这里，消费者就是负责打印的程序，它从这个大篮子里拿东西去“消费”。既然是队列，当然就有先来后到。负责打印的程序当然是从队首拿东西去打印。

注意，这个“大篮子”是在生产者的空间里。通常，操作系统是不允许一个进程进入其他进程的空间的。只有当两个进程为共享信息而“达成共识”的时候，操作系统才会将这一限制放开。

另外，共享内存机制只适用于同一台计算机内，如果两个进程不在同一台计算机里，双方根本就到不了彼此的内存空间，那么当然也就无从共享了。在这种情况下，如果要实现进程间通信，就只有靠“消息传递”机制了。

2）消息传递

消息传递机制被广泛用于分布式系统中的进程间通信。分布式系统通常由许许多多联网的计算机组成，一台计算机里的进程如果要和另一台计算机里的进程通信，显然不可能依靠共享内存，只能依靠“消息传递”。网络聊天程序就是典型的依靠“消息传递”来实现进程间通信的。

操作系统为消息传递的实现提供了一整套“网络协议”。所谓“协议”，就是双方都要遵循的规矩和约定。网络协议，就是远隔千里的两台计算机中的进程要完成彼此通信所必须遵循的规矩。现在互联网上应用最为广泛的网络协议是 TCP/IP。

当然，消息传递机制也不一定非要应用于进程“两地分居”的场合。同一台计算机内的两个进程也可以采用消息传递来实现进程间通信。例如，UNIX 家族的所有操作系统，几乎都是采用 TCP/IP 来实现图形界面的显示的。

5. 进程间同步

系统中有通信需求的进程，可把它们叫作“协作进程”(Cooperating Processes)。一个协作进程的运行会影响其他进程的运行，或被其他进程的运行所影响。协作进程大都需要共享内存、共享文件等。而若干进程同时访问一段内存或一个文件是比较危险的事情，很容易造成数据的损坏，进而导致程序运行的失败。所以，如何让协作进程有秩序地访问共享数据是一个非常重要的问题。

所谓“进程间同步”(Process Synchronization)，并不是说非要进程们像“正步走”一样齐刷刷地行动，而是说要采用某种机制来保证进程们在“竞争使用”共享资源时按规矩、守秩序、和谐相处，即保证进程对共享资源的“互斥”访问。所谓“互斥”，就是当一个进程在使用共享资源的时候，其他进程都被挡在外面。这很像上厕所，当一个人进来，把门一锁，其他人就休想进来了。只有当他上完厕所以后，把门打开，其他人才能进来。

但“互斥”并不是问题的全部。换言之，满足了互斥要求，不等于说就完美地解决了进程间同步的问题。一个完美的解决方案必须同时满足以下 3 个条件才行。

(1) 互斥，即没有任何两个进程可以同时访问共享资源。

(2) 进展，即在一个进程不使用共享资源的时候，不能阻碍他人使用共享资源。

(3) 有限等待，即一个进程不能没完没了地抓住共享资源不放，让别人无限期地等下去。

前面上厕所的例子虽然满足了互斥条件，但未必能满足“进展”和“有限等待”的条件。例如，对于一个“内部使用”的两个人(A 和 B)的厕所，为了实现和谐的使用，可以这样做：在厕所门上挂一块小牌子，牌子正面写上 A，反面写上 B。如果牌子的正面(也就是 A 面)朝外，表示 A 可以进入厕所，而 B 不行；同样，如果 B 面朝外，则表示 B 可以进入厕所，而 A 不行。

如果 A 和 B 都碰巧来到了厕所门前，抬头一看，牌子上 A 面朝外，于是，A 进去了，B 在门外等着。一会儿，A 上完厕所出来，把牌子一翻，B 面朝外，于是，B 进去了。出来后，B 同样把牌子一翻，又是 A 面朝外……

怎么样？粗一看，这个办法很和谐，但细一想，它却存在严重的问题，因为只有在 A、B 按照同样的步调轮流上厕所时，这个方案才可行，否则，它将不能满足“进展”条件。问题在于，A 从厕所出来，牌子一翻，B 面朝外。然后，A 就下班回家了。这时，B 来上厕所，看到 B 面朝外，很高兴地进去了。上完厕所后，牌子一翻，A 面朝外。问题来了，A 已经回家了，一小时后，B 又要上厕所，来了发现门上还写着 A，于是不得不等着。很不幸，A 要休一周的长假，B 不得不咬牙憋上一周才能有机会上厕所了。A 在不使用共享资源的时候，妨碍了 B 使用共享资源，于是条件 2(进展)就被破坏了。

由这个小例子可以看出，进程间同步是一个需要极为重视的问题，稍有考虑不周，就会出现严重的问题。为了完满解决进程间同步问题，专家们想出了很多办法，如加锁(Locking)、信号量(Semaphore)、监视器(Monitor)等。

2.4.2 中断处理

现代操作系统的工作是围绕着“中断”来进行的。举例来说，某人正在埋头工作，忽然电话铃响起，他不得不中断手头的工作来接电话；接完电话，他又继续埋头工作；忽然有人敲门，于是他又不得不中断工作，去开门；上完后，又回来埋头工作……这个人的工作经常被各种事情(或临时工作)打断，直到他下班回家。

操作系统的工作也是在经常被打断的环境下进行的，而且被打断得非常频繁。任何一个进程如果要请求操作系统帮它做些什么，例如读写磁盘上的文件，都要去“敲操作系统的门”，也就是要操作系统中断手头的工作，来为它服务。

操作系统要应付的中断种类繁多，笼统地分，可以分为硬件中断和软件中断两类。硬件中断也就是“硬件来敲门，请求服务”，是外围硬件设备(如键盘、鼠标、磁盘控制器等)发给 CPU 的一个电信号。例如在键盘上每按下一个键，都会触发一个硬件中断，于是 CPU 就要立即来处理，把所敲的字母显示到屏幕上。

那么，什么是软件中断呢？我们已经知道了，软件就是一系列的指令。所谓“软件运行”就是 CPU 逐行地读取并执行这些指令。一个软件程序中，通常有很多指令都会触发“敲门”的动作，也就是请求操作系统提供某种服务。由这些程序指令触发的中断就叫软件中断。如一个进程要产生子进程、要读写磁盘上的文件、要建立或删除文件等，这些任务都是要在操作系统的帮助下才能完成的。进程去“敲操作系统的门”以请求服务，用专业词汇来讲叫作“系统调用”(System Call)。

另外，系统运行过程中出现的硬件和软件故障也会向操作系统发出中断信号，以便这些意外情况能及时得到处理。

前文说过，操作系统就像一个政府。政府是有很多个职能部门的，它们分工不同，各自完成不同的工作。操作系统对中断的处理采用的也是类似的方式。针对不同的服务请求，操作系统会调用不同的“中断处理程序”来处理。操作系统里有数以百计的“中断处理程序”来处理各种各样的服务请求。

2.4.3 内存管理

前文已经提到过，一个程序如果要运行，必须先把它加载到内存中。那么内存又是什么呢？有内存，是不是也自然也有“外存”呢？没错，在计算机里有很多可以存放程序和数据的地方，例如 CPU 里面有寄存器，外面有缓存区，再离 CPU 远一点的就是 RAM，也就是人们常说的内存，更远一点还有硬盘、光盘、U 盘等。

计算机存储层次结构图如图 2-27 所示。从图中可以看到一个类似金字塔的结构，位于塔尖的寄存器读写速度最快，但容量极小，且价格昂贵；而位于塔底的硬盘容量极大，相对便宜，但读写速度很慢。主内存介于两者之间，容量比较大，速度也比较快，价格也居中。

那么，为什么要用这种金字塔结构呢？有一个速度快、容量大的存储器不就行了吗？的确，在一个完美的世界里，如果有一个容量超大、速度超快、掉电后数据不会丢失的存储器，就不需要这个金字塔了。但世界并不完美，还找不到这样完美的存储器，于是就只好用这个金字塔了，因为这个金字塔可以在容量、速度和价格之间找到一个还算不错的平衡点。

前面提过，一个程序如果要运行，必须先被加载到内存中，为什么呢？因为寄存器和

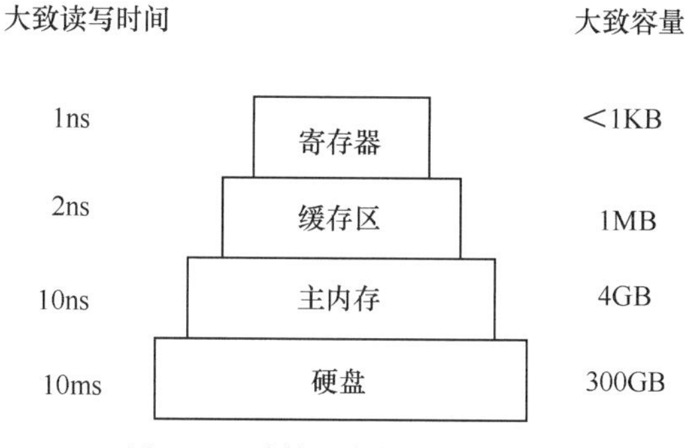

图 2-27 计算机存储层次结构图

缓存区太小，通常放不下一个程序。而硬盘又太慢，如果让 CPU 直接从硬盘里读指令的话，速度将比从内存里读指令慢百万倍。所以，内存，这个速度较快而且又能容纳下不少东西的地方，就成了我们加载程序的唯一选择。

如果程序能长期保留在内存中，不就不需要硬盘了吗？的确如此，但内存芯片存储信息依赖电能，掉电以后，存在上面的东西就消失了。所以，为了让程序能长期保留下来，我们必须要有一个不依赖于电能的存储设备，于是硬盘、光盘、U 盘就成了必不可少的东西。

那么，内存管理是干什么的呢？内存管理是操作系统的重要工作。操作系统是计算机内硬件资源的管理者，而内存就是最为抢手的硬件资源之一。大大小小的程序如果要运行，必须由操作系统给它们分配一定的内存空间。内存空间的分配是否合理直接关系计算机的运行速度和效率。操作系统必须做到如下几点。

(1) 随时知道内存中的哪些地方被分配出去了，还有哪些空间可用。

(2) 给将要运行的程序分配空间。

(3) 如果有程序结束了，就把它占用的空间收回，以便分配给新的进程。

(4) 保护一个进程的空间不会被其他进程非法闯入。

(5) 为相关进程提供内存空间共享的服务。

1. 内存可以有多大

我们去买计算机的时候，商家都会向你介绍这台计算机的内存是多少。我们也都笼统地知道内存越大，那么它能存放的东西就越多，计算机运转起来就越快。既然如此，那么就拼命地多买内存条，插到计算机里，机器就可以越来越快了，对吗？答案是，有时候对。

"那么什么时候对呢？"

"为了回答这个问题，我们不得不引入一个新的概念'寻址范围'。计算机内存是一个可以存放东西的地方，你可以把它想象成一个大仓库，这个大仓库被分成了若干个小库房。每个小库房都有一个门牌号。当你要往某个小库房里存放东西的时候，要指明门牌号才行，这样，当你下次来取走东西的时候，才知道到哪个房间去拿。"

"这个我明白，但是这和我的问题有什么关系呢？"

“当房间数多于门牌号数的时候，就会出问题了。”

“每个房间都有个门牌号，这不是天经地义的吗？门牌号怎么会不够用呢？”

“在计算机系统里，门牌号的确有不够用的时候。更直接地说，门牌号的多少是固定不变的，它不会随着房间数量的增加而自动增加。”

“那么，门牌号是从哪里来的？它的多少是由什么因素决定的呢？”

“门牌号的数量是由地址总线的宽度决定的。比方说，如果我们规定门牌号只能是两位数，那么门牌号的范围就是0～99，也就是最多有100个。如果门牌号的位数是3，那么范围就扩大到了0～999，也就是1000个。现在，市场上32位的Intel处理器，地址总线的宽度（也就是门牌号的位数）都是36位。注意，是二进制的36位，这也就意味着，门牌号的数量是2^{36}个。”

“这有什么关系呢？”

“这意味着，如果房间的数量多于2^{36}的话，多出来的房间就没有门牌号了。也就是说，你没有办法向这些房间里放东西。即使放了，你也取不出来，因为它们没有门牌号。你不指明门牌号，操作系统不知道要去哪里存取东西。”

“也就是说，我能安装的内存最多不能超过2^{36}，也就是64GB，对吧？”

“还是‘有时候对’，因为虽然Intel的处理器支持36位的地址宽度，但并不是所有的操作系统都支持36位。如果操作系统只能支持32位宽度的话，那就意味着，你能安装的内存最多不能超过2^{32}，也就是4GB。Linux系统都支持36位，而Windows并不全是这样，比如Windows XP就只能支持32位。”

“那么，2^{32}就是Windows XP的可寻址范围；而2^{36}就是Linux系统的可寻址范围，对吧？”

“对的。当然，Linux也支持32位，只不过有了36位，谁还用32位呢？另外，还有一个问题，如果你用的是Windows XP的话，购买4GB内存也是一种浪费。”

“这又是什么道理呢？”

“因为虽然理论上有2^{32}（4GB）个门牌号，但实际上，其中很多的门牌号已经被系统‘征用’了。我们知道，内存很像一个大库房，但你的系统里除了内存，还有其他一些需要存放东西的地方。但这些地方并没有自己的门牌号，它们和内存共用相同的地址空间，也就是同一套门牌号。例如显卡，如果你买了个很高级的显卡，显存是1GB，那么它就要占用1GB个门牌号。这样你的内存里就只剩下3GB个可用的门牌号了。这意味着，如果你买了4GB内存的话，其中1GB将没有门牌号，也就白白浪费了。”

2. 虚拟内存

我们可以把整个系统内存想象成一个大旅馆，旅馆的一层是“旅馆管理处”，也就是操作系统。除了管理处，旅馆里最主要的就是客房了。这些客房，有的已经被人租住，也就是说，有进程占用。还有一些空着，也就是说，随时等待进程的入住。操作系统的主要工作如下。

（1）为新来的旅客提供空房间。

（2）在旅客退房之后，将其占用的房间收回。

(3) 随时了解哪些房间已经被占用,哪些房间还空着,并更新房间信息。

这里我们应该留意一个有趣的细节,旅馆的客房信息(也就是哪些房间有人,哪些房间空着)只有管理处才有必要知道,房客对此完全可以一无所知。当房客需要更多的房间时,他不需要自己去找,只要告诉管理处说"我需要三个房间",管理处就会帮他解决。

可以举个更夸张的例子。在一个住得半满的旅馆里,管理处对新来的旅客吹牛说"我们整个旅馆都空着呢,您想怎么用就怎么用"。当旅客说"我有很多行李,需要一个 $200m^2$ 的大房间"时,管理处告诉他"没问题,把您的行李交给我就行了,包您满意"。管理员去四处找了若干个小房间,才凑足 $80m^2$,把一小部分行李塞了进去。回来告诉旅客说"您的行李都安置好了"。

"那剩下的大部分行李放哪儿呢?"

"原来在哪儿就还在哪儿,反正客人已经回房了,只要别让他知道就行了。"

"那一会儿客人要来找行李呢?"

"他常用的行李我们都放在那 $80m^2$ 里了。"

"万一他要找的东西不在那里面呢?"

"那他肯定会来问我。到时候,我临时再找个地方,把他要的行李塞进去,然后告诉他去那里拿就行了。"

"那要是房间都满了,你临时找不到地方了,怎么办呢?"

"那我就看看有没有暂时没人去的房间,把里面的东西先挪出来,再把他的东西塞进去,就行了。"

"你这是拆东墙补西墙啊。"

"我这么做,他们也没什么损失,我却可以省下不少房间来招揽更多的旅客入住啊。"

"你也太狡猾了。"

"这也是不得已而为之啊。虽然广告上我们吹牛说能有 $1000m^2$ 营业面积,但实际上只有 $500m^2$ 可用。如果实打实地分配出去,来三个客人地方就不够用了。而采用现在这个'拆东墙补西墙'的办法,理论上讲,来多少客人我都能应付。这就是经营之道啊。"

上面这个旅馆的故事可以说明几个问题。

(1) 实际内存的使用情况(也就是有哪些内存空间被占用,哪些空间可用)只有操作系统才需要知道。

(2) 用户进程看到的内存并不是真正的物理内存,而是一个"虚拟大内存",大到系统能支持的上限。对于 32 位系统来说,这个上限是 2^{32},也就是 4GB。进程傻乎乎地认为,整个 4GB 内存都是自己的。

(3) 即使实际可用的物理内存小于用户进程所需空间,进程也可以运行,因为用户进程并不需要 100%被加载到内存中。实际上,一个程序经常包含有一些极少可能被用到的功能模块。例如用于出错处理的功能模块,如果程序不出错的话,这部分功能模块就没必要加载到内存中。

(4) 一旦需要加载程序剩余的部分,而找不到可用空间的话,操作系统可以"拆东墙补西墙",把暂时不运行的进程挪出内存,以腾出空间加载正要运行的程序。

上述内存管理方式采用的就是"虚拟内存"技术。在 20 世纪 80 年代以前,绝大多数操作系统的内存管理方式是相当简单粗陋的，粗陋得像一个“自助”旅馆。“自助”当然意味着凡事都要自己操心，包括找空房间都要自己操心。旅客自己找空房间，难免会出差错。一个旅客难免会有意无意地闯入其他客人的房间，甚至会有意无意地闯入管理处的房间，导致混乱。在一个计算机系统里，如果一个进程可以闯入其他进程的空间，甚至闯入操作系统的空间，那势必导致系统的崩溃。

所以，将用户进程和物理内存隔离开来，给用户进程一个虚拟内存的概念，是内存管理的一大飞跃。虚拟内存不仅提高了系统的安全性，还可以让更多的进程同时运行，使内存的使用效率大大提高。同时，程序员在编程时，不必考虑物理内存有多大，这也降低了编程的复杂度。

3. 内存分页管理

为了方便内存管理，整个内存空间被分成了大小一致的方格，每一个方格就叫一“页”。在这里，我们可以把内存和一本书做一个对比。一本书上的文字完全可以被印在长长的一大张纸上，这就像古人的“长卷”。后来，古人觉得长长的一大卷不方便，就把长卷裁开，分成固定大小的纸页，装订成册，这就是现代版的图书了。

内存也是这样，一个连续完整的内存空间当然也可以用，而且20世纪80年代以前就是这样用的。但后来随着技术的发展，系统对内存管理的要求越来越高，专家们就想出了分页的办法来应付越来越细、越来越复杂的内存管理需求。

之前说过，内存有虚拟内存，还有物理内存，那么分页是分虚拟内存还是分物理内存呢？答案是既分虚拟内存又分物理内存，而且方格的大小都一致，也就是说，物理内存上的一个方格刚好能装下虚拟内存中的一页。为了把物理内存和虚拟内存中的方格区分开，把虚拟内存中的方格叫作“页”，把物理内存中的方格叫作“页框”(Page Frame)。一个页框刚好可以装下一页。

一个进程在它自己的虚拟地址空间里，是存放在一系列连续的页中的。当它被加载到物理内存中时，这些连续的页就被操作系统按实际情况拆散，放到了物理内存中一些不连续的页框中。这就是内存分页的最大好处。为什么呢？要回答这个问题，我们不妨想一想“不能拆散”的坏处。

举一个简单的例子，如图2-28(a)所示，物理内存中已经存在了3个进程A、B、C，它们各占用3页、2页、4页内存空间。现在有一个进程D要加载进来，它要占用4页内存。现在，尽管可用内存的总和有7页，但都是零碎的，没有连续的4页内存可用，那么D也

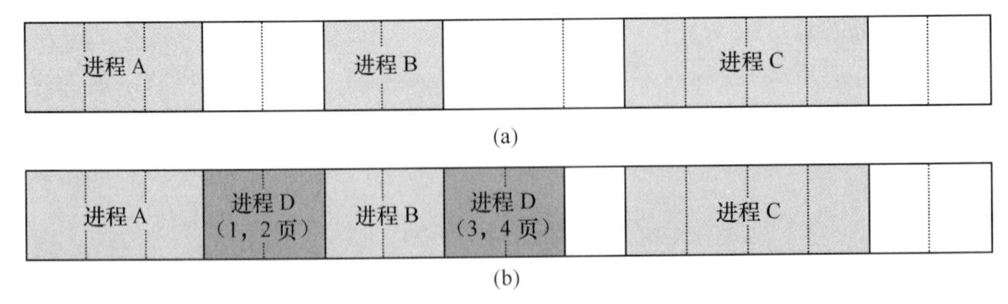

图2-28 进程在物理内存中的分散加载

就无法运行了。如果允许将D先“拆散”再加载的话，情况就不同了。如图2-28(b)所示，D被拆散为两个部分，成功地加载到了内存中。

内存分页一方面可以让内存加载更多的程序（即提高了计算机并行计算的能力），另一方面可以把内存中零七八碎的页都利用起来（即消除了内存中的碎片），计算机因此而变得更快、更高效。

2.4.4 文件系统

计算机工作的核心是处理信息，而信息（包括程序、文章、照片、音乐、视频等）都是以文件的形式存储在硬盘、光盘、U盘等存储设备上的。一个文件，不论它是一张图片，还是一首歌，实质上就是存储在计算机里的一连串0和1，计算机能够以人们需要的方式把这一串0和1展现在我们面前。操作系统中负责处理文件的功能模块就是文件系统。

1. 文件名

文件都是由进程创建的。进程在创建一个文件时，就会给文件起一个名字。当进程结束时，文件继续存在，其他进程可以通过文件名使用它。

不同的文件系统在命名文件时有不同的规则，但现在常见的文件系统大都支持长达255个字符的文件名，足够让人们在文件名上尽情发挥想象力了。有些文件系统要求给文件命名时，要区分大小写字母，如UNIX就是这样。在UNIX系统里，文件hello、Hello和HELLO是3个不同的文件。而Windows系统是不区分大小写的，所以在Windows系统里，上面那3个名字代表的都是同一个文件。

很多文件系统支持把文件名分成两个部分，用一个“.”把两部分分开，如hello.c，“.”后面的部分叫作文件扩展名，通常用来表示文件的类型。常见的文件类型见表2-1。

表2-1 常见的文件类型

序号	文件扩展名	文件类型
1	file.doc/.docx	Word文件
2	file.xls/.xlsx	Excel电子表格文件
3	file.ppt/.pptx	PPT演示文稿文件
4	file.dll	动态链接库文件
5	file.exe	可执行文件
6	file.txt	文本文件
7	file.bak	备份文件
8	file.c/.py/.java	程序文件
9	file.hlp	帮助文件
10	file.html/.htm/.jsp/.php/.asp	网页格式文件
11	file.jpg/.gif/.png/.bmp	图片文件
12	file.mp3/.wav/.wmv	声音文件

续表

序号	文件扩展名	文 件 类 型
13	file.mpg/.rm/.rmvb/avi/.dat/.mkv/.mp4	视频文件
14	file.o	编译生成的目标文件
15	file.pdf	PDF 格式文件
16	file.tex	TeX 排版源文件
17	file.zip/.rar/.7z	压缩文件

有些文件系统(例如 Windows)给扩展名赋予了严格的意义,也就是说,不同的扩展名代表不同类型的文件,不能乱用;而另一些文件系统(例如 UNIX)对扩展名没有严格的要求,它们通过读取文件内容的"特征部分"来确定文件的类型。例如:

(1) UNIX shell scripts(一种程序文件)都是以"#!"开头的。

(2) PDF 文件都是以"%PDF……"开头的。

(3) EPS 文件都是以"%! PS-……"开头的。

(4) JPEG 文件的开头部分都带有"JFIF"字符。

(5) PNG 文件的开头部分都带有"PNG"字符。

(6) Linux 所有可执行文件的开头都带有"ELF"字符。

通过识别这些特征字符,操作系统就可以判断文件的类型了。

2. 文件类型

很多文件系统,如 UNIX 和 Windows,都支持多种多样的文件。UNIX 和 Windows 都支持普通文件和目录。普通文件里都是用户感兴趣的信息,而目录则是一种系统文件,用来维护文件系统的树状结构。

除此之外,UNIX 还支持一些特殊的"设备文件"。事实上,在 UNIX 系统里,所有东西都是文件,包括键盘、鼠标、硬盘、光盘、网卡、声卡、显卡、硬盘、光驱、U 盘等所有硬件设备,它们都是以文件的形式呈现在用户面前的。系统的输入输出也都是以读写文件的方式实现的。为了方便用户程序读写文件(包括设备),UNIX 提供了一套简单高效的"系统调用"(System Calls)函数,如 open()、read()、write()、close()等。

"所有东西都是文件"这一思想非常简单,却又非常实用,成功体现了 UNIX"简单就是美"的设计原则。虽然系统里有五花八门的硬件设备,但 UNIX 为用户程序提供了一个单一的"文件"接口,使用户不必操"五花八门"的心。下面举例来说明。

(1) 如果一个程序员要编程实现读写硬盘上的文件,他不必去了解硬盘相关的技术,只要去读写硬盘文件就行了。

(2) 如果一个程序员要编一个网络应用程序,他也不必去研究网卡是怎么回事,只要去读写网卡文件就行了。

(3) 如果一个程序员要编写一个音乐播放器,他也不必去研究声卡是如何工作的,只要去读写声卡文件就行了。

而"读写(硬盘、网卡、声卡等)文件"无非就是调用 open()、read()、write()、close()等系统调用函数就可以了，这大大降低了程序员编程的复杂度，同时也大大增加了程序的可移植性。例如，如果程序员要先学习网卡是如何工作的，然后才能编程的话，那么一旦换了网卡，网卡工作方式也就随之改变了，那么程序员不得不随之修改程序。而现在"所有东西都是文件"，网卡相关的细节问题自有操作系统去处理，无论用什么网卡，程序员的程序（面对"文件"）照旧可运行。

3. 文件属性

文件，作为一个名词，在计算机诞生之前就存在了。一提起文件，人们脑海里出现的通常是一摞稿纸，上面写满了文字、图表等信息。存储在计算机中的文件也大致是这个样子。每个文件除了有名字和内容，还会有一些关于这个文件的描述信息。常见的描述信息包括文件的标识号、位置、大小、访问权限、修改时间、所有者等，如图 2-29 所示。

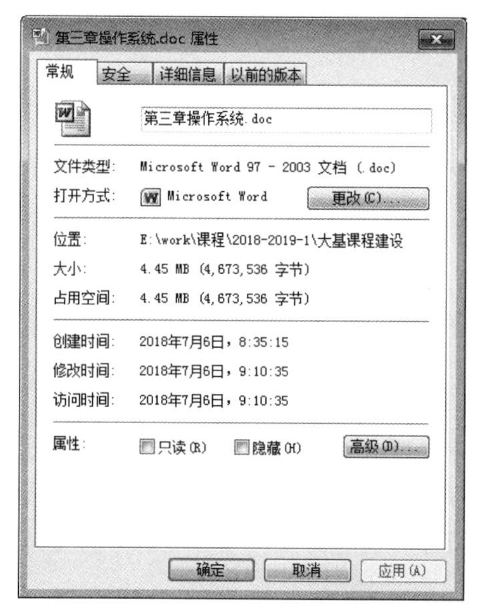

图 2-29　Windows 文件属性

（1）文件标识号：文件就类似一个人。人可以有多个名字，如学名、笔名、网名、小名等，但只有一个身份证号码。文件标识号就是文件的"身份证号码"。文件可以有多个名字，但只能有一个"标识号"。

（2）位置：这个信息指明了文件在存储设备上存放的位置。

（3）大小：指明了文件的大小，有多少字节，多少单词，占多大空间等。

（4）访问权限：指明什么人可以读、写、执行这个文件。

（5）修改时间：指明文件的创建时间、最后修改时间和最后被访问的时间。

（6）所有者：指明这个文件属于哪一个用户。

4. 文件操作

文件系统既要负责把众多的文件按部就班地存放在硬盘（或其他外围存储设备）上，

还要负责维护好文件的描述信息。当然，文件系统还要提供一系列的功能以满足用户对文件的操作需求，如文件的建立、删除、读取、修改、复制、移动、重命名等。

1）创建文件

创建一个文件通常需要分两步走：首先，操作系统要为这个新文件找到一个存储空间；然后，标明这个文件在目录树中的位置。

2）写文件

写文件就是常说的修改文件，在文件中添加、删除或者修改一些内容。这一操作需要调用操作系统提供的 write()系统调用函数。在调用 write()时，要指明文件名和要写入的内容。系统会根据用户提供的文件名找到文件的存储位置，然后进行修改操作。

3）读文件

读文件要调用 read()系统调用函数。与写操作类似，在调用 read()时也要指明文件名，还要指明读出的内容放到哪里。

4）删除文件

删除一个文件的大致过程是，先要在目录树里找到它，然后释放掉这个文件所占用的所有空间，最后从目录树里把它去掉。

5）复制文件

复制文件可以被看作：创建文件＋读文件＋写文件。

6）移动、重命名

这些操作对文件的内容没有影响，而只是修改了文件的描述信息而已。

5. 目录

为了让用户能比较方便地操作文件，文件系统通常以树状结构的形式呈现出来，称为目录树。目录，通常也叫文件夹。一个文件夹里可以有若干个文件和子文件夹。每个子文件夹里又可以有若干个文件和子文件夹。如图 2-30 所示，系统里所有的文件、文件夹、子文件夹都是以树状的形式呈现在用户面前的。

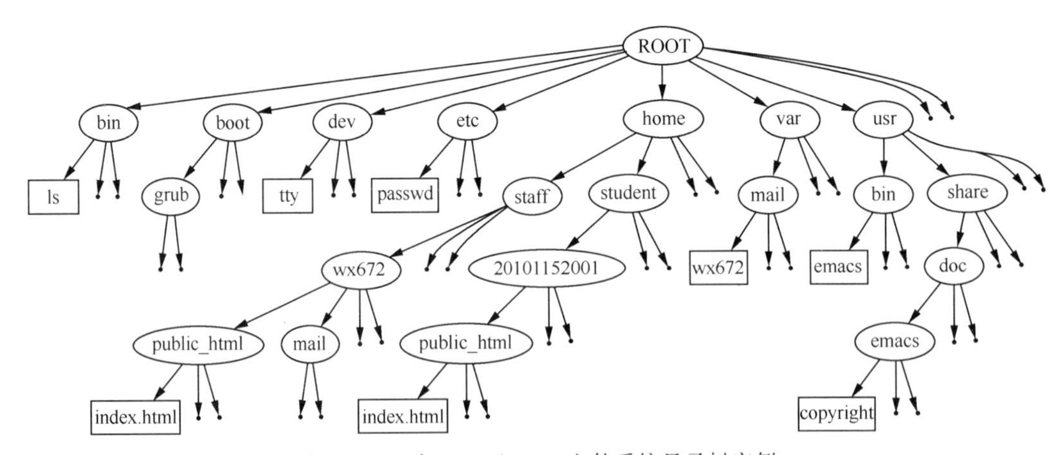

图 2-30　一个 GNU/Linux 文件系统目录树实例

针对目录的操作与针对文件的操作十分类似，用户可以进行添加目录、删除目录、列出目录内容、复制目录、移动目录、重命名目录等操作。

2.4.5 设备驱动

操作系统是介于用户程序和硬件设备之间的一层软件，也就是说，它既要和用户程序打交道，也要和硬件设备打交道。操作系统和硬件设备打交道依靠的就是设备驱动程序。

操作系统内部有很多设备驱动程序。更直接地说，计算机里有哪些硬件设备，操作系统里就必然要有哪些驱动程序。离开了驱动程序，硬件就无法工作。例如，上网要用到网卡，那么操作系统里就必须有相应的网卡驱动；听音乐要用到声卡，那么操作系统里就必须有相应的声卡驱动；看电影当然要用到显卡，那么操作系统里必须有相应的显卡驱动。键盘、鼠标、硬盘等所有硬件设备都必须有相应的驱动程序才能正常工作。

前面说过，操作系统的工作是围绕"中断"进行的。不论是硬件中断，还是软件中断，最终的中断处理工作都是由相应的中断服务程序完成的。而所谓"中断服务程序"实际上就是设备驱动程序的一部分。例如，一个进程要读取硬盘上的文件，它就会调用 System Call，向操作系统发出读文件的（软件中断）请求。在这个请求里，它肯定指明了要读取哪个文件（文件名）的哪些部分（读取多少）。于是，操作系统里相关的中断处理程序（也就是硬盘驱动程序）就会向硬盘控制器发出一个读文件的指令。硬盘控制器去读取硬盘上的文件，并将读到的结果返回给硬盘驱动程序，最后再交给读文件的进程。

现在硬件技术发展飞快，新硬件层出不穷，如果一个操作系统要支持新旧所有硬件，那岂不是要包涵所有的驱动程序？这样一来操作系统软件岂不是要非常庞大？为了解决这个问题，现在流行的操作系统都采用了一个新技术，叫"驱动程序模块化"。模块化可以让操作系统在开机启动的时候，根据计算机硬件的实际情况，只选择加载必需的驱动程序。另外，需要注意的是，针对同样的硬件设备，不同的操作系统所提供的驱动程序是不同的。也就是说，一个驱动程序不能在所有的操作系统里使用。例如，Windows 的网卡驱动程序不能用于 Linux 系统，反之亦然。

本章小结

（1）操作系统是计算机系统内的资源管理者。系统内的所有硬件设备，包括 CPU、内存、声卡、网卡、显卡等都是应用程序要使用的"资源"。操作系统要负责协调系统内各进程之间的资源竞争，保证硬件资源能够被合理、高效地使用。其中，CPU 调度和内存管理是资源管理工作的核心。

（2）操作系统是系统控制者。它控制着系统中各进程的运行，一旦发现异常就要及时处理，以保障系统安全、有序、高效地运行。

（3）操作系统是公共服务提供者。它为系统中运行的用户进程提供各种服务，包括设备驱动程序、网络协议栈、中断处理、系统调用、文件系统、输入输出等。

（4）操作系统的发展大致经历了批处理系统、分时系统等阶段。

（5）操作系统应用广泛，大到超级计算机，小到智能卡，到处都有操作系统。

（6）操作系统种类繁多，本章仅简单介绍了实时嵌入式系统、分布式系统、云计算系统等。

（7）操作系统品牌也很多。在 UNIX 家族操作系统中最为著名的有 BSD、GNU/Linux、Mac OS X 等。Windows 家族在桌面计算机市场一枝独秀；Android 是移动操作系统中最为流行的一个。

（8）一个操作系统通常包括进程管理、中断处理、内存管理、文件系统、设备驱动、网络协议、系统安全和输入输出等功能模块。简要介绍了进程管理、中断处理、内存管理、文件系统、设备驱动等模块。

（9）关于进程管理，简要介绍了进程状态、进程切换、CPU 调度、进程间通信、进程间同步等内容。

（10）关于内存管理，简要介绍了虚拟内存和内存分页等内存管理技术。

（11）关于文件系统，简要介绍了文件和目录的概念，以及文件的类型、属性和关于文件的操作。

习题

1. 关于操作系统目前还没有一个令大家都满意的定义。可现在如果有人问你操作系统到底是什么，你该如何回答呢？千万别说“没定义”“不知道”……请耐心给出一个解释。

2. 计算机非要有操作系统吗？我们知道做一件事情完全可以采用不同的方式，那么除了操作系统之外，是否还有其他方法也可以让计算机工作呢？发挥一下你的想象力，世界也许会因为你的异想天开而改变。

3. 在桌面计算机市场上，除了便宜的 Windows，还有精美华丽但价格昂贵的 Mac OS X 和自由、开放、安全、高效、免费的 GNU/Linux。那么，如果你是首次接触计算机的话，你会选用哪个系统呢？要回答这个问题，恐怕你要先逐一了解一下这些系统，在货比三家之后，给出你的答案。

4. 进程和程序有什么关系？如果你同时打开了三个浏览器窗口，那么系统中是有一个浏览器进程，还是有三个浏览器进程呢？

5. 虚拟内存是怎么回事？

6. 文件是什么？目录是什么？

7. 作为一个简短的操作系统介绍，本章里的内容肯定不能解答你所有的疑问，例如下面几个问题。

（1）什么是 32 位系统？什么是 64 位系统？

（2）为什么 32 位系统只能支持 4GB 内存？

（3）我的系统里最多可以有多少个进程？

（4）我的文件系统里最多可以有多少个文件？

第3章　互联网应用

互联网是各独立网络通过通用协议连接成覆盖全世界的全球性互连网络。随着科技水平的不断提高，互联网得到迅速发展，并且已经渗透到各行各业，与人们的生产生活联系越来越紧密，成为继报刊、广播、电视之后的第四媒体。互联网正以前所未有的冲击力和穿透力影响着现代社会生活的各个方面。美国未来学家阿尔温·托夫勒指出："谁掌握了信息，控制了网络，谁就拥有整个世界。"21世纪是信息时代，互联网应用将为人们的社会生活提供更为广阔的前景。本章主要向读者介绍互联网应用所必备的计算机网络相关知识，包括计算机网络基础、互联网基础，以及网络安全与防范，以便于读者更好地理解和运用互联网。

本章重点

（1）了解计算机网络的起源和发展。

（2）了解计算机网络的功能。

（3）掌握计算机网络的分类。

（4）了解互联网的起源和发展。

（5）掌握互联网的工作原理。

（6）掌握浏览器的使用、电子邮箱的使用和搜索引擎的使用。

（7）了解目前计算机网络所面临的网络安全问题及相关防范技术。

3.1　计算机网络概述

3.1.1　计算机网络的起源和发展

1946年第一代电子计算机的诞生，标志人类文明的发展进入了一个新纪元。计算机的诞生在机械化和电气化方面代替了部分体力劳动，且部分替代了人的脑力劳动。18世纪伴随着工业革命而来的是伟大的机械时代，19世纪是蒸汽机时代，20世纪是信息时代，其关键技术是信息的获取、存储、传送、处理和利用。计算机作为20世纪人类最伟大的发明之一，它的产生标志着人类开始迈向一个崭新的信息社会。从工业革命到信息革命，一个根本的变革就是从劳动密集型社会转入到知识密集型社会。在20世纪的最后10年中，人们惊喜地发现，电话、电视和计算机正在迅速融合；信息的获取、存储、传送和处理之间的孤岛现象随着计算机网络的发展而逐渐消失；曾经独立发展的电信网、电视网和计算机网将合为一体；新的信息产业正以强劲的势头迅速崛起。因此，在未来社会中，信息产业将成为社会经济中发展最快和规模最大的产业，计算机网络将为全社会提供经济和快速地信息存取手段，从而提高整个信息社会的生产力。

计算机网络最早出现于1968年美国国防部高级研究计划局(DARPA)建立的全世界第一个分组交换网ARPANET，它也是互联网的前身。这是一个只有4个节点的分组交换广域网，是为了验证远程分组交换网的可行性而进行的一项试验工程。该网络于1972年在首届计算机与通信国际会议(International Conference on Computer Communication，ICCC)上首次进行了公开展示。

分组交换不同于传统电信网中采用的电路交换，是一种依托存储和转发进行的交换方式，它将要传送的报文分成许多具有统一格式的分组，并依此对传送的基本单元进行存储和转发。与电路交换相比，分组交换具有线路利用率高、可进行数据速率转换、不易引起阻塞，以及具有使用优先权等优点，因此，1976年国际电报电话咨询委员会(CCITT)制定了用于公用分组交换网的协议标准X.25，并规定以后各类计算机网络均采用分组交换的工作方式。

在总结最初建网实践的基础上，DARPA组织有关专家开发了第三代网络协议——TCP/IP，并于1983年在ARPANET上正式启用，并被UNIX BSD操作系统内置。TCP/IP的广泛采用是互联网迅速发展的重要原因之一。在此基础上，IBM公司于1974年首先公布了系统网络体系结构(System Network Architecture，SNA)作为IBM计算机的联网标准。在此之后，各大计算机厂商相继开发了自己的网络体系结构，如DEC公司的数字网络体系结构(Digital Network Architecture，DNA)等。为了解决不同厂商的计算机网络之间不能互连的问题，国际标准化组织(ISO)于1978年提出了“开放系统互连参考模型(OSI/RM)”，即“OSI网络体系结构”，以推动网络标准化工作。

1976年，美国Xerox公司开发了基于载波监听多路访问冲突检测(CSMS/CD)链路层协议、使用同轴电缆连接的局域网，并取名为以太网。以太网由于安装使用方便，性能较好，成为广泛使用的一种局域网。随着PC的广泛使用，局域网的研究、开发和应用有了很大发展。

互联网作为全球最大的开放计算机网络，在经历了3个发展阶段后逐渐发展成熟。从1968年互联网前身ARPANET的诞生到1983年，这是研究试验阶段，主要进行网络技术的研究和试验；1983—1994年是互联网的应用阶段，互联网在美国和其他一些发达国家的大学和研究部门中得到广泛应用，主要被用作教学和科研；1994年以后，互联网开始进入商业化阶段，除了原有的学术应用外，政府部门、商业企业及个人用户开始广泛使用互联网，同时全世界绝大部分国家纷纷接入互联网。当前，互联网技术和应用的高速发展对信息技术的发展、信息市场的开拓和信息社会的形成起着十分重要的作用。与此同时，互联网也正面临着多种挑战，包括网络的频宽和可扩展性、网络的安全性、网络的服务质量、多种新网络应用的需求，以及其引发的商业、文化和社会等问题。

3.1.2 计算机网络的功能

计算机网络自诞生以来的近50年中，以异常迅猛的速度发展，并被越来越广泛地应用于政治、经济、军事、生产及科学技术的各个领域。概括起来，计算机网络的主要功能包括以下几个方面。

1. 数据通信

数据通信是利用数据传输技术在两个终端之间传递数据信息的一种通信方式和通信业务。它可以实现计算机与计算机、计算机与终端,以及终端与终端之间的数据信息传递。作为一种通信业务,数据通信为实现广义的远程信息处理提供服务。典型应用包括文件传输、电子邮件、话音信箱、可视图文、目录查询、信息检索、智能用户电报,以及遥测、遥控等。

2. 资源共享

在计算机网络中,有许多昂贵的资源,如大型数据库、巨型计算机等,并非每个用户都能单独拥有,因此必须实行资源共享。资源共享包括硬件资源的共享,如打印机、大容量磁盘等,也包括软件资源的共享,如程序、数据等。资源共享的结果是避免重复投资和重复劳动,从而提高资源的利用率,使系统的整体性能价格比得到改善。

3. 增加可靠性

在一个系统内,对于单个部件或计算机的暂时失效,必须通过替换资源的办法来维持系统的继续运行。但在计算机网络中,每种资源(尤其是程序和数据)可以存放在多个地点,用户可以通过多种途径来访问网络内的某个资源,从而避免单点失效对用户产生的影响。

4. 提高系统处理能力

单机的处理能力是有限的,且由于种种原因(如时差),计算机之间的忙闲程度是不均匀的。从理论上讲,在同一网络内的多台计算机可以通过协同操作和并行处理来提高整个系统的处理能力,并使网络内的各个计算机负载均衡。

由于计算机网络上述的这些功能,因此应用场合正在迅速发展,例如视频点播(VOD)、网络游戏、网上教学、网上书店、网上购物、网上订票、网上电视直播、网上医院、网上证券交易等。

3.1.3 计算机网络的分类

1. 按网络地理覆盖范围划分

1) 局域网

局域网(Local Area Network,LAN)是指范围在几百米到十几千米内的办公楼群或校园内的计算机相互连接所构成的计算机网络。计算机局域网被广泛应用于连接校园、工厂及机关的个人计算机或工作站，以利于个人计算机或工作站之间共享资源（如打印机）和进行数据通信。局域网通常使用共享信道的方式连接网内的计算机。局域网具有高数据传输率（10～100Mb/s 或更高）、低延迟和低误码率的特点，一些新型局域网的数据传输率可达 1000Mb/s 或更高。

2）城域网

城域网（Metropolitan Area Network，MAN）采用的技术与局域网类似，只是在规模上要大一些。城域网既可以覆盖相距不远的几栋办公楼，也可以覆盖一个城市；既可以是私人网，也可以是公用网。城域网既可以支持数据和语音传输，也可以与有线电视相连。

3）广域网

广域网（Wide Area Network，WAN）通常跨接很大的物理范围，如一个国家。广域网包含很多用来运行用户应用程序的机器集合，通常把这些机器叫作主机（Host）。把这些主机连接在一起的是通信子网（Communication Subnet），通信子网的任务是在主机之间传送报文。将计算机网络中的纯通信部分的子网与应用部分的主机分离开来，可以大大简化网络的设计。

2. 按工作方式划分

1）广播式网络

在网络中只有一个通信信道，这个通信信道由网络中的所有主机共享。广播式网络的工作是从网络中的任何一台主机发出一个短报文时，网络上所有的主机都可以接收到。但这种工作方式要通过报文中的地址来确定目标主机，因此它适用于距离范围小、网络内工作站点少的场合。

2）点到点网络

当一个网络中成对的主机间存在若干对的相互连接关系时，便组成了点到点的网络。点到点网络的工作方式是当源主机向目的主机发送信息时，这些经过分组的信息可能经由一个或多个中间节点才能到达。

3. 按拓扑结构划分

通过借用拓扑学中的点、线的概念，将网络中的具体设备抛开，把服务器、工作站等抽象为“点”，把连接电缆等通信介质抽象为“线”，这样就可以把由各式复杂设备构成的计算机网络抽象成简单的由点和线组成的几何图形，以便于网络设计与分析。用这种抽象方法表示的网络结构被称为“拓扑结构”。

常见的计算机网络拓扑结构主要可分为以下 6 种：总线、星状、环状、树状、混合型和全互连型，如图 3-1 所示。

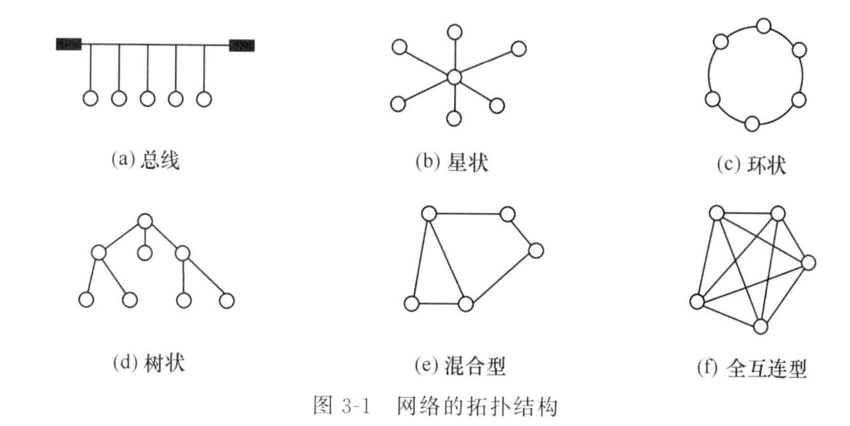

图 3-1 网络的拓扑结构

3.2 互联网基础

3.2.1 互联网的起源和发展

互联网起源于美国 1968 年主持研制的 ARPANET。该网建网的初衷是帮助那些为美国军方工作的研究人员进行研究数据的交换。它的设计与实现的主导思想：网络要能够经得住故障的考验而维持正常工作，当网络的一部分因受攻击而失去作用时，网络的其他部分仍能维持正常通信。

1985 年，美国国家科学基金会（National Science Foundation，NSF）为鼓励大学和研究机构共享 NSF 拥有的 4 台昂贵的巨型计算机，希望借助计算机网络把各大学和研究机构与这些巨型计算机连接起来。刚开始 NSF 想直接借用现成的 ARPANET，不过他们发现与美国军方打交道不是一件容易的事情，于是他们决定在 ARPANET 发展出来的 TCP/IP 的基础上，自己出资研建 NSFNET 广域网。在 NSF 的鼓励和资助下，许多大学、研究机构，甚至私营研究机构纷纷把自己的局域网并入 NSFNET。这样就使 NSFNET 在 1986 年建成后网络规模超越 ARPANET，并成为后来的互联网主干网。

在 20 世纪 90 年代以前，互联网主要是由美国政府资助并主要供大学和研究机构使用的，但随着该网络中商业用户数量的日益增加，互联网开始逐渐从研究教育网络向商业网络过渡。互联网有巨大的商业潜力，其主要应用包括：①电子邮件，其优势是能够实现一对多的信息传递；②与专家和科研人员的网上交流与合作，通过电子布告板提出问题，听取专家学者和用户等各方面的建议；③了解商业机会和发展趋势，更多的公司通过互联网收集、调研和销售与商贸活动有关的信息；④远距离数据检索，查询各种商业性和专业数据库；⑤实现文件传输，实现从生产到销售各个环节的配合与联络，如设计人员通过网络将设计方案直接传送给生产厂家；⑥检索免费软件，目前在互联网的公共软件里有许多免费软件，很多公司利用这些软件来缩短产品的开发时间；⑦研究和出版，出版商利用 FTP 进行文稿的传递、编辑和发行，以减少出版的时间和费用。

3.2.2　互联网的工作原理

计算机网络要实现网络中计算机之间的数据传输，必须要能满足两个最基本的要求：确定数据传输目的地和保证数据迅速、可靠地传输。互联网使用一种专门的计算机语言—协议(Protocal)来达到这一要求，保证数据安全、可靠地到达指定的目的地。目前，互联网主要使用 TCP/IP 实现网络间的可靠传输。

1. TCP/IP

1）IP 地址

和电话网中每部电话都必须有一个电话号码用于标识一样，互联网上每台独立的计算机也必须要有唯一的地址与之对应，才能和其他计算机进行通信。在互联网中，这样的主机地址称作"互联网协议地址"，简称"IP 地址"。IP 地址在网络上必须是唯一的，只有这样计算机之间的数据通信才能完成。

IP 地址由 4 段用"."分隔的数字组成。根据 IPv4 的规定，IP 地址由 32 位二进制数组成。同时，为了方便书写和记忆，把这 32 位编码分成 4 组，每组 8 位，如 11001010 11001011 10000100 00000101，然后将每组用十进制来表示，就转换成为 202 203 132 5，习惯用小数点来分隔，成为人们常见的 IP 地址 202.203.132.5。

2）域名和域名服务器

经过以上点分十进制处理后的 IP 地址依然难于记忆。为了进一步方便记忆，人们开始使用文字地址代替数字 IP 地址来标识网络上的不同计算机。在这种方法中，接入互联网的每台计算机得到了新的名字——域名，这就是大家所熟悉的如 www.swfu.edu.cn 这样的文字组合。

域名的设置不是随意的，必须遵守一定的规则。一个域名通常按以下形式组成：host.subdomain.domain。其中，主机(Host)通常是特定位置上的某台机器，主机和本地网组合形成了区域，一个区域可以和另一个区域组合成更大的区域，从而出现一个区域包含另一个区域的情形。如西南林业大学的域名为 www.swfu.edu.cn，www 是主机名，表示这台计算机提供 www 服务；swfu、edu 和 cn 都是区域，swfu 表示西南林业大学，edu 表示教育，cn 表示中国。

表 3-1 和表 3-2 列出的是常见的域名及其所表示的含义。

表 3-1　常用的顶级域名——国际顶级域名

域名	意义	域名	意义
com	商业组织	mil	军事部门
edu	教育部门	net	网络运营商
gov	政府部门	org	非营利性组织

表 3-2 常用的顶级域名——国家(地区)顶级域名

国家(地区)代码	国家(地区)	国家(地区)代码	国家(地区)
ca	加拿大	fr	法国
cn	中国	jp	日本
de	德国		

需要强调的是,这种文字地址只是为了帮助人们记忆,而真正在网络通信中发挥作用的还是数字 IP 地址,因而它们之间经常需要相互转换。当输入文字地址 www.swfu.edu.cn 进行访问时,互联网就需要将其转换成数字 IP 地址,这就要使用域名转换系统(Domain Name System,DNS),通过查询它们之间的对应表,完成“IP 地址—域名”之间的双向查找功能。

3) 子网掩码

既然互联网是由不同的网络连接在一起而形成的,那么仅仅通过 IP 地址是不能进行网络标识的,即无法将某台机器划分到一个网络内,因而便引入了子网掩码(Subnet Mask)。根据不同的子网掩码可以划分为不同的网络。同时,子网掩码也不能单独存在,它必须结合 IP 地址一起使用。子网掩码只有一个作用,就是将某个 IP 地址划分成网络地址和主机地址两个部分。网络地址对应位为 1,主机地址对应位为 0。

4) 路由器

通过子网掩码可以计算得到网络通信中某台计算机所属的网络,但要完成信息在不同网络中的传输,就必须要有连接不同网络(网络地址不同)的设备。路由器(Router)就是连接互联网中各网络的设备。它会根据信道的情况自动选择和设定路由,以最佳路径和前后顺序发送数据。因此,路由器也被称为“互联网络的枢纽”或“交通警察”。

路由器用于连接多个逻辑上分开的网络,当数据要从一个网络传输到另一个网络时,可以通过路由器来完成。因此,路由器具有判断网络地址和选择 IP 路径的功能,它能在多个网络互联环境中建立灵活的连接,可用完全不同的数据分组和介质访问方法来连接各种子网。路由器只接收源站或其他路由器的信息。它不关心各网络使用的硬件设备,但要求运行与网络层协议相一致的软件。

2. IP 地址的获得和设置

计算机在联网后,还必须正确设置 IP 地址、子网掩码、域名服务器和网关才能正常上网,缺一不可。下面以 Windows 系统为例说明如何完成上述参数的设置。

(1) 右击桌面上的“网络”,从弹出的快捷菜单选择“属性”选项,打开如图 3-2 所示窗口。

(2) 在“网络和共享中心”窗口中右击“本地连接”,从弹出的快捷菜单中选择“属性”选项,打开如图 3-3 所示对话框。

(3) 在“本地连接属性”对话框中选中“Internet 协议版本 4(TCP/IPv4)”,如图 3-3 所示,单击“属性”按钮。

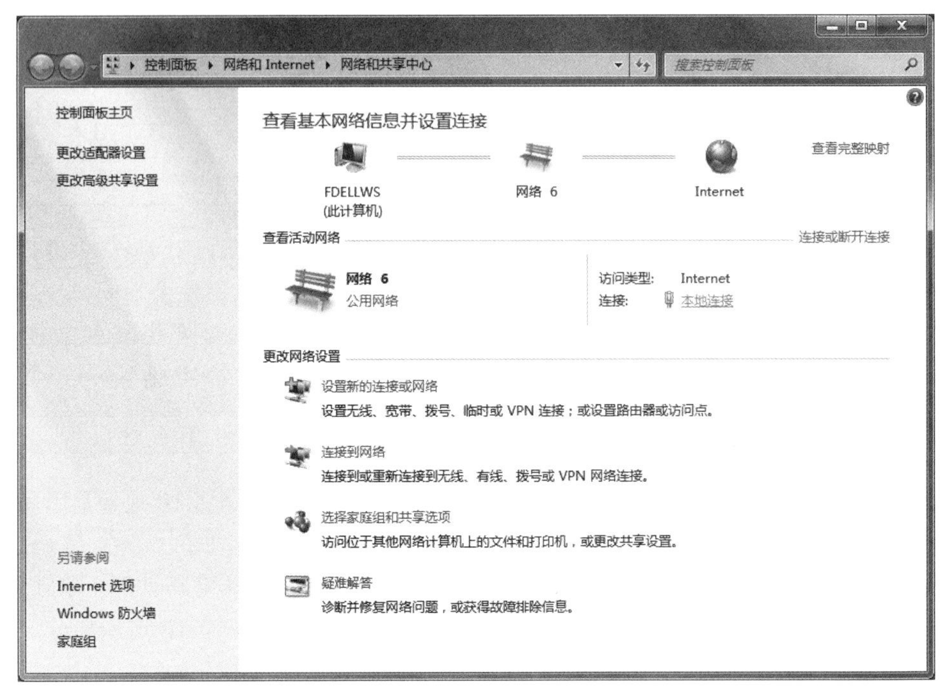

图 3-2　查看网络和共享中心

(4) 在“Internet 协议版本 4(TCP/IPv4)属性”对话框中输入正确的 IP 地址、子网掩码、默认网关和 DNS 服务器，单击“确定”按钮即可，如图 3-4 所示。

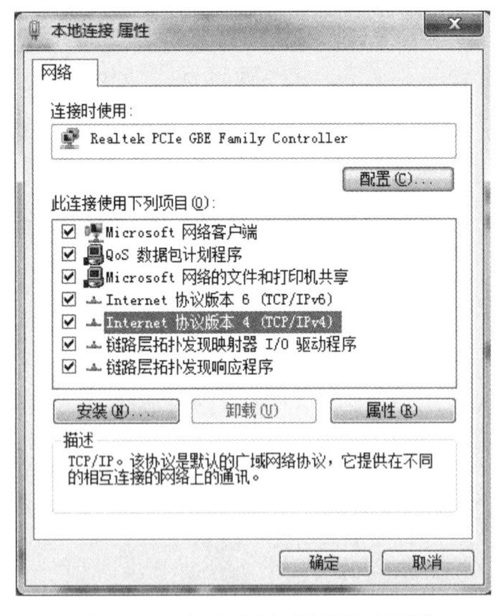

图 3-3　“本地连接 属性”对话框

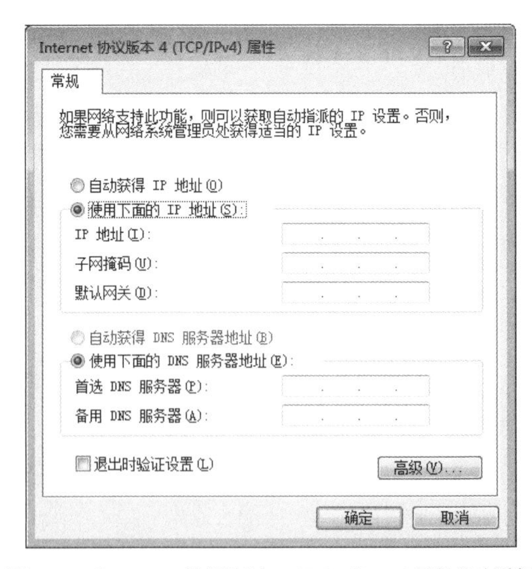

图 3-4　“Internet 协议版本 4(TCP/IPv4)属性”对话框

但很多时候，用户从未设置过这些参数，计算机就能上网。这是因为网络管理员在网络中架设了 DHCP 服务器，网络中的计算机可以在启动的时候自动从 DHCP 服务器上获得 IP 地址等信息。可以通过在 Windows 系统中单击“开始”按钮，选择“程序”→“附件”→“命令行提示符”，然后在命令行提示符窗口中输入 ipconfig /all 命令，查看自动分配的 IP 地址、子网掩码等信息。

3.2.3 浏览器的使用

用户进行互联网冲浪时使用最多的互联网服务就是浏览 Web 网页，这一操作中所涉及的软件工具被称为浏览器。目前，主流的浏览器软件包括由 Google 公司开发的 Chrome、由 Mozilla 基金会开发的 Firefox 和 Microsoft 公司开发的 Internet Explorer（简称 IE）等。本节以 IE 为例介绍 Web 页面的基本浏览方法。

1. IE 窗口介绍

启动 IE 浏览器，在浏览器的地址栏中输入 www.swfu.edu.cn 并按 Enter 键，就能看到图 3-5 所示的西南林业大学的主页。主页是一个网站的入口或起点，从它出发可以链接到该网站的其他资源。

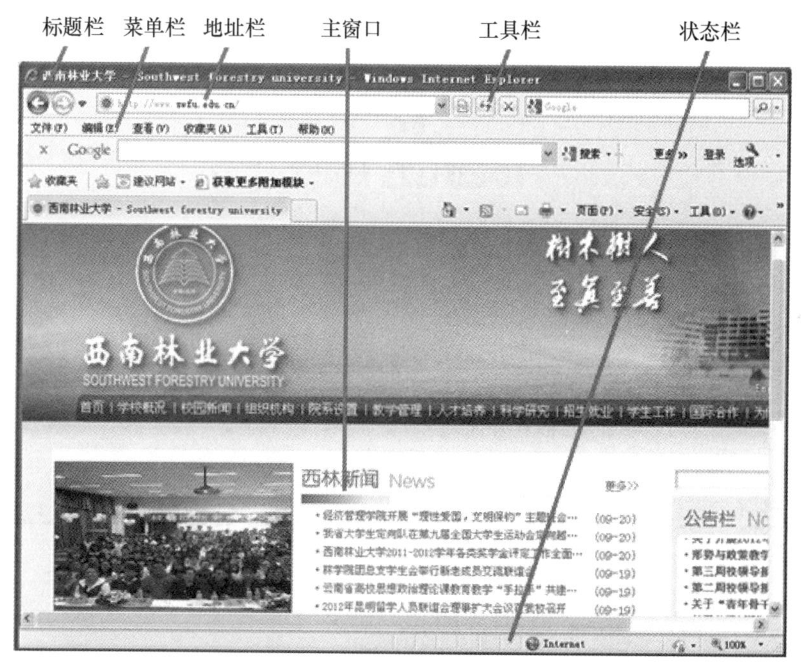

图 3-5 IE 浏览器窗口

IE 窗口由如下几部分组成：①标题栏，显示当前用户所在网页的主题；②菜单栏，提供了浏览器的所有功能；③工具栏，用于执行最常用的功能，使操作更加方便；④地址栏，用来输入 URL 地址；⑤主窗口，用来显示 Web 页面；⑥状态栏，显示信息传送进展情况。

2. Web 页面的浏览方法

在 IE 浏览器的地址栏中输入的地址称为 URL 地址，URL 被称为统一资源定位器，它主要用于描述互联网上超媒体文档的地址，也就是俗称的“网址”。下面以 http://www.swfu.edu.cn 为例，说明 URL 的主要组成部分：“http://”代表访问的 WWW 服务；“www.swfu.edu.cn”代表所访问的 Web 服务器。

3. 将网页添加到收藏夹中

经常需要重复访问固定的网页时，可以在浏览器中保存其地址，便于以后直接打开该网页。具体操作步骤如下。

(1) 选择“收藏”→“添加到收藏夹”选项，如图 3-6 所示。

图 3-6　添加网页到收藏夹

(2) 输入收藏的名称，并单击“确定”按钮。

以上操作完成之后，下一次需要打开此网页时，就可以直接在收藏夹中选择并打开。

4. Internet 选项设置

(1) 选择“工具”→“Internet 选项”，如图 3-7 所示。

(2) 在弹出的“Internet 选项”对话框中，选择相应的选项进行设置即可。

(3) 在“Internet 选项”对话框中，单击相应的选项卡，即可对各选项进行设置，如图 3-8 所示。

图 3-7　Internet 选项操作图

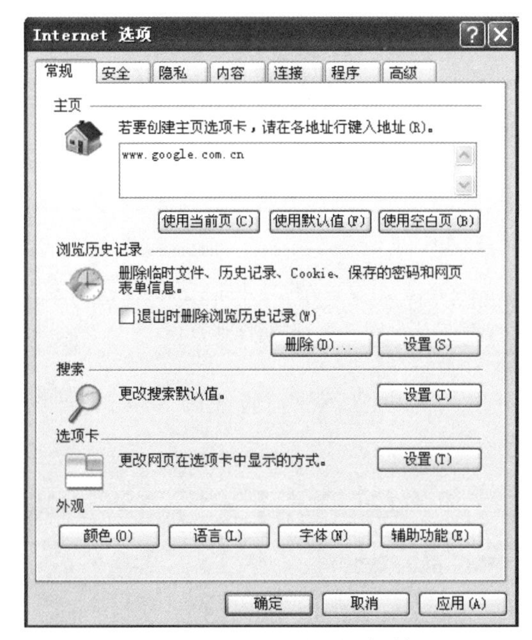

图 3-8　“Internet 选项”对话框

3.2.4　电子邮件的使用

电子邮件(E-mail)是互联网上使用最广泛的服务之一,使用户之间的通信更加快捷、简便、廉价。

电子信件的传送分为两步:①邮件被传送并存储到邮件服务器上;②电子邮件软件根据 POP(Post Office Protocol)请求邮件服务器将信件转发到目的地电子邮箱。因此,使用电子邮件服务,首先需要一个电子邮箱地址。电子邮箱地址由用户名和邮件服务器地址两个部分组成，格式如下：用户名@邮件服务器地址，如 sample@swfu.edu.cn。

1. 免费邮箱申请

许多互联网网站均提供免费电子邮件服务，主要包括 Gmail、21cn、Sina、126、263、163 等网站，读者可在连接互联网的计算机上进行申请。下面以 126 邮箱为例介绍申请过程。

(1) 启动 IE 浏览器，在地址栏中输入网址 http://www.126.com 并按 Enter 键。

(2) 在弹出的页面中单击“注册”按钮，如图 3-9 所示。

图 3-9　邮箱注册操作

(3) 在打开的页面中输入用户名、密码、验证码等信息，如图 3-10 所示。然后单击“立即注册”按钮。

图 3-10　邮箱注册用户信息填写页面

通过以上三步就可以完成126免费邮箱的注册。注意,有些邮箱网站需要填写的个人信息更详细,只需按照提示逐步填写完成即可。

2. 邮件的发送

(1) 启动IE浏览器并输入126邮箱地址后,在登录页面填入注册成功的用户名和密码,单击“登录”按钮完成登录,如图3-11所示。登录成功后,弹出邮箱的主页面,如图3-12所示。

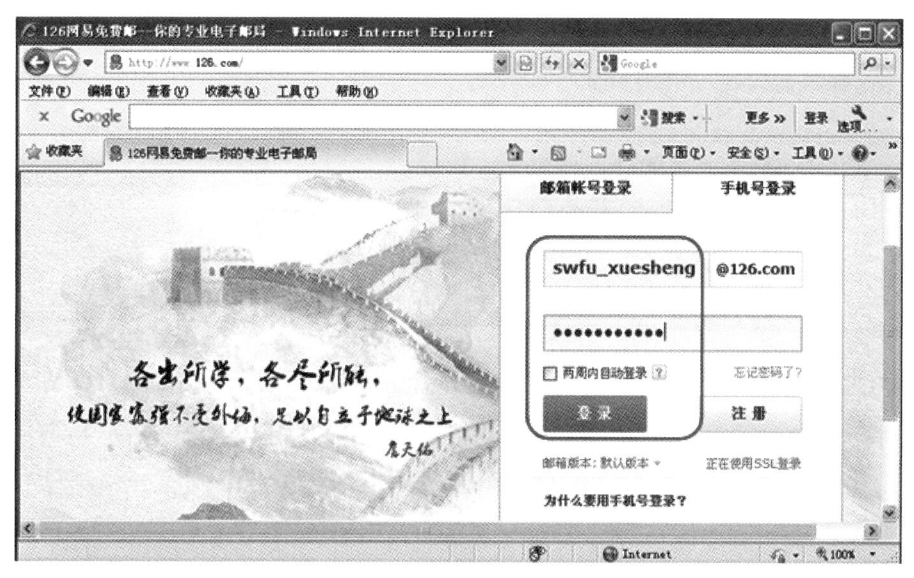

图3-11 邮箱登录操作

图3-12 邮箱主页面

(2) 撰写邮件。在邮件页面单击“写信”按钮,在“收件人”文本框中输入收件人的电子邮件地址(如输入 qzp@swfu.edu.cn),在“主题”文本框中输入邮件主题(如“论文初稿”),如果需要把同一邮件抄送给其他收件人,可以在“抄送”文本框中输入其他收件人的地址,在“内容”文本框中输入邮件内容,如图 3-13 所示。

图 3-13 撰写邮件

(3) 添加附件(当需要向收件人发送文件或图片时,必须用此功能)。单击“添加附件”超链接,在弹出的对话框中选择附件文件,然后单击“打开”按钮,如图 3-14 所示。

图 3-14 添加附件

(4) 发送邮件。单击“发送”按钮,提示“邮件发送成功”,即完成邮件发送。

3. 邮件的接收和回复

（1）登录邮箱后单击“收件箱”按钮，选择需要阅读的邮件，单击即可打开。

（2）阅读完邮件后如果需要回复，单击“回复”按钮，弹出的回复窗口中自动填写了收件人地址，在文本输入框中输入相关内容后单击“发送”按钮完成回复。回复时如果需添加附件，可参照之前介绍的步骤操作。

（3）如果邮件中含有附件，打开邮件后，单击附件名称（如“论文初稿 V0.8.doc”），然后在弹出的下载对话框中单击“保存”按钮即可。

3.2.5 搜索引擎的使用

互联网的互连互通可以让人们广泛地了解国内外的各种最新信息，作为一本“超级百科全书”，它为人们的学习和生活提供了很好的指导作用。但是，人们需要借助有效的搜索工具在海量的网络资源中准确、快速地定位所需的信息，这一工具就是搜索引擎。

1. 搜索引擎的分类

搜索引擎的工作原理是根据用户输入的关键字，检索包含关键字的相关信息。可以把搜索引擎看作是互联网的目录，就像一本书的目录一样，提供整个互联网信息的入口。搜索引擎可分为 4 大类：目录式搜索引擎、全文式搜索引擎、综合式搜索引擎、元搜索引擎。

1）目录式搜索引擎

目录式搜索引擎提供一种可检索和查询的等级方式主题目录，以超文本链接方式将不同学科、专业、行业和区域的信息按照分类或主题目录的方式组织起来，各类目录下列出属于这一类别的网站名称和网址链接，以及每个网站的内容简介。目录式搜索引擎以人工或半人工方式收集信息，建立数据库，由编辑人员在访问了某个 Web 网站后，根据其内容和性质将其归入一个预先分好的类别中并对其进行描述。由于目录式搜索引擎的信息分类和信息搜集是人为操作的，因此搜索的准确度较高、导航质量不错。但因人工操作的工作量和维护量大，因此覆盖信息量少、信息更新不及时。国内著名的提供搜索引擎的网站（如新浪、搜狐）提供这种类型的搜索引擎服务。

2）全文式搜索引擎

全文式搜索引擎的数据库中保存了网站中每个网页的全部内容，用户在检索文本框中输入需要查询的关键词或短语，搜索引擎会返回与输入关键词相关的网页的地址和一段文字。全文式搜索引擎具有庞大的全文索引数据库。其优点是信息量大、范围广，较适用于检索难以查找的信息或一些较模糊的主题。其缺点是缺乏清晰的层次结构，检索结果重复较多，需要用户自己进行筛选。Google、百度就是著名的全文式搜索引擎。Google 是世界知名的搜索引擎，搜索范围包括全球 5 亿多个网站的几十亿网页，搜索内容能根据搜索关键词对这些网页进行整理后提供搜索结果，且搜索时间通常不到半秒。

3）综合式搜索引擎

综合式搜索引擎具有上述两类搜索引擎的特点，既可以搜索网站，也可以搜索全文。用户输入关键词后，可以选择搜索网站或者网页，不同的选择返回不同的结果。国内著名网站网易等提供此类搜索引擎服务。

4）元搜索引擎

元搜索引擎是在传统搜索引擎基础上，可以同时查询多个搜索引擎的 WWW 站点，其英文原意为在搜索引擎之后的搜索引擎，因而可叫作“后搜索引擎”。虽然元搜索引擎依赖其他独立搜索引擎而存在，但它们集成了不同性能和风格的搜索引擎，并新增了一些新的查询功能，一个元搜索引擎就相当于多个独立搜索引擎，可以起到事半功倍的效果，因此也值得选用。国内的搜魅网、马虎聚搜等即为此类搜索引擎。

2. 搜索引擎使用技巧

虽然上述介绍了这么多的搜索引擎，但是它们基本的搜索方法和技巧都是类似的。使用搜索引擎之前，首先要熟悉搜索引擎的使用原则：①确定搜索对象的类别和关键词；②充分利用搜索引擎的各种搜索选项；③正确使用搜索引擎的各种检索功能。下面以百度为例进行讲解。

1）搜索

只要在搜索文本框中输入关键词，并单击“百度一下”按钮，百度就会自动找出相关的网站和资料。百度会寻找所有符合查询条件的资料，并把最相关的网站或资源排在前列。

小技巧：输入关键词后，直接按 Enter 键，百度会自动找出相关的网站或资料，如图 3-15 所示。

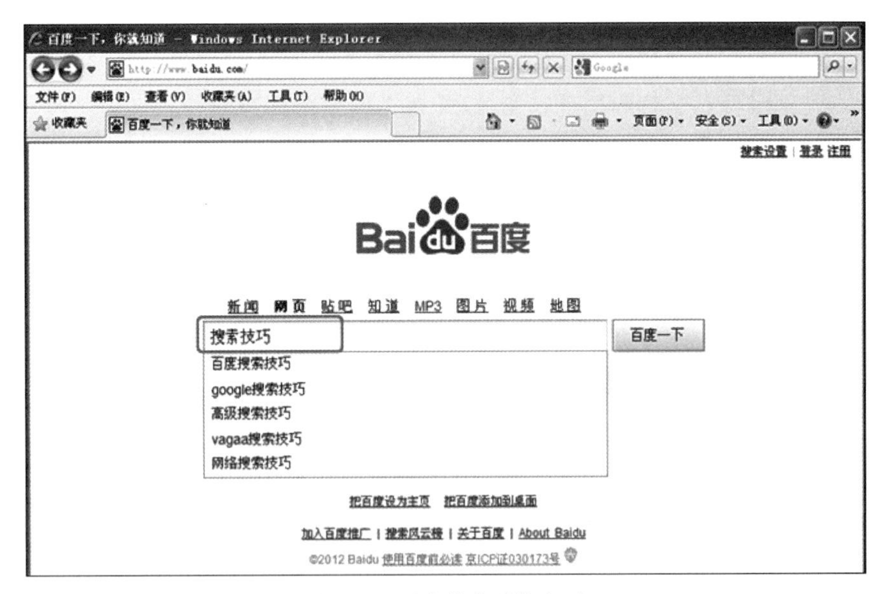

图 3-15　百度搜索引擎主页

2）关键词

可以使用百度查找任何支持的信息内容，输入的关键词可以包括人名、网站、新闻、小说、软件、技术、游戏、工作、购物、论文等。

关键词就是输入搜索文本框中的文字，也就是希望搜索引擎查找的内容，可以是任何中文、英文、数字，也可以是中文、英文和数字的混合体。例如，可以搜索“西南林业大学”“计算机网络”“搜索引擎”“F-1 赛车”等。

同时，关键词可以输入一个，也可以输入 2 个、3 个、4 个，甚至可以输入一句话。例如，可以搜索“科技”“中国”“mp3 下载”“游戏 攻略 大全”“蓦然回首，那人却在灯火阑珊处”。当输入多个关键词时，这些关键词之间必须留一个空格。

3）准确的关键词

搜索引擎都非常严谨、认真，要求“一字不差”。

例如，“乘数”和“成数”的搜索结果是不同的；“电脑”和“计算机”的搜索结果也是不同的。因此，如果对搜索结果不满意，应先检查输入文字有无错误，并换用不同的关键词搜索。

4）输入两个关键词搜索

输入多个关键词搜索，可以获得更精确、更丰富的搜索结果。

例如，搜索“计算机网络 视频教程”，表示两个关键词存在逻辑与的关系，可以找到几百万篇资料。而搜索“计算机网络视频教程”，则只有严格含有“计算机网络视频教程”连续 9 个字的网页才能被找出来，找到的资料量将大大减少。因此，当搜索的关键词较为冗长时，建议将它拆成几个关键词来搜索，词与词之间用空格隔开。

5）其他常用搜索技术

（1）快照功能。如果无法打开某个搜索结果，或者打开速度特别慢，抑或遇到网站服务器暂时出现故障的情况，可以通过该功能浏览缓存在百度中的相关页面内容，如图 3-16 所示。

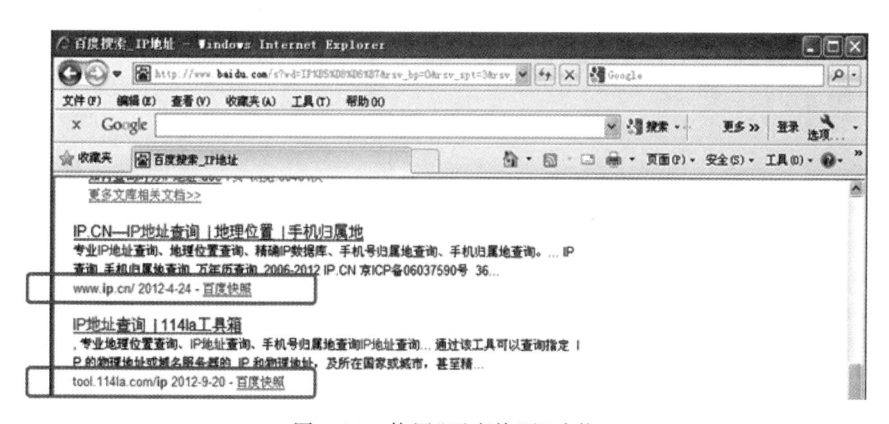

图 3-16 使用“百度快照”功能

（2）相关搜索。很多时候搜索结果不佳的原因是关键词的选择不妥当。这时就可以利用搜索结果最下方的相关搜索功能参考别人的关键词进行搜索，如图 3-17 所示。

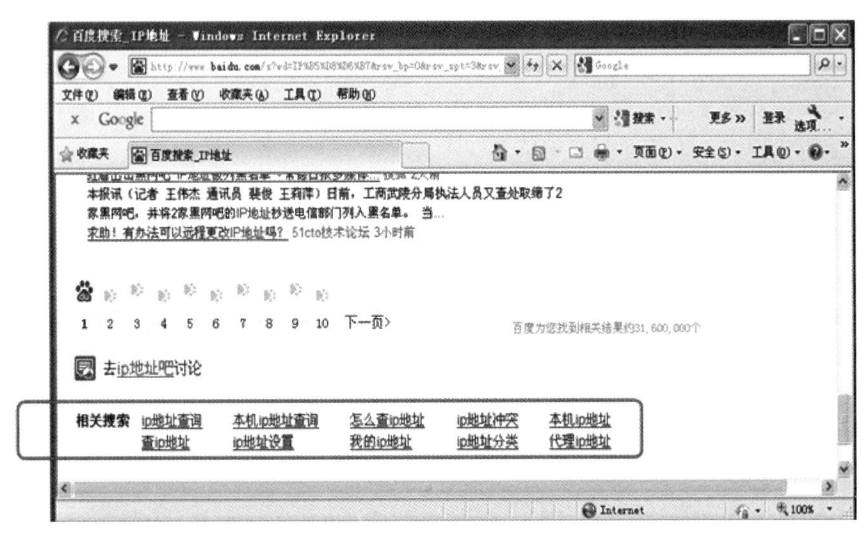

图 3-17 使用百度“相关搜索”功能

（3）拼音提示。只要输入关键词的汉语拼音，百度就能提示最符合要求的对应汉字，如图 3-18 所示。

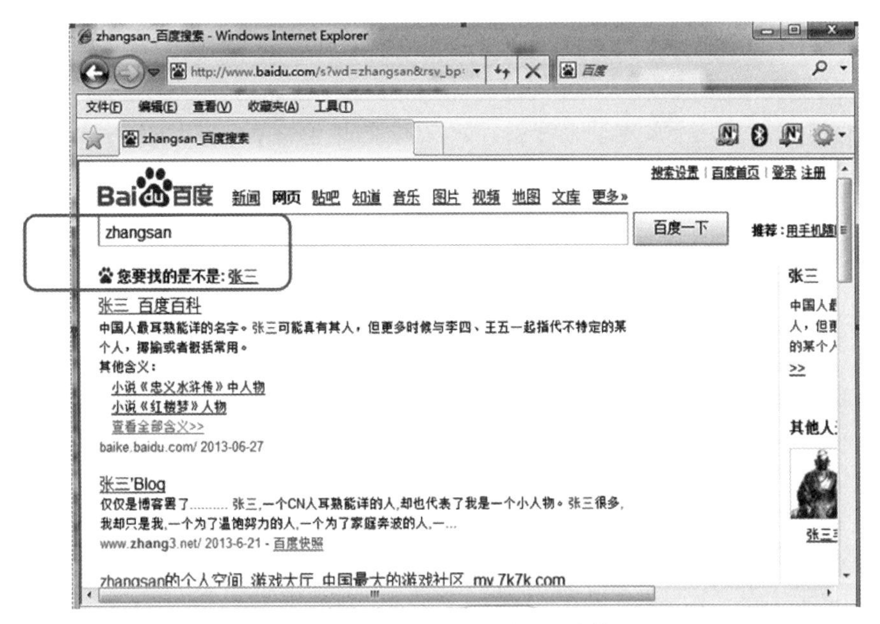

图 3-18 使用百度“拼音提示”功能

（4）短语搜索。用双引号（“”）将需要搜索的关键词引起来，可以进行强制搜索，如图 3-19 所示。

（5）指定搜索文件类型。通过在搜索关键词后添加“filetype:＋文件扩展名”语句，就可以在指定类型的文件中搜索关键词。例如，图 3-20 中就指定在 pdf 格式的文件中搜索“网络安全”。

图 3-19 使用百度“短语搜索”功能

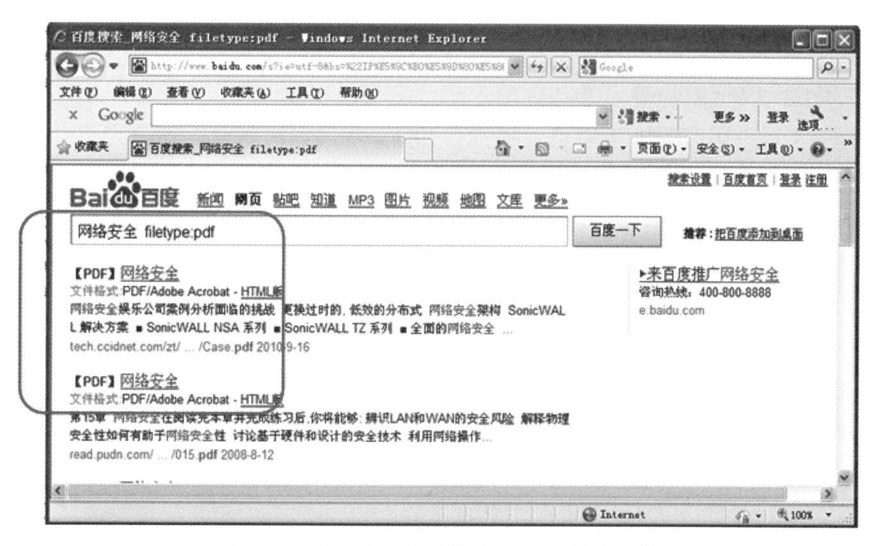

图 3-20 使用百度特定格式的文件搜索功能

(6) 其他功能。百度还有错别字提示、英汉互译词典、地图、计算器和度量衡转换、货币换算、股票、列车时刻表、飞机航班查询等高级搜索和个性设置功能，方便人们日常生活、工作的需要。

其他常用搜索引擎的使用方法也与百度类似。

3.3 网络安全与防范

随着互联网和信息技术的快速发展，互联网与每个人生活、学习的关联度越来越高，在信息获取和传播变得越来越方便和快捷的同时，安全保护的问题也日益突出。因此，如何防止不法黑客对网站进行恶意攻击,保证网站页面不被篡改,保护自己的计算机不受侵害,已成为网络信息安全技术的一个前沿课题。而且信息安全本身包括的范围很大。本节仅对日常网络防护技术进行讲解。

3.3.1 网络安全问题

计算机网络中面临的安全问题主要可分为两大类:被动攻击和主动攻击。

被动攻击的攻击形式只有一种——截获,就是指攻击者从网络上窃取用户的通信内容。这种攻击方式中,攻击者不影响正常的传输过程,只是观察和分析数据流并从中提取关键信息,因此又被称为流浪分析。

主动攻击包含许多形式,主要包括篡改、恶意程序、拒绝服务等形式。篡改(Tamper),顾名思义就是攻击者截获并中断网络中的数据流后,修改部分信息再重新发送给接收方的攻击方式。恶意程序是指具有隐性毁坏计算机硬件、软件和开启后门等操作的计算机程序,具体来说有会自动修改其他正常程序并把自身植入的计算机病毒(Computer Virus),会通过网络进行传播的计算机蠕虫(Computer Worm),会自动打开计算机某一端口给未授权用户登录的特洛伊木马(Trojan),以及当所处计算机满足某些特定条件就触发执行删除等恶意功能的逻辑炸弹(Logic Bomb)。拒绝服务(DoS)是指攻击者向互联网上的某台主机不停地发送大量数据,使该主机一直处于满负荷工作状态,无法为正常用户提供服务的一种攻击手段,若是互联网上成千上万台主机发起对一台主机的攻击,则称为分布式拒绝服务(DDoS)。

针对主动攻击,可采取适当的检测和过滤措施予以防范,但对于被动攻击,只能在发送端采取加密等方式从源头进行防治。

3.3.2 网络防范技术

1. 网络防火墙

网络防火墙是一种用来加强网络访问控制,防止外部网络用户以非法手段进入内部网络,访问内部网络资源,保护内部网络操作环境的特殊网络互连设备。它对在两个或多个网络之间传输的数据包按照一定的安全策略逐个实施检查,并决定网络之间的通信数据包是否允许通过,以及监视网络运行状态。目前,网络防火墙主要包括堡垒主机、包过滤路由器、应用层网关(代理服务器)、电路层网关、屏蔽主机防火墙,以及双宿主机等类型。网络防火墙是目前保护网络免遭黑客袭击的有效手段,但也有明显不足:①无法防范通过防火墙以外的其他途径的攻击;②不能防止来自内部不经心用户带来的威胁;③不能完全防止传送已感染病毒的软件或文件;④无法防范数据驱动型的攻击。美国Digital公司于1986年开发出全球第一个商用防火墙系统并提出防火墙的概念,然后防火墙技术得到飞速的发展,目前国内外已有数十家公司推出功能各式各样的防火墙产品系列。

网络防火墙是网络层的安全防范技术。在这一层上，企业对安全系统提出了问题：是否所有的IP都能访问企业的内部网络系统？如果答案是肯定的，则说明企业内部网络还没有在网络层采取相应的防范措施。作为内部网络与外部公共网络之间的第一道屏障，防火墙是最先受到人们重视的网络安全产品之一。虽然从理论上看，防火墙处于网络安全的最后一层，负责网络间的安全认证与传输，但随着网络安全技术的整体发展和网络应用的不断变化，现代防火墙技术已经逐步走向网络层之外的其他安全层次，不仅能完成传统防火墙的过滤任务，同时还能为各种网络应用提供相应的安全服务。另外，还有多种防火墙产品正朝着数据安全与用户认证、防止病毒与黑客侵入等方向发展。

2. 信息加密

计算网络安全中的加密技术不仅可以保护使用者基本信息的安全，避免其受到计算机病毒侵扰，还可以使用户放心地使用计算机。使用者的信息在经过技术加密之后，受到侵扰的可能性就会逐渐减少，使得攻击者不能得到真正的数据资料，同时还可以及时发现侵扰者，尽最大限度保证使用者信息的安全。信息加密最大的好处就是可以最大限度地确保密码的不可解性，进一步完善网络安全程度。

3. 病毒入侵检测

病毒入侵检测主要是在计算机网络系统中的不同关键点之间收集信息并确定信息之间的联系，从而逐渐发现网络中各计算机系统中是否存在违反计算机网络安全策略的计算机系统行为或被攻击的现象。目前，病毒入侵检测主要作为防火墙的一种补充手段，辅助计算机系统抵挡网络上的一些攻击。与此同时，该系统提供比较严格的用户登录认证以及系统消息验证，可更好地避免攻击者伪装成合法用户入侵系统或恶意篡改数据。

本章小结

本章主要介绍了计算机网络基础知识。首先，进行计算机网络概述，包括计算机网络的概念和起源、计算机网络功能和计算机网络分类等。接下来，着重介绍了互联网基础，包括互联网起源和发展、互联网的工作原理，以及浏览器、电子邮件、搜索引擎等互联网常见服务的使用方法。最后，对目前网络常见的安全问题以及防范技术进行了介绍。

习题

一、判断题

1. 电子邮件是Internet提供的一项最基本的服务。 (　　)
2. TCP工作在网络层。 (　　)
3. 国际顶级域名net的含义是商业组织。 (　　)
4. 通过电子邮件，可以向世界上任何一个角落的网络用户发送信息。 (　　)

5. Mozilla Firefox 软件是 FTP 客户端软件。（　　）
6. 计算机网络按信息交换方式可分为线路交换网络和综合交换网络两种。（　　）
7. OSI 参考模型是一种国际标准。（　　）
8. 计算机网络拓扑定义了网络资源在逻辑上或物理上的连接方式。（　　）
9. 在网络中，主机只能是小型机或微机。（　　）
10. 网络防火墙技术是一种用来加强网络之间访问控制，防止外部网络用户以非法手段通过外部网络进入内部网络，访问内部网络资源，保护内部网络操作环境的特殊网络互连设备。（　　）
11. FTP 主要用于完成网络中的统一资源定位。（　　）
12. 建立计算机网络的目的只是实现数据通信。（　　）
13. Internet 是全世界最大的计算机网络。（　　）
14. 域名解析主要完成文字地址到数字 IP 地址的转换。（　　）
15. 由于因特网上的 IP 地址是唯一的，因此每个人只能有一个 E-mail 账号。（　　）
16. 在 IP 第 4 个版本中，IP 地址由 32 位二进制数组成。（　　）
17. IPv4 地址由一组 128 位的二进制数字组成。（　　）
18. 路由器用于完成不同网络（网络地址不同）之间的数据交换。（　　）
19. 按信息传输技术划分，计算机网络可分为广播式网络和点到点网络。（　　）
20. 在因特网间传送数据不一定要使用 TCP/IP。（　　）

二、单选题

1. Internet 的核心协议是（　　）。
A. TCP/IP　　B. FTP　　C. DNS　　D. DHCP
2. 以下网络不是按网络地理覆盖范围划分的是（　　）。
A. 局域网　　B. 城域网　　C. 广域网　　D. 广播网
3. IPv4 地址由一组（　　）位的二进制数字组成。
A. 16　　B. 32　　C. 64　　D. 128
4. 在 Internet 中，用于任意两台计算机之间传输文件的协议是（　　）。
A. WWW　　B. Telnet　　C. FTP　　D. SMTP
5. 下列（　　）地址是电子邮件地址。
A. WWW.263.NET.CN　　B. http://www.swfu.edu.cn
C. 192.168.1.120　　D. xuesheng@swfu.edu.cn
6. HTTP 是（　　）。
A. 统一资源定位器　　B. 远程登录协议
C. 文件传输协议　　D. 超文本传输协议
7. 若网络形状是由站点和连接站点的链路组成的一个闭合环，则称这种拓扑结构为（　　）结构。
A. 星状拓扑　　B. 总线拓扑
C. 环状拓扑　　D. 树状拓扑

8. TCP 所提供的服务是(　　)。

A. 链路层服务　　B. 网络层服务

C. 传输层服务　　D. 应用层服务

9. IP 所提供的服务是(　　)。

A. 链路层服务　　B. 网络层服务

C. 传输层服务　　D. 应用层服务

10. 在浏览器的地址栏中输入的网址 http://www.swfu.edu.cn 中,swfu.edu.cn 是一个(　　)。

A. 域名　　B. 文件　　C. 邮箱　　D. 地区

11. 下列 4 项中表示域名的是(　　)。

A. www.google.com　　B. jkx@swfu.edu.cn

C. 202.203.132.5　　D. yuming@126.com

12. 下列软件中可以查看 WWW 信息的是(　　)。

A. 游戏软件　　B. 财务软件

C. 杀毒软件　　D. 浏览器软件

13. student@swfu.edu.cn 中的 swfu.edu.cn 代表(　　)。

A. 用户名　　B. 学校名

C. 学生姓名　　D. 邮件服务器名称

14. 计算机网络最突出的特点是(　　)。

A. 资源共享　　B. 运算精度高

C. 运算速度快　　D. 内存容量大

15. E-mail 地址的格式是(　　)。

A. 用户名:密码@站点地址　　B. 账号@邮件服务器名称

C. 网址@用户名　　D. www.swfu.edu.cn

16. 浏览器的"收藏夹"的主要作用是收藏(　　)。

A. 图片　　B. 网址　　C. 邮件　　D. 文档

17. 网址 www.swfu.edu.cn 中的 cn 表示(　　)。

A. 美国　　B. 日本　　C. 中国　　D. 英国

18. Internet 起源于(　　)。

A. 美国　　B. 英国　　C. 德国　　D. 澳大利亚

19. 一座大楼内的一个计算机网络系统,属于(　　)。

A. PAN　　B. LAN　　C. WAN　　D. MAN

20. 以下 IP 地址书写正确的是(　　)。

A. 168 * 192 * 0 * 1　　B. 325.255.231.0

C. 192.168.1　　D. 202.203.132.5

三、思考题

1. 网络拓扑结构有哪几种？
2. 什么是 IP 地址？它有什么特点？
3. 什么是计算机网络？按覆盖范围划分，计算机网络可以分为哪几种？
4. 计算机网络有哪些特点？
5. 搜索引擎可分为哪几类？
6. 搜索一个主题为“计算机网络发展”的演示文稿，应该如何完成？
7. 什么是防火墙？当前的防火墙产品主要包括哪些？

第4章　数据处理技术

数据处理技术在信息管理中占有重要地位。结构化数据与非结构化数据如何处理？什么是数据库？什么是数据库系统？如何使用常用的数据库管理系统？怎样利用SQL语言进行数据的查询处理？本章将向读者介绍数据处理技术基础知识、Office非结构化数据处理、数据库技术、典型关系数据库Access的使用等内容。

本章重点

（1）了解数据处理基础知识。

（2）掌握Office数据处理。

（3）掌握数据库技术。

（4）掌握SQL语言的使用。

（5）熟悉典型数据库Access的使用。

4.1　数据处理概述

数据是对事实、概念或指令的一种表达形式。数据经过解释并赋予一定的意义后，便成为信息。数据处理是对数据的采集、存储、检索、加工、变换和传输。

4.1.1　数据采集

数据采集又称为数据获取，是利用一种装置从系统外部采集数据并输入到系统内部的一个接口。常见的数据采集工具有摄像头、麦克风等。数据采集技术通过RFID(射频识别)数据、传感器数据、社交网络数据、移动互联网数据等方式获得各种类型的结构化、半结构化及非结构化的海量数据。

在互联网行业快速发展的今天，数据采集已经被广泛应用于各个领域。典型的网络数据采集是通过网络爬虫或网站公开API(应用程序编程接口)等方式从网站上获取数据信息的过程。这样可将非结构化数据、半结构化数据从网页中提取出来，并以结构化的方式将其存储为统一的本地数据文件。它支持图片、音频、视频等文件的采集，且附件与正文可自动关联。数据库采集是使用传统的关系数据库MySQL、SQL Server、Oracle等来存储数据。对于非结构化数据，可采用Redis和MongoDB这样的NoSQL数据库进行数据采集。

4.1.2 结构化与非结构化数据

在信息社会,信息可以划分为两大类:一类信息能够用数字或统一的结构表示,称为结构化数据,如数字、符号;另一类信息无法用数字或统一的结构加以表示,如文本、图像、声音、网页等,称为非结构化数据。结构化数据属于非结构化数据,是非结构化数据的特例。

结构化数据可以使用关系数据库表示和存储,表现为二维形式的数据。一般特点:数据以行为单位,一行数据表示一个实体的信息,每一行数据的属性是相同的。例如,学生信息表就是典型的结构化数据(见表 4-1)。典型的系统如学生成绩管理系统、财务管理系统、校园一卡通、银行管理系统等都是采用结构化数据进行存储管理的。

表 4-1 学生信息表

学号	姓名	性别	出生日期	班级编号
20010505040	任××	女	1984-12-07	20050319
20050319002	刘××	男	1984-06-11	20050319
99070402	朱××	男	1980-08-19	990704

非结构化数据本质上是结构化数据之外的一切数据。非结构化数据具有内部结构,但不通过预定义的数据模型或模式进行结构化。它可能是文本的或非文本的,也可能是人为的或机器生成的。典型的人为非结构化数据包括文本文件(文字处理、电子表格、演示文稿、电子邮件、日志)、社交媒体、网站、移动数据、媒体(MP3、数码照片、音频文件、视频文件)等。典型的机器生成的非结构化数据包括卫星图像(天气数据、地形、军事活动)、科学数据(石油和天然气勘探、空间勘探、地震图像、大气数据)、数字监控(监控照片和视频)、传感器数据(交通、天气、海洋传感器)等。

4.1.3 结构化与非结构化数据的存储

结构化数据通常使用关系数据库(RDBMS)存储。数据可以是人工或机器生成的,其数据类型一般是字符、数字、货币、日期等。结构化数据的存储、管理、分析技术相当成熟,常使用 Access、MySQL、SQLServer、Oracle 等数据库管理系统进行结构化数据存储管理,使用结构化查询语言(SQL)进行关系数据库的数据查询分析。

非结构化数据通常使用非结构化数据库来管理存储。非结构化数据库是指其字段长度可变,并且每个字段的记录又可以由可重复或不可重复的子字段构成的数据库,用它不仅可以处理结构化数据(如数字、符号等信息),而且更适合处理非结构化数据(办公文档、文本、图像、XML、HTML、各类报表、图像和音频/视频信息等信息)。

NoSQL 是一个典型的非关系数据库,与关系数据库不同,NoSQL 不会将组织(模式)与数据分开。这使得 NoSQL 成为存储不容易适应记录和表格格式的信息(如长度不同的文本)的更好选择。它还允许数据库之间进行更容易的数据交换。一些较新的 NoSQL 数据库(如 MongoDB 和 Couchbase)也通过将它们以 JSON 格式进行本地存储来包含半结构化文档。非结构化 Web 数据库主要是针对非结构化数据而产生的,与以往流行的关系数据库相比,其最大区别在于它突破了关系数据库结构定义不易改变和数据定长的限制,支持重复字段、子字段以及变长字段,并实现了对变长数据和重复字段进行处理和数据项的变长存储管理,在处理连续信息(包括全文信息)和非结构化信息(包括各种多媒体信息)中有传统关系型数据库所无法比拟的优势。

4.1.4 结构化数据与非结构化数据的区别

结构化数据与非结构化数据除了一个存储在关系数据库内,另一个存储在关系数据库外的明显区别外,最大的区别在于分析结构化数据与非结构化数据的便利性。针对结构化数据存在成熟的分析工具,但用于挖掘非结构化数据的分析工具正处于萌芽和发展阶段。

用户可以通过文本非结构化数据运行简单的内容搜索。但是,缺乏有序的内部结构使得传统数据挖掘工具的目标失败,企业从富有价值的数据源(如媒体、网络、博客、客户交互,以及社交媒体数据)获得的价值很小。即使非结构化数据分析工具在市场上出现,但没有任何一个供应商或工具集是明确的赢家。许多客户不愿意投资具有不确定发展路线图的分析工具。

非结构化数据比结构化数据要多得多。非结构化数据占企业数据的 80%以上,并且以每年 55%～65%的速度增长。如果没有工具来分析这些海量数据,企业就很难从这些数据中挖掘出有价值的信息。

4.2 Office 数据处理

Microsoft Office 是微软公司开发的办公自动化软件,Word、Excel、PowerPoint 等应用软件都是 Office 中的组件。从早期的 Office 2003、Office 2007,到 Office 2010、Office 2013 等版本,都是办公处理软件的代表产品,可以作为办公和管理的平台,以提高使用者的工作效率和决策能力。它们是重要的数据处理工具之一。

其中具有代表性的组件,非文字编辑处理软件 Office Word、电子表格制作软件 Office Excel 和演示文稿图形程序 Office PowerPoint 莫属。本节以目前最常用的 Office 2010 为例介绍常用的数据处理方法。

4.2.1 Word 电子文档简介

Word 2010 是微软公司 Office 2010 系列办公组件之一,也是目前较流行的文字编辑处理软件,可以利用它编排出精美的文档,方便地编辑和发送电子邮件,编辑和处理网页等。以下讲解几种常见的实例应用及 Word 2010 工作窗口。

1. 学术期刊论文

学术期刊是学术论文的主要载体。学术期刊的排版具有数理符号多、标题层次多、公式和图表复杂、版式较固定等特点。相对于报纸等，学术期刊排版所用的字体、字号较少，版面不复杂。虽然每种期刊都制定了能反映其风格和特点的体例要求，但总体上，学术期刊间体例要求的差别不大。体例不仅保证了论文形式上的规范性，也保证了论文内容上的可读性，这一点是学术文章排版中应该重视的问题。

学术论文对内容和形式都有明确的要求，内容要求是为了保证论文的质量、水平，防止抄袭等；格式要求是为了保证论文形式的整洁，以提高阅读效率。一般而言，学术期刊的版式比较简洁、固定，首页、单页、双页的页眉不同，多为双栏或通栏，字体、字号等一经选定后很少变动。

学术论文通常包含以下内容。

(1) 文章标题：通常中文不超过 20 个字，2 个英文字符为 1 个汉字。

(2) 作者：放在题目下方，多名作者时要用逗号分隔。

(3) 单位：在作者署名下方，当有多个单位时要用逗号分隔，并用 1、2 等标号排序，同时在作者署名位置用上标标明对应的单位序号。

(4) 摘要：摘要的字数一般有限制，不同的期刊有不同的规定。摘要中的主语一般使用第三人称，摘要末尾要有关键词(通常不超过 5 个)。

期刊通常要求提供中、英文两种摘要，中、英文摘要对应。中文题目、作者、单位、摘要、关键词在前，英文题目、作者、单位、摘要、关键字在后。有的学术期刊也将英文摘要放到论文之后。

(5) 标题：科技论文一般采用三级标题，一级标题格式为 1、2、3…，二级标题格式为 1.1、1.2、…、2.1…，三级标题格式为 1.1.1、1.1.2、…、2.1.1…。

(6) 图表。图表要随文字出现，即文字在前，图表在后。图表不宜过多。每张图(表)均要有图(表)题，通常还要有英文图(表)题。图(表)题单独按流水编号(图 1、图 2…，表 1、表 2…)。一般图题要放在图的下方，表题要放在表的上方。表格一般采用三线表。

(7) 参考文献：参考文献一般有数量要求、类型要求、顺序要求和著录格式要求等。下面是常见类型参考文献的著录要求。

① 论文：[序号]作者 1，作者 2，作者 3，等. 论文名称.期刊名称，发表年份，卷号(期号)：页码-页码.

② 著作：[序号]作者 1，作者 2，作者 3，等. 书名. 出版地：出版社名，出版年份：页码-页码.

(8) 论文说明：在论文第一页的下方，通常会标注出论文的收稿日期、修改日期，支持的基金项目及编号，作者简介，联系方式等说明信息。

(9) 其他要求：论文中出现的物理量和计量单位必须符合国家标准或国际标准；外文字母、大小写、正斜体要符合相关要求；题目、各级标题、正文、图(表)题等内容的字体和字号均要符合相应的要求。

以某期刊为例，论文各部分的具体体例要求如图 4-1 所示。

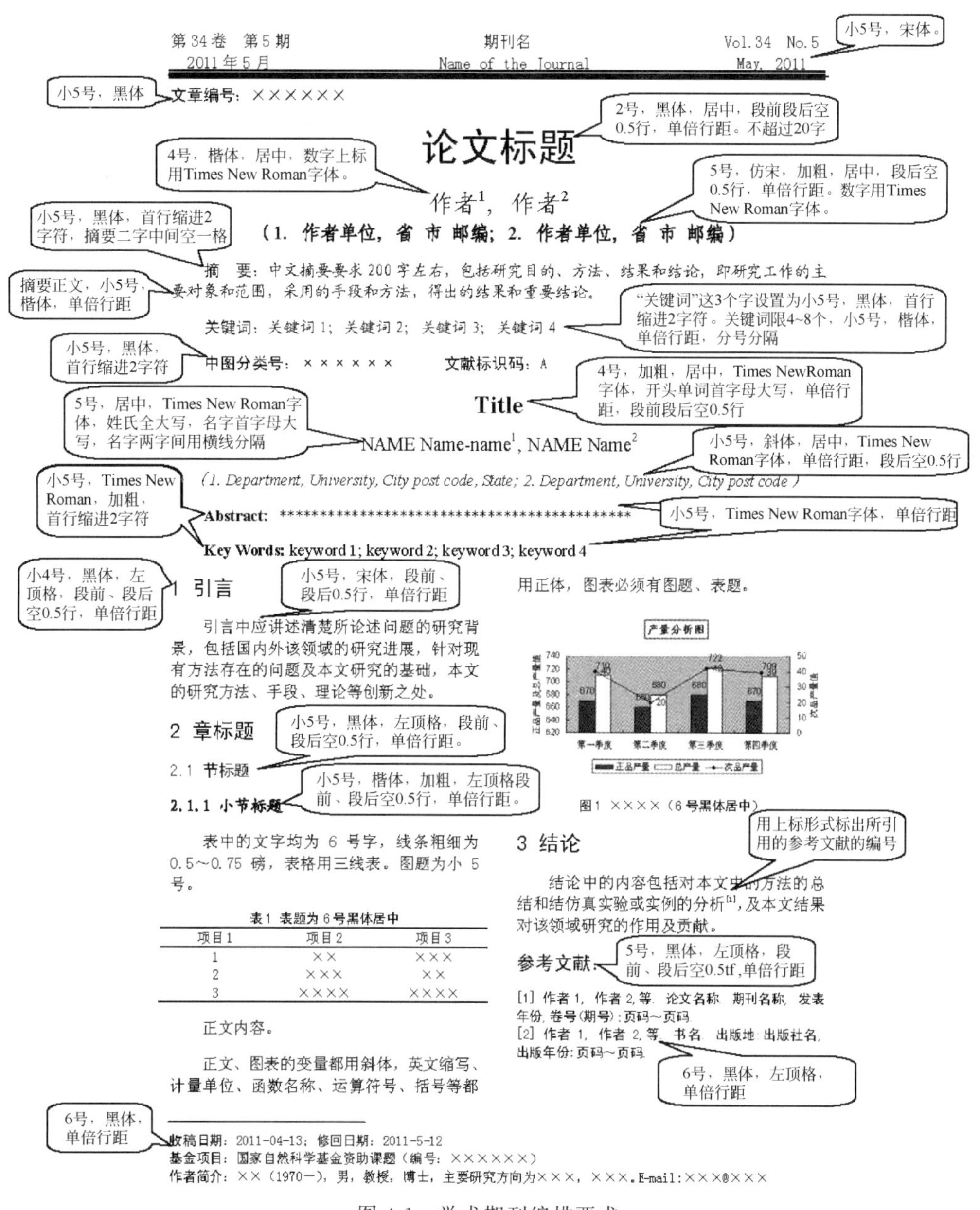

图4-1 学术期刊编排要求

2. 毕业论文

1）毕业论文结构(见图4-2)

各高校对本科毕业论文的格式要求不尽相同,但结构却基本相同,下面以某高校的本科毕业论文体例要求为范本进行介绍。毕业论文一般包括以下部分。

(1) 封面：一般单独占一页,该页一般不设页眉、页脚和页码等。

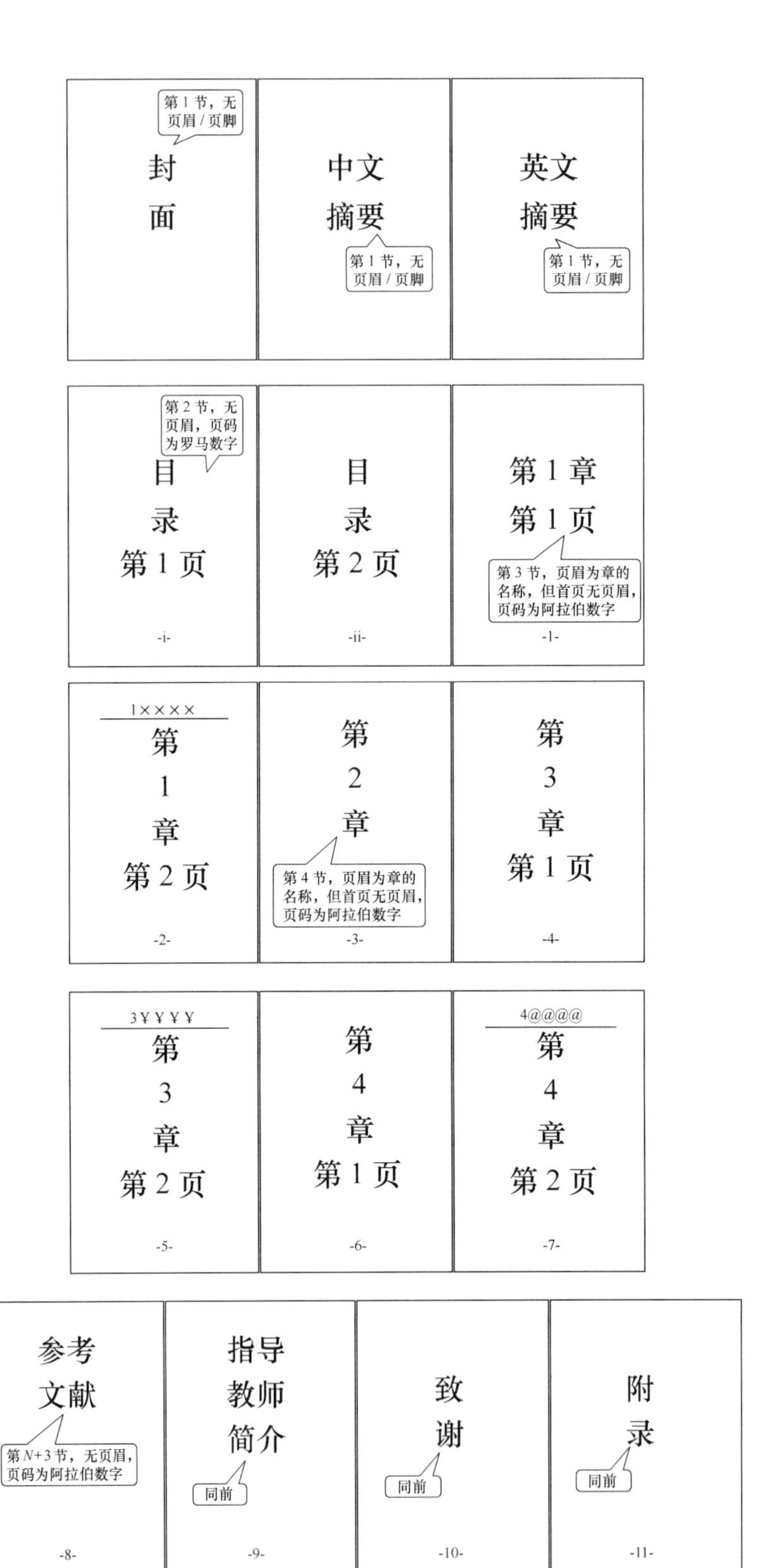
第1节，无页眉/页脚
封面
中文摘要
第1节，无页眉/页脚
英文摘要
第1节，无页眉/页脚
第2节，无页眉，页码为罗马数字
目录第1页
-i-
目录第2页
-ii-
第1章第1页
第3节，页眉为章的名称，但首页无页眉，页码为阿拉伯数字
-1-
1××××
第1章第2页
-2-
第2章
第4节，页眉为章的名称，但首页无页眉，页码为阿拉伯数字
-3-
第3章第1页
-4-
3￥￥￥￥
第3章第2页
-5-
第4章第1页
-6-
4@@@@
第4章第2页
-7-
参考文献
第N+3节，无页眉，页码为阿拉伯数字
-8-
指导教师简介
同前
-9-
致谢
同前
-10-
附录
同前
-11-

图4-2　毕业论文结构图

(2) 中文摘要：一般单独占一页(或多页)，包含中文题目、作者姓名、作者单位及联系方式、中文摘要、关键词，一般没有页眉、页脚，也无页码。

(3) 英文摘要：内容和格式要求与中文摘要类似。

(4) 目录：一般列出三级目录，如目录有多页，页码一般用罗马数字编号。

(5) 正文：包含若干章，每章均需另起一页排版，每章的第一页无页眉，其他页的页眉为该章的名称，页码从正文开始用阿拉伯数字顺序编号。

(6) 文后：在正文的后面一般还有参考文献、指导教师简介、致谢、附录等内容，一般每一部分均需另起一页排版，这些页的页码一般顺延正文的页码。

2) 页面设置规范

(1) 纸型：A4。

(2) 页边距：上 3cm，下 2.5cm，左 3cm，右 2.5cm，页眉 2.4cm，页脚 2cm。

(3) 文档网格：中文为宋体、西文为 Times New Roman，字形为常规，字号为小四号，指定每行 36 个字符，每页 30 行。

3) 文档分节方法

文档各部分页面的排版要求不同，例如，有的页不能有页眉/页脚(如封面)，有的页要求用阿拉伯数字作为页码(如正文)，有的页要求用罗马数字作为页码(如目录)，因此，需要对文档进行分节。

第 1 节：封面、中文摘要(包含论文标题、作者、单位、省、市、邮编、摘要、关键词)、英文摘要(内容同中文摘要)。

第 2 节：目录。

第 3 节～第 $N+2$ 节：第 1 章(一般为前言)～第 N 章(一般为结论)。

第 $N+3$ 节：参考文献、指导教师简介、致谢、附录。

4) 排版要求及样式

(1) 标题。标题采用分级阿拉伯数字编号方法，第一级为 1、2、3 等，第二级为 1.1、1.2、1.3 等，第三级为 1.1.1、1.1.2、1.1.3 等，但分级阿拉伯数字的编号一般不超过 4 级，故第四级以下的标题采用字母编号法 A、B、C 等和 a、b、c 等。每一级编号的末尾不加标点，后空一格(半角)接写标题。各级标题均单独占行书写，末尾不加标点。

正文中对总项包括的分项采用(1)、(2)、(3)等的序号形式，对分项中的小项采用①、②、③等或数字加半括号 1)、2)、3)等的序号形式，序号后不再加空格或其他标点。

为了便于排版和后期自动生成目录，需要对论文的各部分设置一些固定样式，常用的样式最好还要设置快捷键。各级标题的具体排版样式见表 4-2。

(2) 注释。毕业论文(设计)中有个别名词或情况需要解释时，可加注释说明，注释可用脚注(将注文放在加注页的下端)或尾注(将全部注文集中在文章末尾)，而不可用行中注(夹在正文中的注)。格式：中文小五、宋，英文小五、Times New Roman。

(3) 公式。公式应居中书写，公式的编号用括号括起放在公式右边行末，公式和编号之间不加虚线。

表 4-2 论文中各级标题的排版样式

编号	级别	格式描述	样式名称	快捷键
1	第一级（章标题）	居中，小三，黑，段前、段后 1，大纲级别 1，多级编号 1、2、3	标题 1	Ctrl+1
2	第二级（节标题）	顶格，四，宋，段前、段后 0.5，大纲级别 2，多级编号 2.1、2.2、2.3	论文 2 级标题	Ctrl+2
3	第三级（小节标题）	前空两字符，小四，黑，段前、段后 0.5，大纲级别 3，多级编号 2.2.1、2.2.2、2.2.3 等	论文 3 级标题	Ctrl+3
4	第四级	前空两字符，小四，宋，自动编号 A、B、C	论文 4 级标题	Ctrl+4
5	第五级	前空两字符，自动编号 a、b、c	论文 5 级标题	Ctrl+5
6	第六级（分项）	手动编号(1)、(2)、(3)		
7	第七级（小项）	手动编号①、②、③		
8	第八级及以下	使用项目符号		
9	正文	首行缩进 2 字符，中文小四、宋，英文小四、Times New Roman，单倍行距	论文正文	Ctrl+0
10	文前标题	同标题 1，但无自动编号	论文文前 1 级标题	
11	文后标题	同标题 1，但无自动编号	论文文后 1 级标题	
12	表格文字	同正文，但无首行缩进	论文表格	Alt+Ctrl+B
13	参考文献	同正文，但字号为 5 号	论文参考文献	Ctrl+W
14	题注	5 号，黑体	论文题注	Ctrl+T

(4) 表格。表格一般使用三线表，每个表格应有自己的表序和表题，表序和表题应写在表格上方正中，表序后空一格书写表题。表格允许下页接写，下页接写时表题可省略，表头应重复写。表序、表题、表头用五号黑体，表中内容用五号至六号宋体，全表内容原则上应中部居中，整个表格应居中。

(5) 插图。插图应有图序和图题，图序和图题应放在图下方居中处。图序后空一格书写图题。图序、图题用五号黑体。

(6) 参考文献。参考文献一律放在文后，只列作者阅读过的、在正文中被引用过的、正式发表的文献资料，全文应统一，不能混用。可按一般学报格式，包括作者、题目、来源，外文文章应列出原名。中文、外文文献分开，中文在前，外文在后，用阿拉伯数字进行自然编号，一般序码宜用方括号括起。参考文献的作者不超过 3 人(含 3 人)时全部列出，多于 3 人时一般只写前 3 人，后加“等”，或 et al，必要时也可全部列出。姓名采用姓前名后的形式，作者之间不加“和”或 and。在参考文献列表中，上下文献相同的项目，不宜用“同上”或 ibid 等。参考文献在正文中引用时，应在引用句后的括号内标明该引文的作者及该文发表的年代，如(上官周平，1999)。参考文献正文排五号宋体。具体示例如下。

① 专著的著录项目、格式和符号为“作者.书名.版本(第1版不著录).出版地：出版者，出版年：起止页码.”。例如：

[1] 胡天喜，陈祀，陈克明，等.发光分析与医学.上海：华东师范大学出版社，1990：89-103.

[2] Sanderson R T.Chemical Bond and Bond Engergies. New York：Academic Press，1976:23-30.

② 期刊的著录项目、格式和符号为“作者.文题名.刊名，出版年份，卷号(期号)：起止页码.”。例如：

[1] 朱浩，施菊，范映辛，等.反相胶束体系中的酶学研究.生物化学与生物物理进展，1998，25(3)：204-210.

[2] Smaith R G，Cheng K，Schoen W R，et al. A nonpeptidyl hormone secretagogue. Science，1993，260(5144):1640-1643.

③ 论文集的著录项目、格式和符号为“作者.文题名[C]//编者.论文集名(多卷集为论文集名，卷号).出版地：出版者，出版年.起止页码.”。例如：

[1] 薛社普，周增桦，刘毅，等.C—醋酸棉酚在大鼠体内的药物动力学研究[C]//薛社普，梁德才，刘裕.男用节育药棉酚的实验研究.北京：人民卫生出版社，1983.67～73.

[2] Howland D.A model for hospital system planning[C]//Krewernas G，Morlat G，eds. Actes de la 3eme Conference International de Recherche Operationells，Oslo，1963. Paris：Dunod，1964：203-212.

④ 专利文献的著录项目、格式和符号为“专利申请者.题名[P].其他责任者(供选择).附注项(供选择).专利国别：专利号.日期.”。例如：

[1] 曾德超.常速高速通用优化犁[P].中国：85203720，1.1986-11-13.

[2] Fleming G L，Martin R T.Ger Par[P].US:C08g，139291.1972-02-07.

(7) 页眉和页脚。

① 页眉：中文五号、宋体，英文五号、Times New Roman，居中填写一级标题，如“1×××”。

② 页脚：五号阿拉伯数字，从正文第1页开始编写，居中。

(8) 目录。当论文中各级标题都定义并使用了样式后，目录就可以根据样式自动生成了。此处介绍在Word 2010中生成目录的操作方法。

将光标定位到要生成目录的位置，单击“插入”菜单中“引用”下的“索引和目录”命令，在“目录”选项卡中选择“选项”，进入目录设置界面，在论文一级标题样式后的目录级别中输入1，在论文二级标题样式后的目录级别中输入2，在论文三级标题样式后的目录级别中输入3等，依此类推，不同的样式也可以设定为同一级目录，一般只列出3级目录，单击“确定”即自动生成了目录。

目录生成后，若因为修改正文导致页码索引发生变化，可以回到目录部分，右击目录，从弹出的快捷菜单中选择“更新域”，更新整个目录即可。

3. 公文

下述标准适用于国家各级行政机关制发的公文，其他机关公文可参照执行。

使用少数民族文字印制的公文，其格式也可参照该标准有关规定执行。

1）公文用纸主要技术指标

公文一般使用纸张定量为60～80g/m^{2}的胶版印刷纸或复印纸。纸张白度为85%～90%，横向耐折度≥15次，不透明度≥85%，pH为7.5～9.5。公文用纸采用GB/T 148中规定的A4型纸，其成品幅面尺寸为210mm×297mm。

2）公文页面设置

国家标准规定公文版心尺寸为156mm×225mm（不含页码），故在文字排版软件中页面设置参数应按如下标准设置。

① 纸型：A4。

② 页边距：上37mm，下35mm，左28mm，右26mm。

③ 文档网格：正文用3号仿宋体，指定每页排22行，每行排28个字。

3）公文印制装订要求

① 制版要求：版面干净无底灰，字迹清楚无断画，尺寸标准，版心不斜，误差不超过1mm。

② 印刷要求：双面印刷；若无特殊说明，公文中图文的颜色均为黑色；页码套正，两面误差不得超过2mm；黑色油墨应达到色谱所标BL100%，红色油墨应达到色谱所标Y80%，M80%；印品着墨实、均匀；字面不花、不白、无断画。

③ 装订要求：公文应左侧装订，不掉页。包本公文的封面与书芯不脱落，后背平整、不空。两页页码之间误差不超过4mm。骑马订或平订的订位为两钉钉距外订眼距书芯上下各1/4处，允许误差4mm。平订钉距与书脊间的距离为3～5mm；无坏钉、漏钉、重钉，钉脚平伏牢固；后背不可散页明订。裁切成品尺寸误差1mm，四角成90°，无毛茬或缺损。

4）公文中各要素标识规则

公文国标将组成公文的各要素划分为眉首、主体、版记3个部分。置于公文首页红色反线（宽度同版心，即156mm）以上的各要素统称为“眉首”，置于红色反线（不含）以下至主题词（不含）之间的各要素统称为“主体”，置于主题词以下的各要素统称为“版记”。

（1）眉首。

① 公文份数序号：公文份数序号是将同一文稿印制若干份时每份公文的顺序编号。如需标注公文份数序号，用阿拉伯数字顶格标注在版心左上角第1行。

② 秘密等级和保密期限：如需标注秘密等级，用3号黑体字，顶格标注在版心右上角第1行，两字之间空1字；如需同时标注秘密等级和保密期限，用3号黑体字，顶格标注在版心右上角第1行，秘密等级和保密期限之间用★隔开。

③ 紧急程度：如需标注紧急程度，用3号黑体字，顶格标注在版心右上角第1行，两字之间空1字；如需同时标注秘密等级与紧急程度，秘密等级顶格标识在版心右上角第1行，紧急程度顶格标注在版心右上角第2行。

④ 发文机关：由发文机关全称或规范化简称后面加“文件”组成；对一些特定的公文可只标注发文机关全称或规范化简称。发文机关名称上边缘至版心上边缘为25mm。对于上报的公文，发文机关名称上边缘至版心上边缘为80mm。

发文机关名称推荐使用小标宋体字，用红色标识。字号由发文机关以醒目、美观为原则酌定,但最大不能等于或大于22mm×15mm。

联合行文时应使主办机关名称在前,“文件”二字置于发文机关名称右侧,上下居中排布;如联合行文机关过多,必须保证公文首页显示正文。

⑤ 发文字号:发文字号由发文机关代字、年份和序号组成。发文机关名称下空两行,用3号仿宋体字,居中排布;年份、序号用阿拉伯数字标识;年份应标全称,用六角括号“〔〕”括入;序号不编虚位(即1不编为001),不加“第”字。发文字号之下4mm处印一条与版心等宽的红色反线。

⑥ 签发人:上报的公文需标识签发人姓名,平行排列于发文字号右侧。发文字号居左空一字,签发人姓名居右空一字;签发人用3号仿宋体字,签发人后标全角冒号,冒号后用3号楷体字标识签发人姓名。

如有多个签发人,主办单位签发人姓名置于第1行,其他签发人姓名从第2行起在主办单位签发人姓名之下按发文机关顺序依次顺排,下移红色反线,应使发文字号与最后一个签发人姓名处在同一行,并使红色反线与之的距离为4mm。

(2) 主体。

① 公文标题:红色反线下空两行,用2号小标宋体字,可分一行或多行居中排布;回行时,要做到词意完整,排列对称,间距恰当。

② 主送机关:标题下空一行,左侧顶格用3号仿宋体字标注,回行时仍顶格;最后一个主送机关名称后标全角冒号。如主送机关名称过多而使公文首页不能显示正文时,应将主送机关名称移至“版记”中的“主题词”之下、“抄送”之上,标注方法同“抄送”。

③ 公文正文:主送机关名称下一行,每自然段左空两字,回行顶格。数字、年份不能回行。

④ 附件:公文如有附件,在正文下一行左空两字,“附件”二字使用3号仿宋体字,后标全角冒号和名称。附件如有序号,则使用阿拉伯数字编号(如“附件:1.×××”);附件名称后不加标点符号。附件应与公文正文一起装订,并在附件左上角第1行顶格标注“附件”,有序号时标注序号;附件的序号和名称前后应一致。如附件与公文正文不能一起装订,应在附件左上角第1行顶格标注公文的发文序号,并在其后标注附件(或带序号)。

⑤ 成文时间:用汉字将年、月、日标全;“零”写为○;成文时间的标注位置见下列条款。

⑥ 公文生效标识。

- 单一发文印章:单一机关制发的公文在落款处不署发文机关名称,只标注成文时间。成文时间右空4字;加盖印章应上距正文2~4mm,端正、居中下压成文时间,印章用红色。当印章下弧无文字时,采用“下套”方式,即仅以下弧压在成文时间上;当印章下弧有文字时,采用“中套”方式,即印章中心线压在成文时间上。
- 联合行文印章:当联合行文需加盖两个印章时,应将成文时间拉开,左右各空7字,主办机关印章在前,两个印章均压在成文时间上印章用红色。只能采用同种加盖印章方式,以保证印章排列整齐。两印章之间不相交或相切,相距不超过3mm。

  当联合行文需加盖3个以上印章时,为防止出现空白印章,应将各发文机关名称

(可用简称)排在发文时间和正文之间。主办机关印章在前,每排最多排3个印章,两端不得超出版心;最后一排如余一个或两个印章,均居中排布;印章之间互不相交或相切,在最后一排印章之下右空两字标识成文时间。

- 特殊情况说明:当公文排版后所剩空白处不能容下印章位置时,应采取调整行距、字距的措施加以解决,务使印章与正文同处一面,不得采取标注“此页无正文”的方法解决。

⑦ 附注:公文如有附注,用3号仿宋体字,居左空两字加括号标注在成文时间下一行。

(3) 版记。

① 主题词:“主题词”用3号黑体字,居左顶格标识,后标全角冒号,词目用3号小标宋体字,词目之间空一字。

② 抄送:公文如有抄送,在主题词下一行;左空一字,用3号仿宋体字标识“抄送”,后标全角冒号;回行时与冒号后的抄送机关对齐;在最后一个抄送机关后标句号。如主送机关移至主题词之下,标注方法同抄送机关。

③ 印发机关和印发时间:位于抄送机关之下(若无抄送机关,则在主题词之下)占一行位置,用3号仿宋体字。印发机关左空一字,印发时间右空一字。印发时间以公文付印的日期为准,用阿拉伯数字标识。

④ 版记中的反线:版记中各要素之下均加一条反线,宽度同版心。

⑤ 版记的位置:版记应置于公文最后一页,版记的最后一个要素置于最后一行。

5) 页码

页码使用4号半角白体阿拉伯数字,置于版心下边缘的下一行,页码左右各放一条4号“一字线”,“一字线”距离版心下边缘7mm。单页码居右空一字,双页码居左空一字。空白页和空白页以后的页不标注页码。

6) 公文中表格

公文如需附表,对横排A4纸型表格,应将页码放在横表的左侧,单页码置于表的左下角,双页码置于表的左上角,单页码表头在订口一边,双页码表头在切口一边。

公文如需附A3纸型表格,且在最后一页时,封三、封四(可放分送,不放页码)就为空白,将A3纸型表格贴在封三前,不应贴在文件最后一页(封四)上。

7) 公文的特定格式

(1) 信函式格式。发文机关名称上边缘距上页边的距离为30mm,推荐用小标宋体字,字号由发文机关酌定;发文机关全称下4mm处为一条武文线(上粗下细),距下页边20mm处为一条文武线(上细下粗),两条线长均为170mm。每行居中排28个字。发文机关名称及双线均印红色。

(2) 命令格式。命令标志由发文机关名称加“命令”或“令”组成,用红色小标宋体字,字号由发文机关酌定。命令标志上边缘距版心上边缘20mm,下边缘空两行居中标注令号;令号下空两行为正文;正文下一行右空4字是签发人签名章,签名章左空两字标识签发人职务;联合发布的命令(或令)的签发人职务应标注全称。在签发人签名章下一行右空两字标识成文时间。分送机关标识方法同抄送机关。

（3）会议纪要格式。会议纪要标识由“××会议纪要”组成。其标注位置以“发文机关标识”中的规定为准，用红色小标宋体字，字号由发文机关酌定。会议纪要不加盖印章。

8）公文排版示例

将前文中所列的公文排版格式规定的主要部分抽取出来，如图4-3所示。

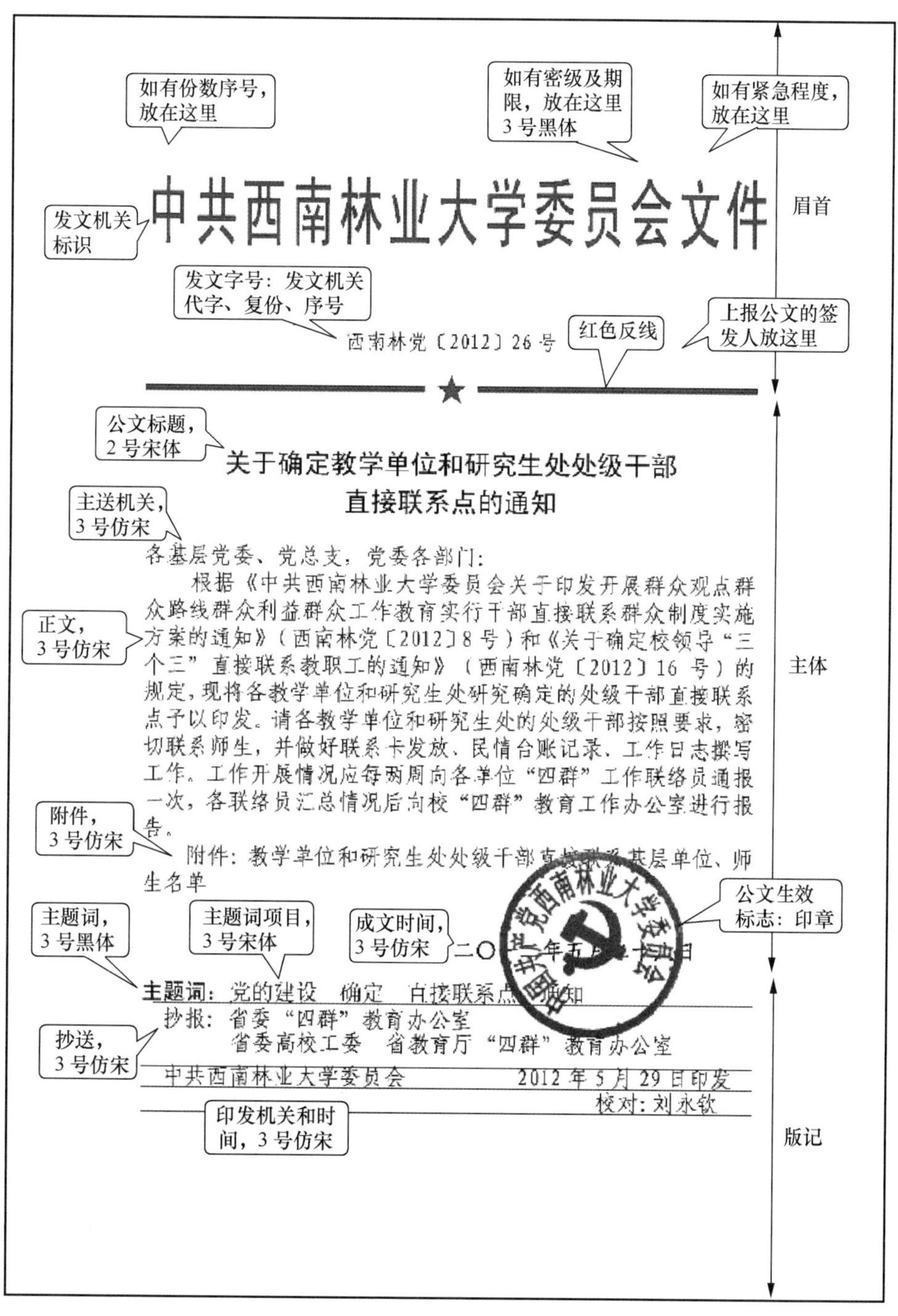

图4-3 公文排版格式要求示例

4. Word 2010 的工作窗口

Word 2010 的工作窗口如图 4-4 所示。

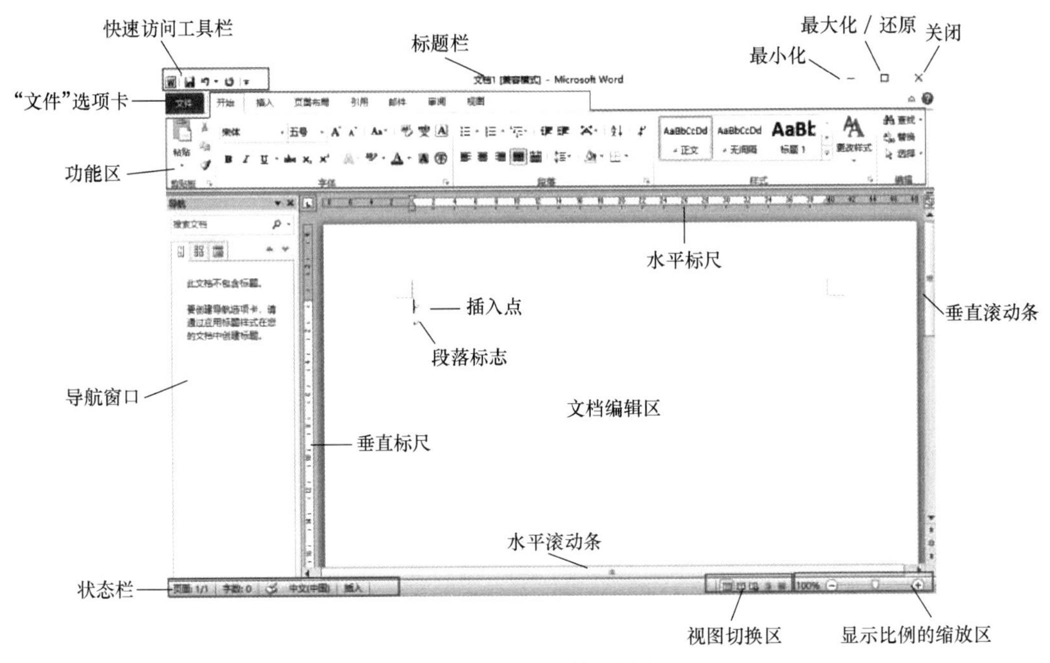

图 4-4　Word 2010 的工作窗口

(1) 标题栏：位于窗口顶部，显示当前文档名和应用程序名，右边是“最小化”按钮、“最大化/还原”按钮和“关闭”按钮。

(2) 快速访问工具栏：位于标题栏最左侧，常用命令放置于此，例如“保存”“撤销”“重复”等，该常用命令可根据用户自己需要进行添加或修改，如图 4-5 所示。

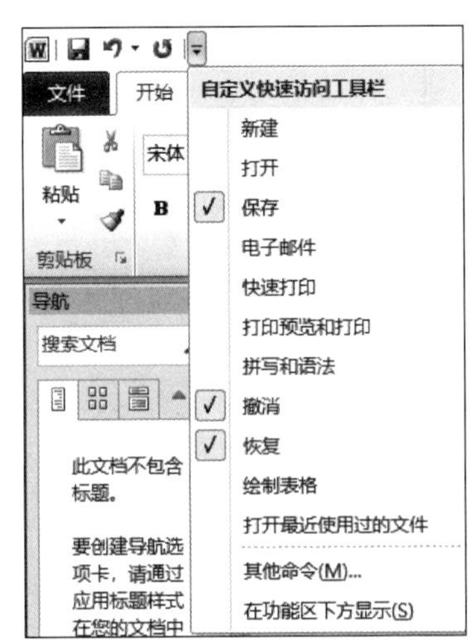

图 4-5　添加/修改常用命令

(3) “文件”选项卡：单击“文件”选项卡，可进行文档的“保存”“打印”“新建”等操作，其中“选项”可对文档的显示、校对、语言等进行具体修改或设置，“文件”选项卡操作界面如图 4-6 所示。

(4) 功能区：与其他软件中的“菜单”“工具栏”相同。每个功能区根据各自功能的不同又分为了若干个组。一般有如图 4-4 所示的几个菜单选项，“开始”“插入”“页面布局”“引用”“邮件”“审阅”“视图”等，根据不同的文本对象，菜单选项会自动进行相应的增添。

(5) 状态栏：位于窗口的底部，显示当前页码、总页数、插入点的精确位置等信息。

(6) 视图切换区：Word 2010 也和其他的 Word 版本一样，有多种视图模式，满足用

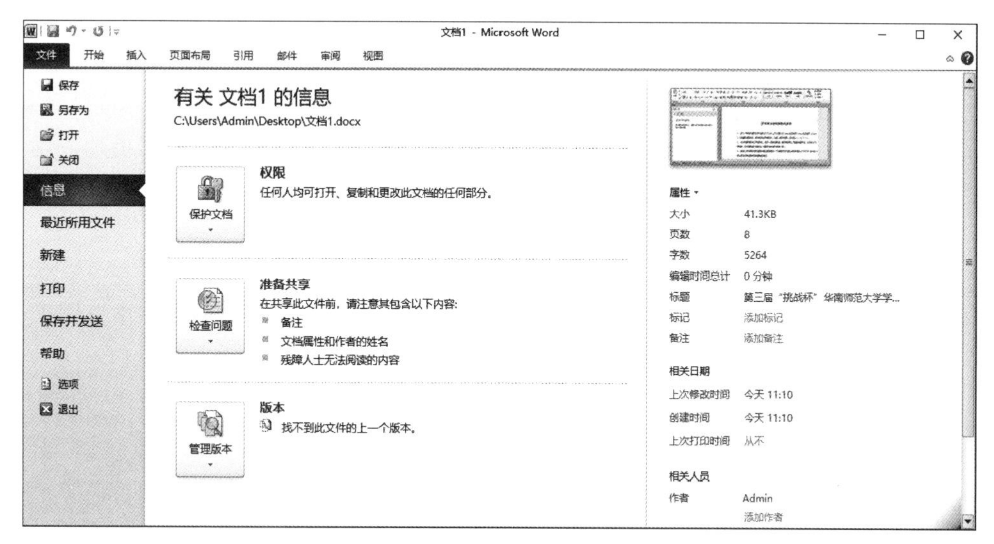

图 4-6 “文件”选项卡操作界面

户不同情况的浏览需求。它的视图模式包括页面视图、阅读版式视图、Web 版式视图、大纲视图和草稿视图。

(7) 显示比例缩放区：显示当前文档的比例，同时可对显示的比例进行修改。鼠标单击显示比例项中的“+”“-”按钮及拖动滑块均可快速调整页面显示比例。

(8) 滚动条：当文档过长或显示比例较大，一屏显示不完全部内容时，用户可以通过移动滚动条的滑块或单击滚动条两端的滚动箭头，移动文档到不同位置。

(9) 标尺：标尺位于文档窗口的上边(水平标尺)和左边(垂直标尺)，用来查看正文、表格、图片的高度和宽度，可方便地设置页边距、制表位、段落缩进等格式化信息。

(10) 文档编辑区：屏幕中间的大块区域是文档窗口，用于文档显示、编辑和修改。利用 Word 进行文字处理时，所有的工作都在这个工作窗口中进行，主要包括：新建或打开一个文档文件，输入文档的文字内容并进行编辑，及时保存文档文件，利用 Word 的排版功能对文档的字符、段落和页面进行排版，在文档中制作表格和插入对象，最后将文件预览后打印输出。

4.2.2 Excel 电子表格简介

目前，常用的电子表格软件有 Microsoft Excel、WPS 表格等。这些软件都具有可视化界面，并且是“所见即所得”的。Microsoft Excel 是美国微软公司开发的一款电子表格软件，是收费软件。而 WPS 表格是中国金山公司推出的一款电子表格软件，它有个人版和企业版两个版本，其中个人版免费。两款软件在界面和操作上有很多相似性，学习时可以选择任意一款。本书以当前最流行的 Microsoft Excel 为例，讲解电子表格的相关操作。

Excel 2010 是一款功能强大的电子表格处理软件，是 Office 2010 办公系列软件的重要组成部分。它具有人性化设计、工作表组织、多格式转换等特点，同时具有表格编辑与管理、设置工作表格式、绘制统计图表、数据管理等强大的数据计算与统计分析功能，可以把数据用各种统计图的形式形象地表示出来，被广泛应用于财务、金融、经济、审计和统计等众多领域。Excel 2010 中的智能标记相对于 Microsoft Excel 的早期版本更加灵活，并且对统计函数进行了改进，使得用户可以更加有效地分析信息。

1. 常见应用实例

图 4-7 为某年高校 2016 级音乐班学生的期末成绩表，根据表中数据，可应用 Excel 中常见函数完成相关数据的统计工作。

2016级音乐班											
学号	姓名	性别	大学计算机基础与计算思维	高等数学	计算机编程导论	思想道德修养与法律基础	体育	英语	平均分	排名	成绩等级
201610101	黄名	男	80	39	30	71	69	73			
201610102	杨艳红	女	78	74	60	71	29	60			
201610103	吴谦壮	男	76	79	75	76	78	60			
201610104	蔡小琴	女	87	69	99	73	82	75			
201610105	黄大敬	男	68	60	45	70	46	65			
201610106	史平川	男	83	65	73	79	80	66			
201610107	胡定坤	男	95	94	90	85	90	98			
成绩大于75的人数											
男生与女生人数比例											

图 4-7　2016 级音乐班期末成绩表

1）计算全班学生的平均分

利用函数 AVERAGE()可计算平均分，结果如图 4-8 所示。

J3　=AVERAGE(D3:I3)

	A	B	C	D	E	F	G	H	I	J
1	2016级音乐班									
2	学号	姓名	性别	大学计算机基础与计算思维	高等数学	计算机编程导论	思想道德修养与法律基础	体育	英语	平均分
3	201610101	黄名	男	80	39	30	71	69	73	60.33
4	201610102	杨艳红	女	78	74	60	71	29	60	62.00
5	201610103	吴谦壮	男	76	79	75	76	78	60	74.00
6	201610104	蔡小琴	女	87	69	99	73	82	75	80.83
7	201610105	黄大敬	男	68	60	45	70	46	65	59.00
8	201610106	史平川	男	83	65	73	79	80	66	74.33
9	201610107	胡定坤	男	95	94	90	85	90	98	92.00

图 4-8　平均分计算结果

2）统计班级学生的排名情况

利用函数 RANK()实现名次的统计，结果如图 4-9 所示。

	A	B	C	D	E	F	G	H	I	J	K
1	2016级音乐班										
2	学号	姓名	性别	大学计算机基础与计算思维	高等数学	计算机编程导论	思想道德修养与法律基础	体育	英语	平均分	排名
3	201610101	黄名	男	80	39	30	71	69	73	60.33	6
4	201610102	杨艳红	女	78	74	60	71	29	60	62.00	5
5	201610103	吴谦壮	男	76	79	75	76	78	60	74.00	4
6	201610104	蔡小琴	女	87	69	99	73	82	75	80.83	2
7	201610105	黄大敬	男	68	60	45	70	46	65	59.00	7
8	201610106	史平川	男	83	65	73	79	80	66	74.33	3
9	201610107	胡定坤	男	95	94	90	85	90	98	92.00	1

K3 =RANK(J3,$J$3:$J$9)

图 4-9 排名情况结果

3）统计平均分大于或等于 75 分的人数

利用函数 COUNTIF()，统计满足某条件的人数，结果如图 4-10 所示。

C10 =COUNTIF(J3:J9,">=75")

	A	B	C	D	E	F	G	H	I	J
1	2016级音乐班									
2	学号	姓名	性别	大学计算机基础与计算思维	高等数学	计算机编程导论	思想道德修养与法律基础	体育	英语	平均分
3	201610101	黄名	男	80	39	30	71	69	73	60.33
4	201610102	杨艳红	女	78	74	60	71	29	60	62.00
5	201610103	吴谦壮	男	76	79	75	76	78	60	74.00
6	201610104	蔡小琴	女	87	69	99	73	82	75	80.83
7	201610105	黄大敬	男	68	60	45	70	46	65	59.00
8	201610106	史平川	男	83	65	73	79	80	66	74.33
9	201610107	胡定坤	男	95	94	90	85	90	98	92.00
10	成绩大于75的人数		2							

图 4-10 统计平均分大于或等于 75 分的人数

4）统计男生与女生人数比例

利用函数的复合形式，实现男生与女生人数比例统计，结果如图 4-11 所示。

5）根据每位同学平均分，进行成绩等级统计（要求：平均分大于或等于 95 分为“优”，大于或等于 80 分为“良”，大于或等于 60 分为“中”，小于 60 分为“差”）

利用函数 IF()叠加形式，实现条件的嵌套统计，结果如图 4-12 所示。

2. Excel 2010 的工作窗口

Excel 2010 的工作窗口如图 4-13 所示。

（1）标题栏：位于窗口的顶部，显示的是当前工作簿的名称。当单击标题栏右端的“最大化”按钮时，该标题栏就会合并到应用程序窗口的标题栏中。

D11 =COUNTIF(C3:C9,"=男")/COUNTIF(C3:C9,"=女")

	A	B	C	D	E	F	G	H	I
1	2016级音乐班								
2	学号	姓名	性别	大学计算机基础与计算思维	高等数学	计算机编程导论	思想道德修养与法律基础	体育	英语
3	201610101	黄名	男	80	39	30	71	69	73
4	201610102	杨艳红	女	78	74	60	71	29	60
5	201610103	吴谦壮	男	76	79	75	76	78	60
6	201610104	禁小琴	女	87	69	99	73	82	75
7	201610105	黄大敬	男	68	60	45	70	46	65
8	201610106	史平川	男	83	65	73	79	80	66
9	201610107	胡定坤	男	95	94	90	85	90	98
10	成绩大于75的人数		2						
11	男生与女生人数比例			2.5					

图 4-11　统计男生与女生人数比例

K3 =IF(J3>=95,"优",IF(J3>=80,"良",IF(J3>=60,"中","差")))

	A	B	C	D	E	F	G	H	I	J	K
1	2016级音乐班										
2	学号	姓名	性别	大学计算机基础与计算思维	高等数学	计算机编程导论	思想道德修养与法律基础	体育	英语	平均分	成绩等级
3	201610101	黄名	男	80	39	30	71	69	73	60.33	中
4	201610102	杨艳红	女	78	74	60	71	29	60	62.00	中
5	201610103	吴谦壮	男	76	79	75	76	78	60	74.00	中
6	201610104	禁小琴	女	87	69	99	73	82	75	80.83	良
7	201610105	黄大敬	男	68	60	45	70	46	65	59.00	差
8	201610106	史平川	男	83	65	73	79	80	66	74.33	中
9	201610107	胡定坤	男	95	94	90	85	90	98	92.00	良
10	成绩大于75的人数		2								
11	男生与女生人数比例			2.5							

图 4-12　成绩等级统计

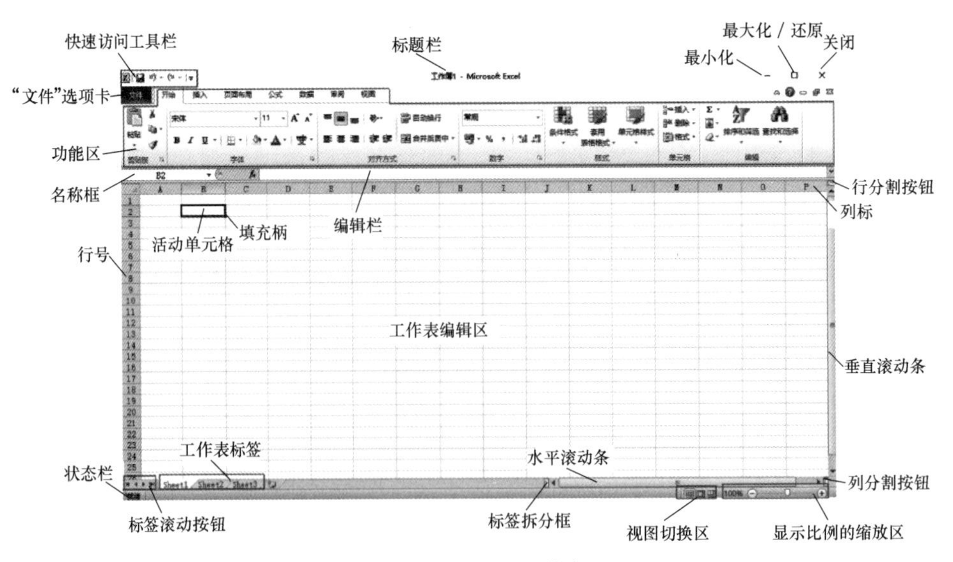

图 4-13　Excel 2010 的窗口

(2) 编辑栏：用于显示当前单元格中的相关内容，单击编辑栏便可以编辑其中的内容。若单元格中的数据是由公式算出的值，可以在编辑栏中查看它对应的公式。其中 *fx* 为插入函数按钮，在单元格中输入公式和函数时，应先输入等号“=”。

(3) 名称框：用来定义单元格名称，或者根据名称来查找单元格区域。当某个单元格被激活时，其编号(如图 4-13 中 B2)随即在名字框出现。此后，用户输入的文字或数据将在单元格与编辑框中同时显示。

(4) 活动单元格：是指正在使用编辑的单元格。黑色框线为激活框。

(5) 填充柄：位于活动单元格右下方的小黑方格，当鼠标指针指向填充柄时，鼠标指针变为黑色十字。填充柄用于填充数据。

(6) 列标：位于各列上方的灰色字母区。单击列标可选择工作表中的整列单元格。

(7) 行号：位于各行左侧的灰色编号区。单击行号可选择工作表中的整行单元格。

(8) 工作表标签：用来标识工作簿中不同的工作表。单击工作表标签，可以迅速切换到其他工作表。在 Excel 2010 中，每个工作簿有 255 张工作表，系统默认显示 3 张，用户可按需增减。图 4-13 中显示出 3 张工作表，依次为 Sheet 1、Sheet 2、Sheet3，其中 Sheet 1 为当前工作表。

(9) 标签滚动按钮：当标签不是全部可见时，单击标签滚动按钮可以显示不同的标签。单击最左边的滚动按钮，显示工作簿中第一个工作表标签；单击最右边的滚动按钮，显示工作簿中最后一个工作表标签。单击中间两个滚动按钮，一次只能在所指方向上移动一个标签。

(10) 标签拆分框：按住拆分框进行拖动，可以调整左右两个窗格的大小。

(11) 行、列分割按钮：双击按钮后拖动，实现当前窗口的拆分。主要用于查看同一工作表中不同部分的数据信息，常用于工作表较大时查看部分数据。

(12) 工作表编辑区：指位于工作簿标题栏与标签栏之间的区域，表格的编辑主要在这一区域内完成。工作区由若干单元格构成，每个单元格可以存放多达 32 767 个字符的信息，整个工作区最多可以有 65 536 行、256 列数据。每个单元格都有一个唯一标识，称为“单元地址”，由列标和行号构成，如 A5、B4、C8 等，当前活动单元格由一个加粗的边框标识，任何时候都只能有一个活动单元格。图 4-13 中活动单元格为 B2，它处于“2 行”和“B 列”的交叉点上。

4.2.3 PowerPoint 演示文稿简介

Microsoft PowerPoint(简称 PowerPoint)是一个由微软公司开发的演示文稿程序，是 Microsoft Office 中的一个组件。

PowerPoint 2010 新增和改进了工具，可使用户创建出更出色的演示文稿。它添加个性化视频体验，可直接嵌入和编辑视频文件，提供了全新的动态切换，如动作路径和看起来与在 TV 上看到的图形相似的动画效果，可轻松访问、发现、应用、修改和替换演示文稿。PowerPoint 2010 所具有的多种优势，使其得到广泛应用。

1. 常见应用实例

演示文稿应用非常广，如教师的课件展示、毕业设计答辩、工作汇报、各式各样的演讲、简易动画制作等。通过文稿制作展示，可以有效提高沟通、表达效果。

在日常工作、学习、活动中，经常会出现所要表达的文稿理论文字过多的情况，要想在 PPT 中简要准确地表明主题，关键是掌握恰当处理 PPT 中繁杂文字的技巧。下面以此为例，带领大家了解演示文稿的应用。

1）PPT 文稿布局四大基本原则

（1）对比：对比的基本思想就是要避免页面上的元素太过相似。如果元素（字体、颜色、大小、线宽、形状、空间等）不相同，那么干脆让它们截然不同。对比能够让信息更准确地传达，内容更容易被找到、被记住，如图 4-14 和图 4-15 所示。

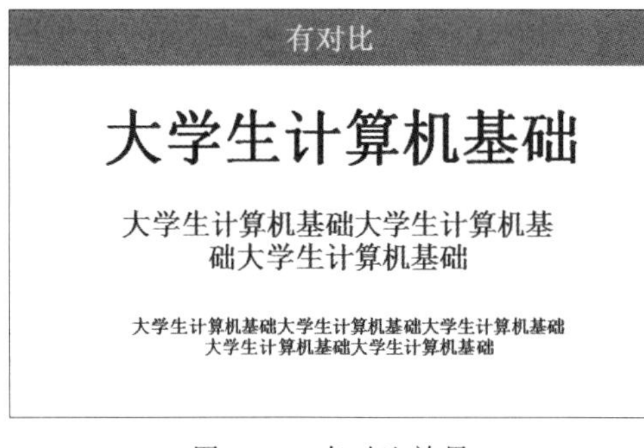

图 4-14　有对比效果

无对比

大学生计算机基础

大学生计算机基础大学生计算机基础大学生计算机基础

大学生计算机基础大学生计算机基础大学生计算机基础大学生计算机基础大学生计算机基础

图 4-15　无对比效果

（2）重复：重复的目的就是“一致性”，让设计中的视觉要素在整个作品中重复出现。可以重复颜色、形状、材质、空间关系、线宽、材质、空间等。这样，既能增加条理性，又能增加统一性，如图 4-16 和图 4-17 所示。

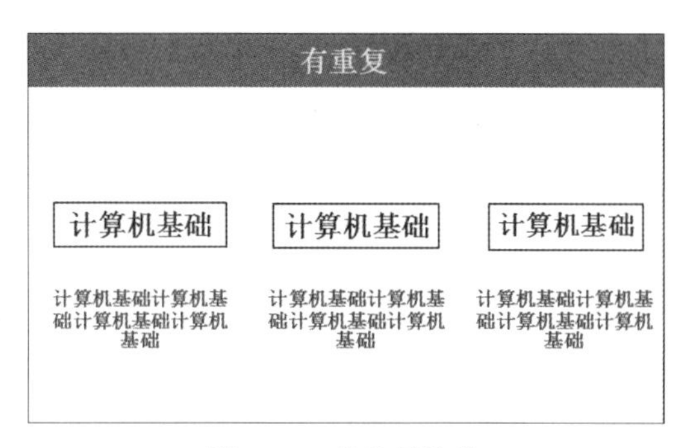

图 4-16　有重复效果

（3）对齐：任何东西都不能在页面上随意安放。每个元素都应当与页面上的另一个元素有某种视觉联系。这样能够建立一种清晰、精巧且清爽的外观效果，提升可读性。避免一个页面上混用多种对齐模式，也就是不要有一些置左，有一些置右。尽量避免使用居中对齐，除非是比较正式、稳重的布局，如图 4-18 和图 4-19 所示。

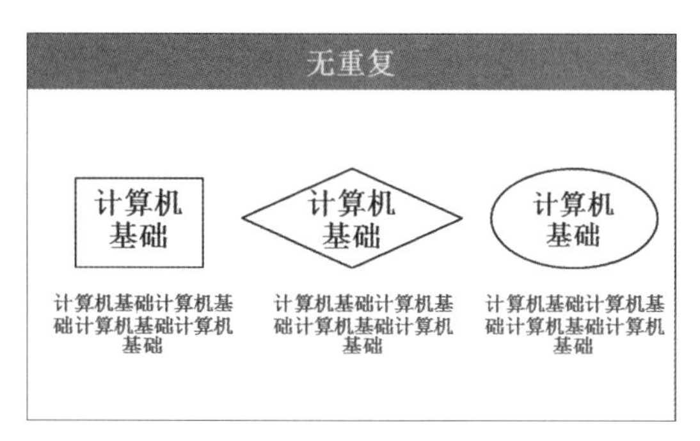

图 4-17 无重复效果

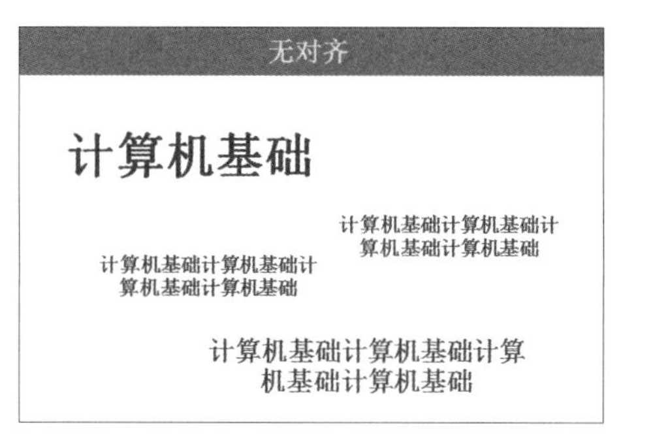

图 4-18 无对齐效果

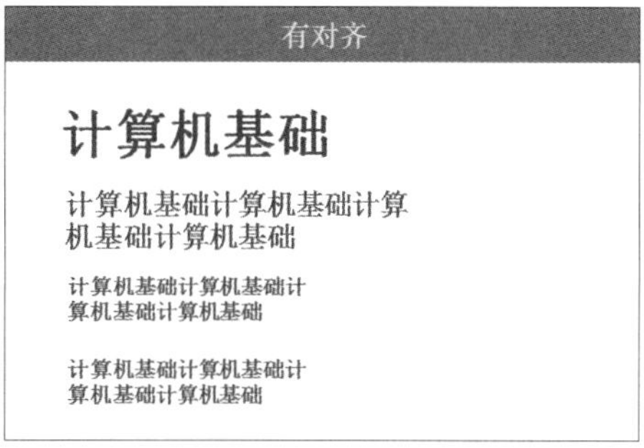

图 4-19 有对齐效果

(4) 分类：彼此相关的项应当靠近，归组在一起。如果多项之间存在很近的相似性，它们就会成为一个视觉单元，而不是多个孤立的元素。这有助于组织信息，减少混乱，为观看者提供清晰的结构，如图 4-20 和图 4-21 所示。

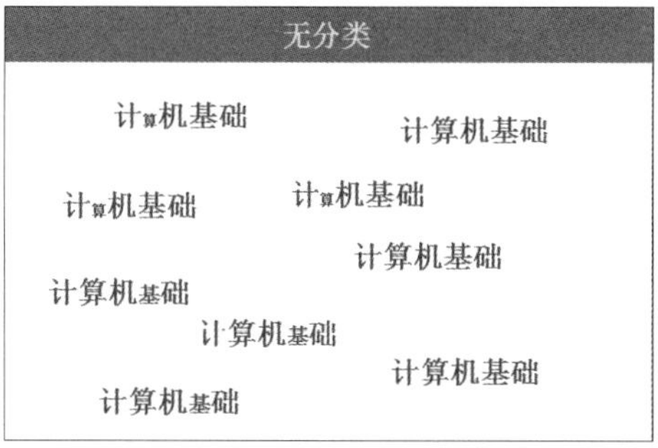

图 4-20 无分类效果

图 4-21 有分类效果

制作 PPT 时，记住这四大原则，会让你的 PPT 很出彩。

2) 利用灰色，降低正文内容对比效果

排版没问题了，大小对比也有了，但是整体的文字都比较突出，怎么办？用灰色处理一下正文，降低对比度。对比图 4-22 和图 4-23 可知，改动后的排版使整个页面有空间感和透气感，不显得那么拥挤。

演示文稿制作规范
文字要求与原则
● Magic Seven原则：文字行数7±2。
● KISS原则（Keep It Simple and Stupid）：简单明了，一张幻灯片在1min内能看完。
● 字体大小：标题44号或40号；正文32号，一般不小于24号。
● 行、段间距：不要超过6~7行。
● 字体选择：推荐中文用黑体或宋体，加粗；英文用Times New Romans。
● 字体颜色：不超过3种。
图、表使用
图表使用的八字核心：文不如表，表不如图。
配色要求
不要超过3种颜色。
● 背景应简单，颜色较暗。
● 字色：白、黄、黑或与背景反差大的浅色。

图 4-22　无灰度效果

演示文稿制作规范
文字要求与原则
● Magic Seven原则：文字行数7±2。
● KISS原则（Keep It Simple and Stupid）：简单明了，一张幻灯片在1min内能看完。
● 字体大小：标题44号或40号；正文32号，一般不小于24号。
● 行、段间距：不要超过6~7行。
● 字体选择：推荐中文用黑体或宋体，加粗；英文用Times New Romans。
● 字体颜色：不超过3种。
图、表使用
图表使用的八字核心：文不如表，表不如图。
配色要求
不要超过3种颜色。
● 背景应简单，颜色较暗。
● 字色：白、黄、黑或与背景反差大的浅色。
应用适当的图片
使用高质量的图片，包括照片。可以用数码相机拍摄高质量的相片，购买专业图库，或使用网络上的大量优质图像资源。图片的大小和位置应根据幻灯片中图片的地位而定。

图 4-23　添加灰度效果

3）形状补充信息单调性并引导视觉

利用色块的面积和比例来突出 PPT 中的主题或者重要部分，加强信息的对比，如图 4-24 和图 4-25 所示。

演示文稿的争议
作为游说工程中最流行的形式，PowerPoint在工作汇报、企业宣传、产品推介、课程讲授、论文答辩等领域中被广泛使用。根据开发商提供的数据，每年大约有3亿个演示文稿是用PowerPoint制作的。
PowerPoint一直备受争议。
• 备受欢迎的PowerPoint
支持者和评论家普遍认为PowerPoint非常好用，也很能为人们节省时间——要不然就得用其他类型的视觉辅助，像手画、机械排版的胶片、黑板或白板、高射投影机。
• 爱恨交织的PowerPoint
马克•格拉克林（Mark Glackin）一点也不喜欢微软的电子文档演示工具PowerPoint。在过去的12年中，格拉克林一直用它来丰富自己的演说，不过当问起这位广告公司副总裁对PowerPoint的看法时，他会慷慨激昂地猛批一顿，这是因为他简直要被PowerPoint逼疯了。

图 4-24　无填充效果

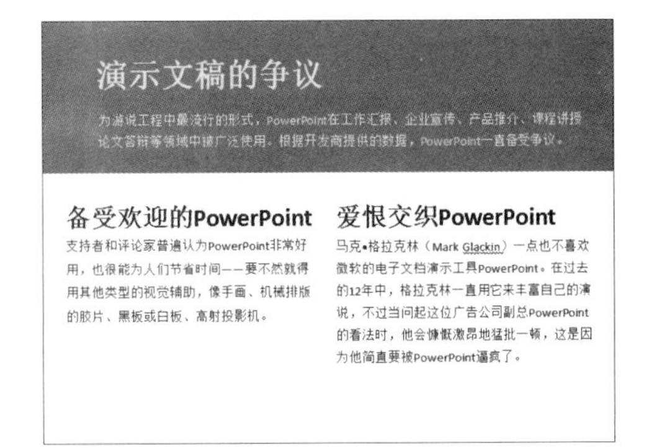

图 4-25　填充后效果

为了符合色块，文字使用了主题色，目的是保持一致性。这是对标题的视觉引导，如果要强调正文的内容，可调整色块位置，如图 4-26 所示。

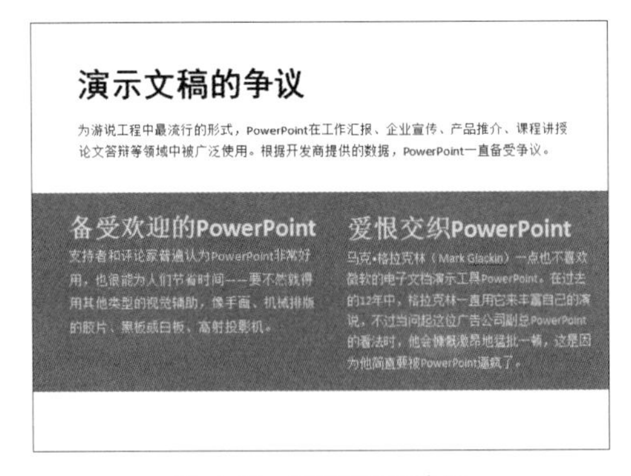

图 4-26　强调正文效果

4）善用逻辑图表，清晰明了，干净利落

无图表和添加图表的效果如图 4-27 和图 4-28 所示。

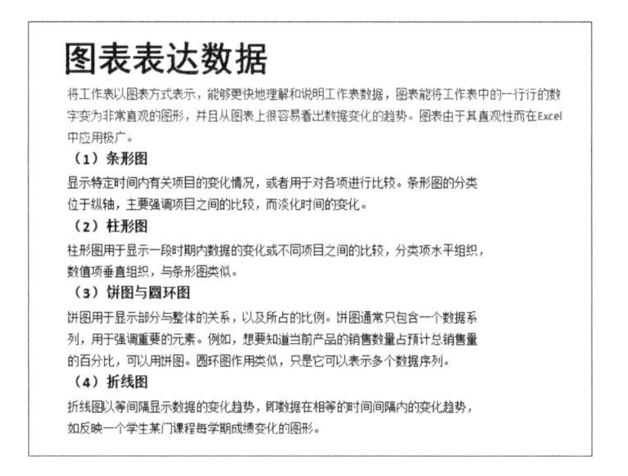

图 4-27　无图表效果

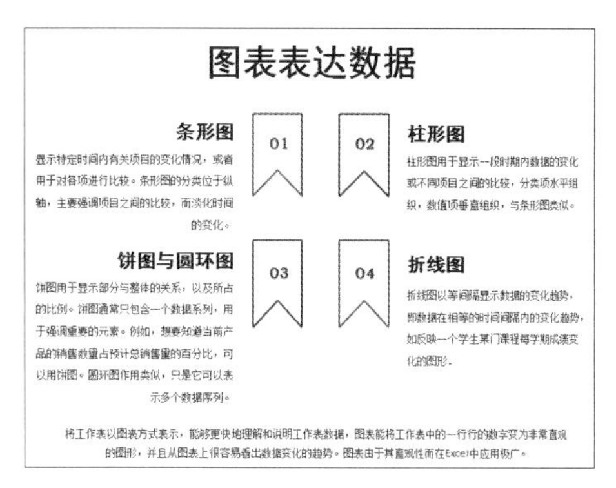

图 4-28　添加图表效果

2. PowerPoint 2010 的工作窗口

PowerPoint 2010 的工作窗口如图 4-29 所示。

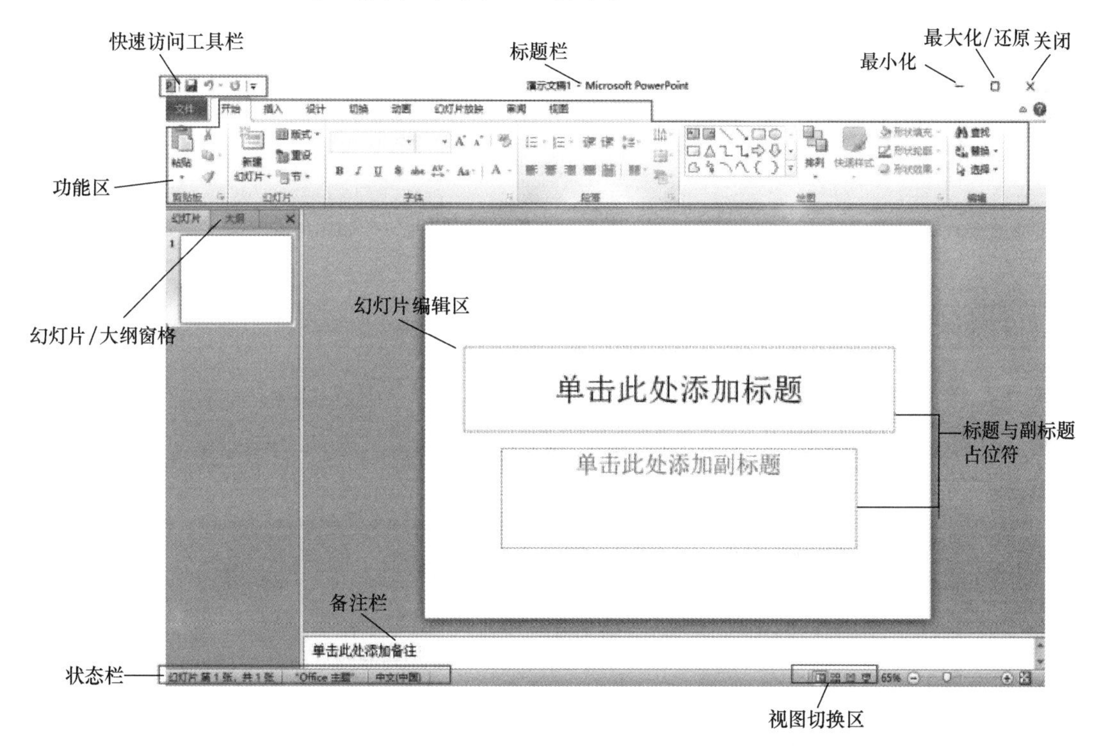

图 4-29　PowerPoint 2010 工作窗口

与 Word 2010、Excel 2010 工作界面类似，标题栏、快速访问工具栏等有相同的功能与内容。下面简单介绍 PowerPoint 工作界面独有的地方。

(1) 幻灯片/大纲窗格：可快速查看、选择演示文稿中的幻灯片。

① "幻灯片"选项卡，演示文稿以幻灯片缩略图的形式显示，可以通过单击此处的幻灯片缩略图在幻灯片间导航。

② “大纲”选项卡，演示文稿以大纲形式显示，大纲由每张幻灯片的标题和正文组成。

③ 幻灯片编辑区：编辑幻灯片的主要区域，在其中可以为当前幻灯片添加文本、图片、声音、影像等，还可以创建超链接或设置动画。

(2) 标题与副标题占位符：幻灯片编辑区中带有虚线边框的编辑框，用于指示可在其中输入标题文本、正文文本或插入图标等对象。不同版式的幻灯片，其占位符的类型与位置有所不同。

(3) 备注栏：用于输入在演示时要使用的备注。可以拖动该窗格的边框以扩大备注区域。备注用来补充或详尽阐述幻灯片中的要点，这有助于避免幻灯片上内容过多，让观众感到烦琐。演示文稿时，该栏只显示在演讲者的显示器界面。

(4) 视图切换区：在 PowerPoint 2010 中，视图模式主要有 4 种，即普通视图、幻灯片浏览、阅读视图和幻灯片放映。

4.3 数据库技术

4.3.1 数据库系统

数据库系统(DataBase System，DBS)是实现有组织、动态地存储大量关联数据，方便多用户访问计算机硬件、软件和数据资源组成的系统，即采用数据库技术的计算机系统。

1. 数据库系统的组成

狭义的数据库系统由数据库、数据库管理系统组成。广义的数据库系统由数据库、数据库管理系统、应用系统、数据库管理员和用户构成。

1) 数据库

数据库是与应用彼此独立的、以一定的组织方式存储在一起的、彼此相互关联的、具有较少冗余的、能被多个用户共享的数据集合。

2) 数据库管理系统

数据库管理系统(DataBase Management System，DBMS)是一种负责数据库的定义、建立、操作、管理和维护的系统管理软件。数据库管理系统具有如下功能。

(1) 数据定义：定义并管理各种类型的数据项。

(2) 数据处理：数据库存取能力(增加、删除、修改和查询)。

(3) 数据安全：创建用户账号、相应的口令及设置权限。

(4) 数据备份：提供准确、方便的备份功能。

常用的大型 DBMS 包括 SQL Server、Oracle、Sybase、Informix、DB2；桌面 DBMS 包括 Access、Visual FoxPro。

3) 数据库管理员

数据库管理员(DataBase Administrator，DBA)是大型数据库系统的一个工作小组，主要负责数据库的设计、建立、管理和维护，协调各用户对数据库的要求等。

4）用户

用户是数据库系统的服务对象，是数据库系统的使用者。数据库系统的用户可以分为两类：终端用户和应用程序员。

5）应用系统

应用系统是指在数据库管理系统提供的软件平台上，结合各领域的应用需求开发的软件产品。

2. 数据库系统的特点

数据库系统具有以下特点。

（1）数据共享性好，冗余度低，易扩充。数据库中的数据可以被多个用户、多种应用共享使用。

（2）采用特定的数据模型。数据库中的数据是有结构的。数据库系统不仅可以表示事物内部各数据项之间的联系，而且可以表示事物与事物之间的联系。

（3）具有较高的数据独立性。数据和程序相对独立，把数据的定义从程序中分离出来，简化了应用程序的编制，大大减少了程序维护的工作量。

（4）有统一的数据控制功能。有效地提供了数据的安全性保护、数据的完整性检查、并发控制和数据库恢复等功能。

4.3.2 关系模型与关系数据库

1. 实体-联系模型

实体-联系模型（E-R模型）反映的是现实世界中的事物及其相互联系。实体-联系模型为数据库建模提供了3个基本的语义概念：实体（Entity）、属性（Attributes）、联系（Relationship）。

（1）实体：具有相同属性或特征的客观现实和抽象事物的集合。该集合中的一个元组就是该实体的一个实例（Instance）。

（2）属性：表示一类客观现实或抽象事物的一种特征或性质。

（3）联系：是指实体类型之间的联系，它反映了实体类型之间的某种关联。

2. 二元实体联系

二元实体是指两个实体。二元实体间联系的种类可分为一对一联系、一对多联系、多对多联系。

1）一对一联系（1∶1）

对于实体集 E_1 中的每一个实体，实体集 E_2 中至多有一个实体与之联系，反之亦然，则称实体集 E_1 与实体集 E_2 具有一对一联系，记为1∶1。例如，一名乘客与一个座位之间具有一对一联系，如图4-30所示。

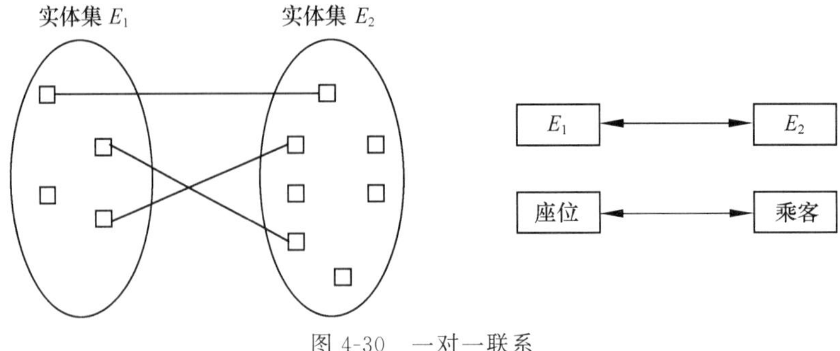

图 4-30　一对一联系

2）一对多联系（1∶N）

对于实体集 E_1 中的每一个实体，实体集 E_2 中有 N 个实体（$N \geqslant 0$）与之联系；反过来，对于实体集 E_2 中的每一个实体，实体集 E_1 中至多有一个实体与之联系，则称实体集 E_1 与实体集 E_2 具有一对多联系，记为 1∶N。例如，一个车间有多名工人，一个工人只属于一个车间，车间与工人之间具有一对多联系，如图 4-31 所示。

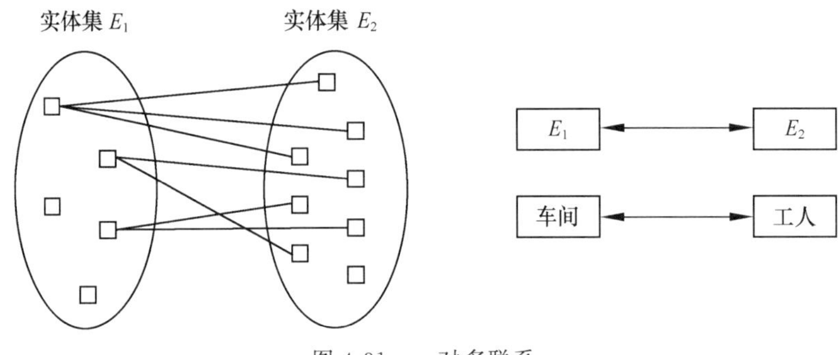

图 4-31　一对多联系

3）多对多联系（M∶N）

对于实体集 E_1 中的每一个实体，实体集 E_2 中有 N 个实体（$N \geqslant 0$）与之联系；反过来，对于实体集 E_2 中的每一个实体，实体集 E_1 中也有 M 个实体（$M \geqslant 0$）与之联系，则称实体集 E_1 与实体集 E_2 具有多对多联系，记为 M∶N。例如，学生在选课时，一个学生可以选多门课程，一门课程也可以被多名学生选修，则学生与课程之间具有多对多联系，如图 4-32 所示。

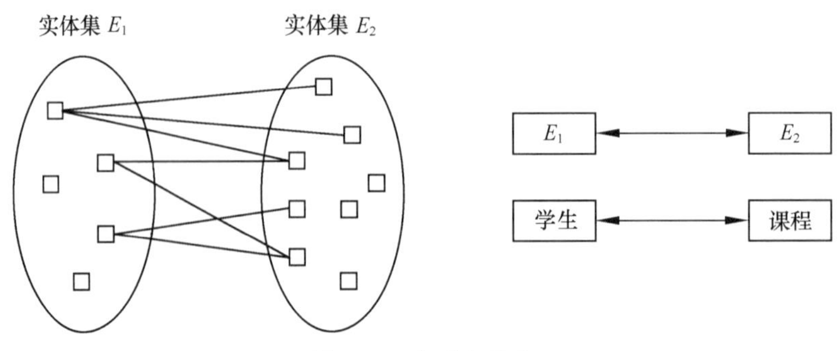

图 4-32　多对多联系

3. 实体联系图

实体联系图(Entity Relationship,E-R)是一种可视化的图形方法,它基于对现实世界的一种认识,即客观现实世界由一组称为实体的基本对象和这些对象之间的联系组成,是一种语义模型,使用图形模型尽力地表达数据的意义。

E-R 图的基本思想就是分别用矩形框、椭圆形框和菱形框表示实体、属性和联系,使用无向边将属性与相应的实体连接起来,并将联系分别与有关实体相连接,并注明联系类型,如图 4-33 所示。

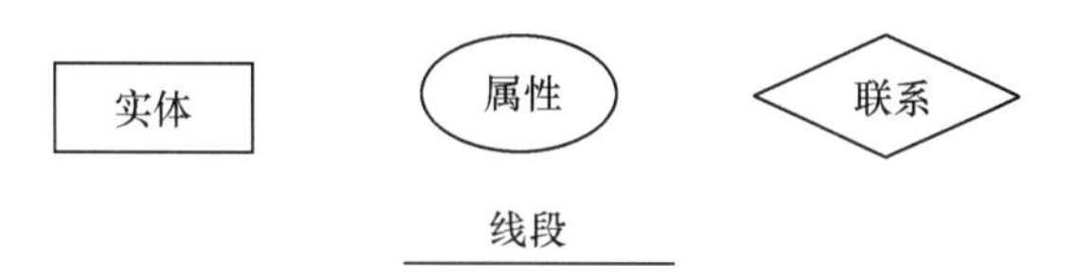

图 4-33　E-R 图的基本元素

E-R 图的绘制步骤如下。

(1) 确定实体类型。

(2) 确定联系类型(1∶1、1∶N、M∶N)。

(3) 把实体类型和联系类型组合成 E-R 图。

(4) 确定实体类型和联系类型的属性。

(5) 确定实体类型的键,在 E-R 图中属于键的属性名下画一条横线。

【例 4-1】 学生与课程联系的完整 E-R 图。

一名学生可以选修多门课程,一门课程可被多名学生选修,学生和课程是多对多的关系;成绩既不是学生实体的属性,也不是课程实体的属性,而是属于学生和课程之间选修关系的属性。学生与课程联系的完整 E-R 图如图 4-34 所示。

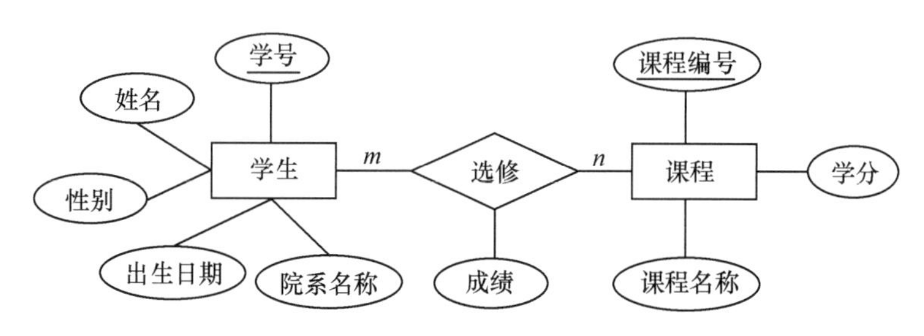

图 4-34　学生与课程联系的完整 E-R 图

【例 4-2】 图书借阅 E-R 图。

一个读者可以借阅多本图书,一本图书可以被多个读者借阅,读者和图书之间的关系为多对多的关系,只有当读者和图书之间发生借阅关系时,才有借书日期和归还日期,因此,借书日期和归还日期属于借阅联系的属性,如图 4-35 所示。

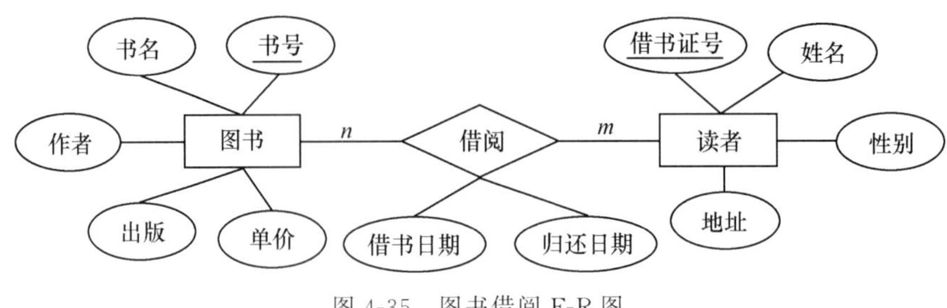

图 4-35　图书借阅 E-R 图

4.3.3　关系模型

用二维表结构来表示实体及实体之间联系的模型称为关系模型。关系模型中的基本数据逻辑结构是一张二维表,见表 4-3 和表 4-4。

表 4-3　学生信息表

学号	姓名	性别	出生日期	班级编号
20010505040	任××	女	1984-12-07	20050319
20050319002	刘××	男	1984-06-11	20050319
99070402	朱××	男	1980-08-19	990704

表 4-4　学生成绩表

学号	课程编号	成绩
20010505040	A020701	79.0
20010505040	B010292	76.0
20050319002	A020701	79.0
99070402	A020701	71.0
99070402	B020101	82.0

在关系模型中,通常把二维表称为“关系”;一个表的结构称为“关系模式”;表中的每一行称为一个“元组”,相当于通常所说的一个记录(值);每一列称为一个“属性”,相当于记录中的一个数据项;由若干个关系模式(相当于记录型)组成的集合,就是一个关系模型。

1. 关系模型术语

(1) 关系模式(Relational Schema):它由一个关系名及其属性名构成,对应二维表的表头,是二维表的构成框架(逻辑结构)。其格式为

关系名(属性名 1, 属性名 2, …, 属性名 *n*)

在数据库管理系统(如 Access)中对应的表结构为

表名(字段名 1, 字段名 2, …, 字段名 n)

(2) 关系(Relation)：表示多个实体之间的相互关联，每一张表称为该关系模式的一个具体关系。它包括关系名、表的结构和表的数据(元组)。

(3) 联系集(Relationship Set)：实体集之间的联系。

(4) 二元联系集(Dual Entities)：两个实体集之间的联系集。

(5) 实体集(Entity Set)：性质相同的同类实体的集合称为“实体集”。

(6) 元组(Tuple)：二维表的一行称为关系的一个“元组”，对应一个实体的数据。

(7) 属性(Attributes)：二维表中的每一列称为关系的一个“属性”。

(8) 域(Domain)：属性所对应的取值变化范围叫作属性的“域”。

(9) 实体标识符(Identifier)：能唯一标识实体的属性或属性集，称为“实体标识符”，有时也称为“关键码”(Key)，或简称为“键”。

(10) 主键(Primary Key)：能唯一标识关系中不同元组的属性或属性组，称为该关系的“候选关键字”。被选用的候选关键字称为“主关键字”，简称“主键”。

(11) 外键(Foreign Key)：如果关系 R 的某一(些)属性 A 不是 R 的关键字，而是另一关系 S 的关键字，则称 A 为 R 的“外来关键字”，简称“外键”。

2. 关系特点

一个关系具有如下特点。

(1) 关系必须规范化，分量必须取原子值。

(2) 不同的列允许出自同一个域。

(3) 列的顺序无所谓。

(4) 任意两个元组不能完全相同。

(5) 行的顺序无所谓。

实际关系模型如图 4-36 所示。

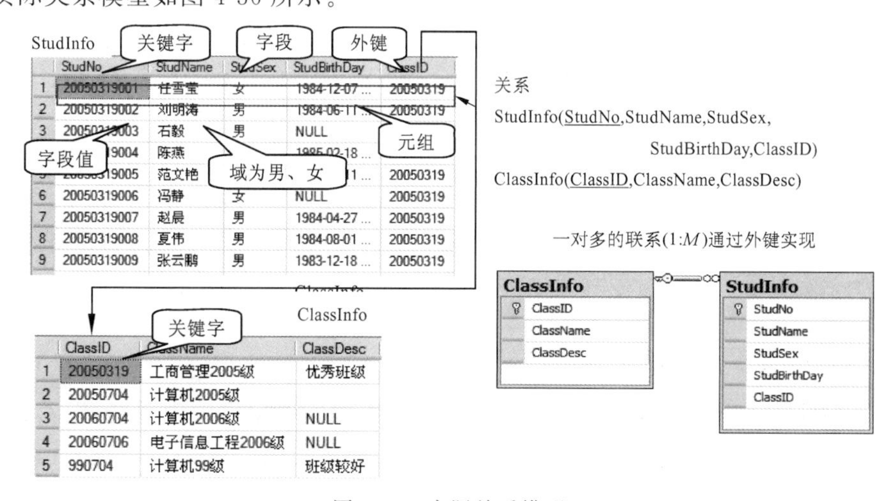

图 4-36 实际关系模型

3. 关系运算

关系有两类基本运算：一类是传统的集合运算（并、差、交等），另一类是专门的关系运算（选择、投影、连接等）。有些查询需要几个基本运算的组合，经过若干步骤才能完成。

1）传统的集合运算

（1）并（Union）：设有两个关系 R 和 S，它们具有相同的结构。R 和 S 的“并”是由属于 R 或属于 S 的元组组成的集合，运算符为 $\cup$。记为 $T=R\cup S$。

（2）差（Difference）：R 和 S 的差是由属于 R 但不属于 S 的元组组成的集合，运算符为“$-$”。记为 $T=R-S$。

（3）交（Intersection）：R 和 S 的交是由既属于 R 又属于 S 的元组组成的集合，运算符为 $\cap$。记为 $T=R\cap S$。$R\cap S=R(R-S)$。

2）专门的关系运算

（1）选择：从关系中找出满足给定条件的元组的操作（Where），其中的条件是以逻辑表达式给出的，值为“真”的元组将被选取。这种运算是从水平方向抽取元组。

（2）投影：从关系模式中指定若干个属性组成新的关系。这是从列的角度进行的运算，相当于对关系进行垂直分解。

（3）连接：将两个关系模式拼接成一个更宽的关系模式，生成的新关系中包含满足联系条件的组合（Inner Join）。运算过程是通过连接条件来控制的，连接条件中将出现两个关系中的公共属性名，或者具有相同语义、可比的属性。连接是对关系的结合。

4.3.4 关系数据库

关系数据库是建立在关系模型基础上的数据库，它借助集合、代数等数学概念和方法来处理数据库中的数据。现实世界中的各种实体及实体之间的各种联系均可用关系模型来表示。关系模型由数据结构、关系操作、完整性约束 3 个部分组成。标准数据库查询语言 SQL 就是一种基于关系数据库的语言，这种语言执行对关系数据库中数据的检索和操作。

4.4 SQL 简介

SQL（Structured Query Language，结构化查询语言）是 1974 年由 Boyce 和 Chamberlin 提出的。经过各公司的不断修改、扩充和完善，1987 年，SQL 最终成为关系数据库的标准语言。SQL 由于具有使用方便、功能丰富、语言简洁易学等特点，很快得到推广和应用。

SQL 结构简洁，功能强大，简单易学，自从 IBM 公司 1981 年推出以来，SQL 得到广泛的应用。Oracle、Sybase、Informix、SQL Server 等大型数据库管理系统，以及 Access、Visual FoxPro、PowerBuilder 等常用数据库开发系统，都支持 SQL 作为查询语言。

SQL 集数据定义（Data Definition）、数据操纵（Data Manipulation）和数据控制（Data

Control)功能于一体,充分体现了关系数据库语言的特点和优点。

SQL 语言主要由以下几部分组成。

(1) 数据定义语言(Data Definition Language,DDL)。数据定义语言用于建立、修改、删除数据库中的各种对象——表、视图、索引等,如 CREATE、ALTER、DROP。

(2) 数据操纵语言(Data Manipulation Language,DML)。数据操纵语言用于更改数据库数据,主要有 3 条语句:INSERT、UPDATE、DELETE。

(3) 数据控制语言(Data Control Language,DCL)。数据控制语言用来授予或回收访问数据库的某种特权,并控制数据库操纵事务发生的时间及效果,对数据库进行监视等,包含两条命令:GRANT、REVOKE。

(4) 数据查询语言(Data Query Language,DQL)。数据查询语言用于检索数据库记录,基本结构是由 SELECT 子句、FROM 子句、WHERE 子句组成的查询语句块:

```
SELECT  <字段名表>   FROM  <表或视图名>
WHERE  <查询条件>
```

4.4.1 使用 SQL 语句维护数据

1. 数据插入

SQL 使用 INSERT 语句为数据库表添加记录。INSERT 语句通常有两种形式:一种是一次插入一条记录;另一种是一次插入多条记录,即使用子查询批量插入。先看看 INSERT 语句的语法格式:

```
INSERT [INTO] tablename
   [(column { ,column})]
VALUES
   (columnvalue [{,columnvalue}]);
```

注意:插入的多个值与字段名具有一一对应关系。

【例 4-3】 使用 INSERT 语句为班级信息表(ClassInfo)添加新记录。

```
INSERT INTO ClassInfo
   (ClassID,ClassName,ClassDesc)
VALUES
   ('20000704','计算机 2000','计算机怎样')
```

【例 4-4】 使用 INSERT 语句为学生成绩信息表(StudScoreInfo)添加新记录。

```
INSERT INTO StudScoreInfo
   (StudNo,CourseID,StudScore)
VALUES
   ('20000704001','A0101',80.5)
```

注意:在插入新记录时,如果字段为字符型、日期型,则插入的值需要加上单引号“'”

作为定界符;如果为数据型,则不需要加上单引号“'”。

2. 数据更新

SQL 使用 UPDATE 语句更新或修改满足条件的现有记录。UPDATE 语句的语法格式为

```
UPDATE tablename
SET columnname=newvalue [, nextcolumn=newvalue2…]
WHERE columnname OPERATOR value [and|or column name OPERATOR value];
```

【例 4-5】 更新班级编号为“20000704”的班级名称为“计科 2000 级”,班级描述为空值。

```
UPDATE ClassInfo
SET ClassName='计科 2000 级',ClassDesc=NULL
WHERE ClassID='20000704'
```

使用 UPDATE 语句时,关键一点就是要设定好用于进行判断的 WHERE 条件语句。省略 WHERE 条件语句,则执行全表更新操作。

3. 数据删除

SQL 使用 DELETE 语句删除数据库表格中的行或记录。DELETE 语句的语法格式为

```
DELETE FROM tablename
WHERE columnname OPERATOR value [AND|OR column name OPERATOR value];
```

【例 4-6】 删除班级编号为“20000704”的班级信息。

```
DELETE FROM ClassInfo WHERE ClassID='20000704'
```

注意:在 WHERE 语句中设定删除记录的判断条件后,在使用 DELETE 语句时,如果不使用 WHERE 语句,则表格中的所有记录将全部被删除。

4.4.2 SQL 简单查询语句

SQL 使用 SELECT 语句来实现数据的查询,并按用户要求检索数据,将查询结果以表格的形式返回。SELECT 查询语句功能强大,语法较为复杂,下面介绍 SELECT 语句的精简结构。

SELECT 语句语法格式如下:

```
SELECT select_list
[INTO new_table_name]
FROM table_list
[WHERE search_conditions]
```

```
[GROUP BY group_by_list]
[HAVING search_conditions]
[ORDER BY order_list [ASC|DESC]]
```

语句中的参数如下。

(1) select_list：表示需要检索的字段的列表，字段名称之间用逗号分隔。在这个列表中不但可以包含数据源表或视图中的字段名称，还可以包含其他表达式，如常量或Transact-SQL函数。如果用 * 来代替字段的列表，那么系统将返回数据表中的所有字段。

(2) INTO new_table_name：该子句将指定使用检索出来的结果集创建一个新的数据表。new_table_name为这个新数据表的名称。

(3) FROM table_list：使用这个句子指定用于检索数据的数据库表。

(4) GROUP BY group_by_list：GROUP BY子句根据参数group_by_list提供的字段将结果集分成组。

(5) HAVING search_conditions：HAVING子句用于对分组之后的结果集进行再次筛选。

(6) ORDER BY order_list [ASC|DESC]：ORDER BY子句用来定义结果集中的记录排列的顺序。order_list将指定排序时需要依据的字段，字段之间用逗号分隔。ASC和DESC关键字分别指定记录是按升序，还是按降序排序。

用SELECT语句可实现简单查询、条件查询和统计查询。

1. 简单查询

【例4-7】 查询学生信息表(StudInfo)所有记录。注意，可以使用符号 * 来选取表的全部列。

```
SELECT * FROM StudInfo
```

【例4-8】 查询学生信息表(StudInfo)部分列记录。

```
SELECT StudNo,StudName,ClassID FROM StudInfo
```

2. 条件查询

在WHERE子句后指定需要查询的条件表达式，即可实现条件查询。如果需要多个条件，可使用逻辑运算符“与”(AND)、“或”(OR)、“非”(NOT)进行连接，注意：括号优先，逻辑运算符的优先级为NOT>AND>OR。

【例4-9】 查询成绩为90分以上的学生信息。

```
SELECT * FROM StudScoreInfo WHERE StudScore>=90
```

【例4-10】 查询学生成绩为60～70分的所有记录。

```
SELECT * FROM StudScoreInfo WHERE StudScore>=60 AND StudScore<=70
```

3. 统计查询

在 SQL 中，可使用聚合函数(如 SUM、AVG、COUNT、COUNT(*)、MAX 和 MIN)在查询结果集中生成汇总值。聚合函数(除 COUNT(*)以外)处理单个列中全部所选的值以生成一个结果值。聚合函数可以应用于表中的所有行、WHERE 子句指定的表的子集或表中一组或多组行。应用聚合函数后，每组行都将生成一个值，见表 4-5。聚合函数通常与 GROUP BY 子句一起使用，对给定字段分组之后的结果进行分类汇总。

表 4-5　聚合函数

聚合函数	结果
SUM([ALL|DISTINCT] expression)	数字表达式中所有值的和
AVG([ALL|DISTINCT] expression)	数字表达式中所有值的平均值
COUNT([ALL|DISTINCT] expression)	表达式中值的个数
COUNT(*)	选定的行数
MAX(expression)	表达式中的最高值
MIN(expression)	表达式中的最低值

【例 4-11】 统计各学生的成绩总分、最高分、最低分、平均分、参考课程门数。

```
SELECT StudNO,SUM(StudScore),MAX(StudScore),MIN(StudScore),
    AVG(StudScore) AS AvgScore,COUNT( * ) AS CourseCount
FROM StudScoreInfo
GROUP BY StudNO
```

HAVING 子句指定分组搜索条件，是对分组之后的结果进行再次筛选。HAVING 子句必须与 GROUP BY 子句一起使用：有 HAVING 子句必须有 GROUP BY 子句，有 GROUP BY 子句可以没有 HAVING 子句。

【例 4-12】 统计重修 10 门以上课程的学生的平均分信息。

```
SELECT StudNo,AVG(StudScore) AS AvgScore
FROM StudScoreInfo
WHERE StudScore<60
GROUP BY StudNo
HAVING COUNT( * )>=10
```

4.5　典型数据库管理系统——Access 2010

Microsoft Office Access 是由微软发布的关系数据库管理系统。它结合了 Microsoft Jet Database Engine 和图形用户界面两项特点，是微软 Office 软件的一个组件，目前最新版本为 Office Access 2018。本节以 Access 2010 为例介绍其数据库管理部分的功能。

4.5.1 Access 2010 的使用

1. 打开 Access 2010

选择“开始”→“所有程序”→Microsoft Office→Microsoft Access 2010 命令，打开如图 4-37 所示的界面。

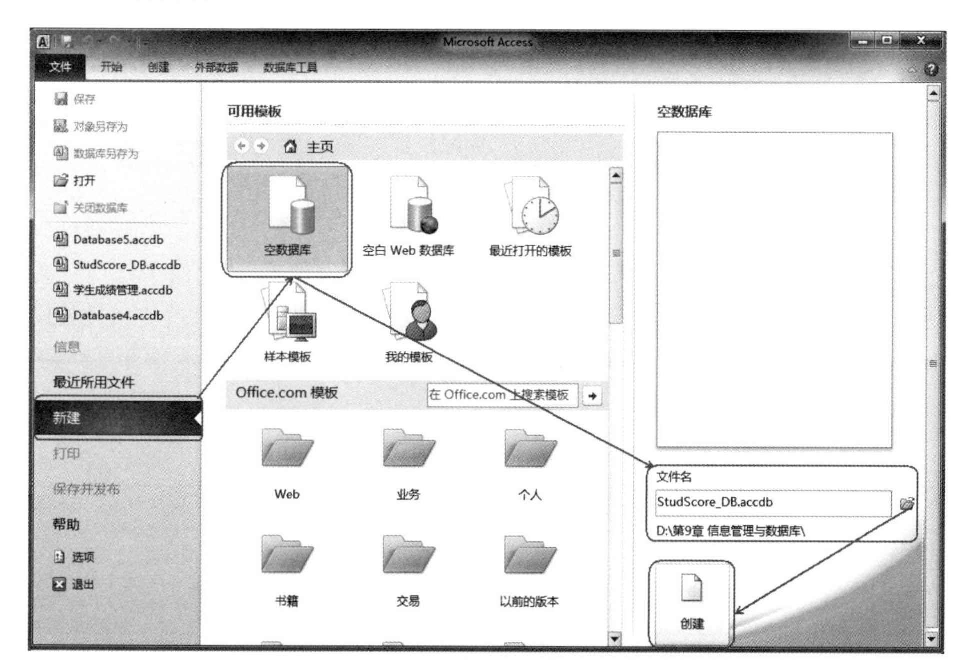

图 4-37　打开 Access 2010

2. 新建数据库

在图 4-37 所示的 Access 启动界面中选择“新建”→“空数据库”命令，在文件名输入栏中单击“浏览到某个位置存放数据库”，选择数据库存储路径（如 D:\第 9 章 信息管理与数据库\），并输入学生成绩管理数据库名 StudScore_DB. accdb，选择保存类型为 Microsoft Access 2007 数据库（ * . accdb），如果你需要与低版本的软件兼容，可选择 Microsoft Access 数据库（2002—2003 格式）（ * . mdb）。注意：对于数据库名和存储路径，用户可以根据自己的需要自行修改，单击“创建”即可创建学生成绩管理数据库（StudScore_DB）。

3. 数据表操作

1）新建数据表

在创建的学生成绩管理数据库（StudScore_DB）中，单击“创建”选项卡，然后选择“表设计”，如图 4-38 所示。

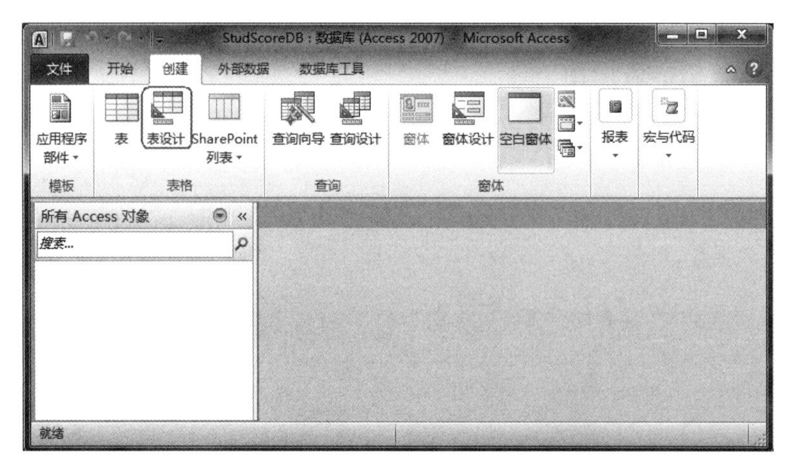

图 4-38　创建数据表

这里以班级信息表(ClassInfo)为例,讲解创建数据表的方法,其数据表结构见表 4-6。在"字段名称"一栏中输入数据库表字段名称,输入(或选择)数据类型,设置字段长度和字段约束,在"说明"一栏中输入字段的描述信息,选中 ClassID,在工具栏中单击"主键"按钮,设置 ClassID 为主键字段,如图 4-39 所示。

表 4-6　班级信息表(ClassInfo)

字段名称	数据类型	字段长度	空值	主键	说明	示例
ClassID	文本	10		是	班级编号	20010704
ClassName	文本	30			班级名称	计科 01
ClassDesc	文本	50	是		班级描述	非常好

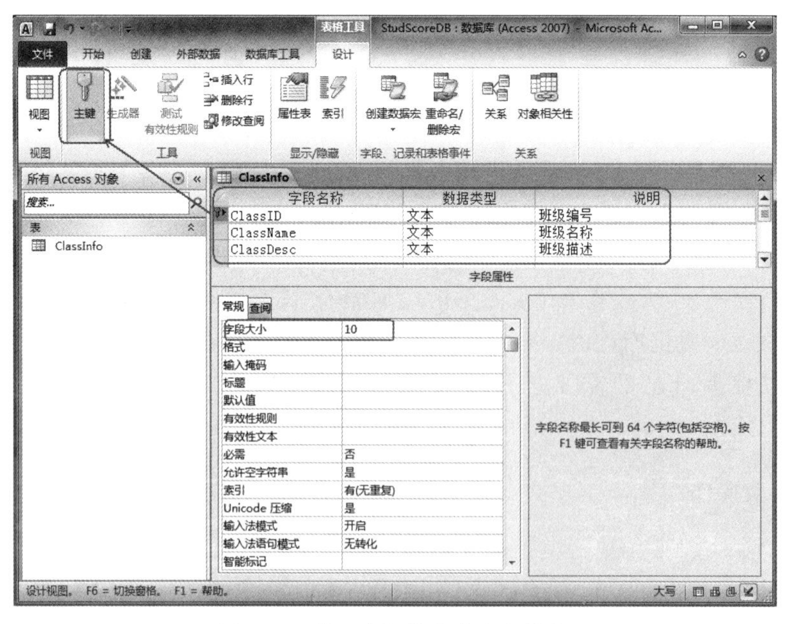

图 4-39　输入班级信息表字段信息

输入完数据表字段信息后，单击“保存”按钮，输入数据表名称(如ClassInfo)。可以在所有Access对象窗口中查看新建的用户表ClassInfo。

2) 修改数据表

对于已创建的数据表，如果表的结构不满足要求，可以右击需要修改的数据表(如ClassInfo)，在弹出的快捷菜单中选择“设计视图”选项，则会打开数据表结构修改界面，修改相应的字段信息，单击“保存”按钮，即可完成数据表结构的修改。

3) 删除数据表

对于不需要的数据表，需要将它删除以节省磁盘空间。右击需要删除的数据表(如ClassInfo)，在弹出的快捷菜单中选择“删除”选项，即可删除数据表。

4. 数据表记录操作

1) 添加记录

双击班级数据表(ClassInfo)，在打开的班级信息表(ClassInfo)中添加记录，输入示例数据，如图4-40所示。

2) 修改记录

双击或右击选择“打开”班级数据表(ClassInfo)，定位需要修改的记录，进行相应的修改即可。

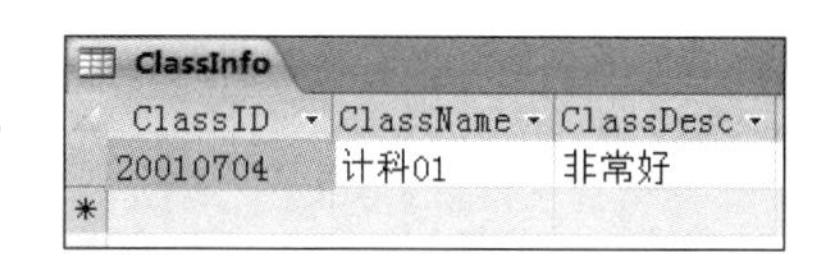

图4-40 添加记录信息

3) 删除记录

右击记录前的小方框选中需要删除的记录，在弹出的快捷菜单中选择“删除”命令，即可删除记录。如果需要删除多条记录，单击记录前的小方框并拖动选择需要删除的记录，然后右击选择“删除”即可。

5. 查询功能的使用

1) 新建查询

Access数据库管理系统提供“查询向导”和“查询设计”两个功能模块用于让用户灵活设计查询。这里简单介绍一下“查询设计”。在“创建”选项卡中单击“查询设计”，在打开的“显示表”对话框中添加需要用于查询的数据表。在“字段”一栏中选择需要查询的字段信息，可在“条件”一栏输入需要查询的条件，设置完成后单击“保存”，输入相应的查询名称，如图4-41所示。单击“运行”按钮可查看查询结果。

2) SQL查询视图

在“视图”下拉框中选择“SQL视图”，可以看到刚才设计的查询语句，在这里可以编写SQL语句执行，如图4-42所示。

6. 其他功能

Access数据库管理系统除实现关系数据库管理功能外，还提供了丰富的应用程序设计功能。窗体是Access数据库中的一种对象，其主要作用是接收用户输入的数据或命令，编辑、显示数据库中的数据，构造方便、美观的输入输出界面。报表是Access的另一重要对象，可以在报表中控制每个对象的大小和显示方式，并可以按照所需的方式来显示

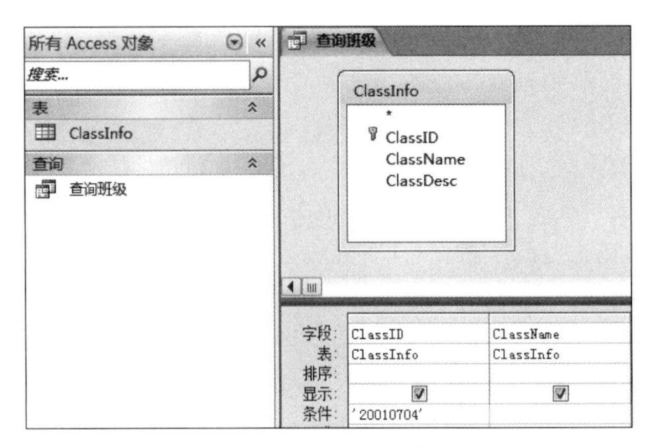

图 4-41 查询设计

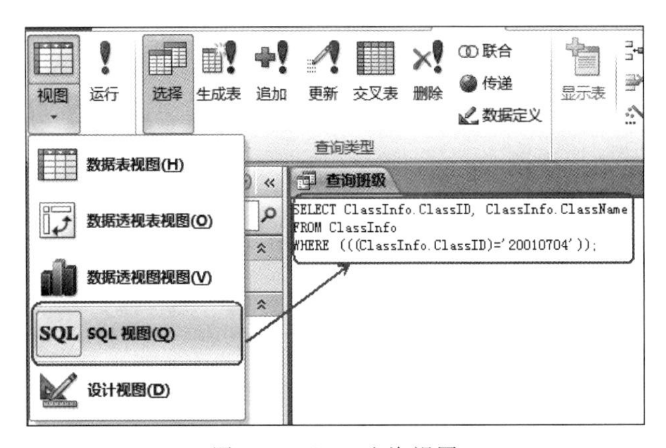

图 4-42 SQL 查询视图

相应的数据，它能够按照用户定义的规格展现格式化的、整理后的信息，制作出精美的数据库报表。窗体和报表的建立方法比较简单，只需要选中用于创建窗体或报表的数据表，然后单击创建中的窗体或报表即可，如果要设计功能复杂的窗体和报表，读者可参照相应的 Access 书籍。

4.5.2 Access 与外部数据的交互

在建立好一个新数据库后，经常需要将分散在各处的 Excel、文本文件等不同类型的数据导入到 Access 数据库中进行处理，处理完成后，又需要将数据导出到指定的文件或 Excel 中。Access 提供了强大、丰富的数据导入/导出功能，并且在导入/导出的同时可以对数据进行灵活的处理。

1. 导入数据

使用 Access 数据库管理系统的导入功能可以方便地将外部的 Excel、文本文件、SQL Server 数据库等数据导入到 Access 中。这里以将文本文件数据导入到 Access 数据库为例，介绍 Access 导入外部数据的使用方法。

(1) 在 Access 数据库中单击“外部数据”选项卡，在“导入并链接”组中选择“文本文件”，将打开“获取外部数据-文本文件”对话框。

(2) 在打开的“获取外部数据-文本文件”对话框中设置数据源文件名，并指定是将源数据导入当前数据库的新表中还是向表中追加一份记录的副本，如图 4-43 所示。

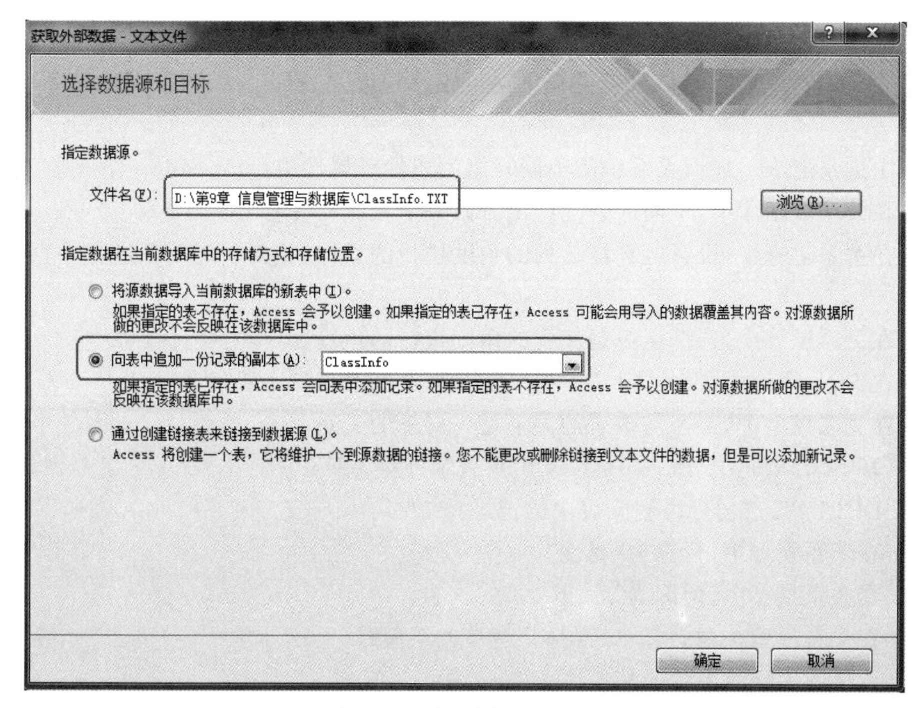

图 4-43 设置数据源和目标

(3) 在图 4-43 所示的操作界面中，单击“确定”按钮进入“导入文本向导”对话框，进行相应的设置后，单击“下一步”按钮直至数据导入成功。

2. 导出数据

使用 Access 导出功能可以方便地将 Access 数据库中的数据导出到外部的 Excel、文本文件等文件中，其操作方法与导入数据类似，这里不再赘述。

本章小结

本章介绍了数据处理技术基础知识、Office 数据处理、结构化和非结构化数据处理概念、Office 数据处理、数据库概念、数据库系统组成、E-R 模型、关系模型、SQL 查询语言及典型数据库管理系统 Access 等内容。通过学习本章的内容，读者可对数据库技术有一定了解，这将为以后学习数据库类专业课程奠定一定的基础。

习题

一、判断题

1. 用二维表结构来表示实体及实体之间联系的模型称为“关系模型”。（ ）
2. 实体是表示一类客观现实或抽象事物的一种特征或性质。（ ）
3. 数据库管理系统是一种负责数据库的定义、建立、操作、管理和维护的系统管理软件。（ ）
4. 主键是能唯一标识关系中的不同元组的属性或属性组。（ ）
5. 在关系数据库中，不同的列允许出自同一个域。（ ）
6. 在关系运算中，投影运算是从列的角度进行的运算，相当于对关系进行垂直分解。（ ）
7. 在关系运算中，选择运算是从列的角度进行的运算。（ ）
8. 在 SQL 语句中，UPDATE 语句可用于批量修改某一字段值。（ ）
9. 在关系模型中，父亲与孩子的关系是一对多的关系。（ ）
10. 在 SQL 语句中，Primary Key 用来表示外键。（ ）
11. DELETE 语句可以删除表中的记录。（ ）
12. 在关系模型中，行称为“属性”。（ ）
13. 在关系模型中，列称为“元组”。（ ）
14. 在关系模型中，“表名＋表结构”就是关系模式。（ ）
15. E-R 图中椭圆表示的是实体。（ ）
16. E-R 图中菱形表示的是关系。（ ）
17. 在 Access 数据库管理系统中，窗体和报表也是其重要对象。（ ）
18. DBS 表示的是数据库管理系统。（ ）
19. 在 SQL 语句中，可以用 INTO 子句将查询的结果集创建为一个新的数据表。（ ）
20. 实体是具有相同属性或特征的客观现实和抽象事物的集合。（ ）

二、单选题

1. 狭义的数据库系统可由（ ）和数据库管理系统两个部分构成。
   A. 数据库　　B. 用户　　C. 应用系统　　D. 数据库管理员
2. 二元实体之间的联系可分为一对一的联系、（ ）的联系、多对多的联系 3 种。
   A. 一对多　　B. 一对二　　C. 二对多　　D. 一对三
3. 在图书借阅关系中，图书和读者的关系是（ ）。
   A. 一对多　　B. 多对多　　C. 一对一　　D. 一对二
4. 用二维表结构来表示实体及实体之间联系的模型称为（ ）。
   A. 层次模型　　B. 网状模型　　C. 关系模型　　D. 对象模型

5. 数据操纵语言用于改变数据库数据，主要有3条语句：INSERT、UPDATE、(　　)。

A. DELETE　　B. GRANT　　C. CREATE　　D. REVOKE

6. 专门的关系运算包括选择、(　　)、联系3类。

A. 并　　B. 交　　C. 差　　D. 选择

7. 在以下SQL语句中，查询成绩在90分以上的学生的信息的SQL语句是(　　)。

A. SELECT * FROM StudScoreInfo WHERE StudScore >=90

B. SELECT * FROM StudScoreInfo HAVING StudScore >=90

C. SELECT * FROM StudScoreInfo HAVING StudScore≥90

D. SELECT * FROM StudScoreInfo WHERE StudScore≥90

8. 以下不是数据库管理系统的是(　　)。

A. Windows　　B. SQL Server　　C. Access　　D. Oracle

9. 专门的关系运算不包括(　　)。

A. 查询　　B. 投影　　C. 选择　　D. 连接

10. 以下函数能够实现求和功能的是(　　)。

A. SUM　　B. AVG　　C. COUNT　　D. MAX

三、填空题

1. 狭义的数据库系统可由________和数据库管理系统两个部分构成。

2. E-R图的基本思想就是分别用矩形框、椭圆形框和菱形框表示实体、属性和________。

3. 用二维表结构来表示实体及实体之间联系的模型称为________。

4. 实体之间的联系可分为一对一的联系、________的联系、多对多的联系3种。

5. 在专门的关系运算中，从关系中找出满足给定条件的元组的操作称为________。

四、数据库操作题

下面是某个学校的学生成绩管理系统的部分数据库设计文档，按要求完成下面各题。

(1) 学生信息表(StudInfo)。

学生信息表如表4-7所示。

表4-7　学生信息表(StudInfo)

字段名称	数据类型	字段长度	是否为空	主键	约束	字段描述	举例
StudNo	文本	15		是		学生学号	99070470
StudName	文本	20				学生姓名	李明
StudSex	文本	2			'男','女'	学生性别	男
StudBirthDay	日期		是			出生年月	1980-10-03
ClassName	文本	50				班级名称	Computer

（2）课程信息表(CourseInfo)。

课程信息表如表 4-8 所示。

表 4-8　课程信息表(CourseInfo)

字段名称	数据类型	字段长度	是否为空	主键	字段描述	举例	
CourseID	文本	10		是	课程编号	A0101	
CourseName	文本	50			课程名称	SQL Server	
CourseDesc	文本	100	是		课程描述	SQL Server	

（3）学生成绩表(StudScoreInfo)。

学生成绩表如表 4-9 所示。

表 4-9　学生成绩表(StudScoreInfo)

字段名称	数据类型	字段长度	是否为空	主键	约束	字段描述	举例
StudNo	文本	15		是		学生学号	99070470
CourseID	文本	10		是		课程编号	A0101
StudScore	数字	4,1			0～100	学生成绩	80.5

注：一个学生可选修多门课，同一门课可由多个学生选修。

1. 使用 Access 数据库管理系统创建以上各表。

2. 画出以上各表间的 E-R 图。

3. 分别向以上各表中添加一条记录(示例中的数据)。

4. 练习 Access 与外部数据的交互功能，导入数据到对应的数据表中。

5. 新建查询设计，实现查询课程编号为“A0101”的课程信息。

6. 在 Access 中切换至 SQL 查询视图，利用学生成绩表(StudScoreInfo)，写出将课程编号为“A0101”的课程成绩从高到低排序的 SQL 语句。

7. 在学生成绩表(StudScoreInfo)中，写出统计各学生总分的 SQL 语句。

8. 写出统计学生平均分大于 80 的 SQL 语句。

9. 写出将学生信息表中的前 10 条记录插入新表(StudInfoBack)的 SQL 语句。

10. 写出统计各门课程的平均分(AvgScore)、参考人数(CountPerson)、最高分(MaxScore)、最低分(MinScore)的 SQL 语句，统计结果要求包括课程编号、课程名称、平均分、参考人数、最高分、最低分字段。

第5章　计算思维与算法

计算思维是运用计算机科学的基础概念进行问题求解、系统设计以及人类行为理解等涵盖计算机科学领域的一系列思维活动。计算思维不单单是计算机学科所关心的课题，对其他学科也有深远的影响，计算思维的最重要内容就是算法。框图是描述算法的最好方式，对于一个实际问题，用框图描述出来后，再用一种编程语言实现，就能解决实际问题。

本章重点

(1) 了解计算思维。

(2) 熟悉解决问题的一般方法。

(3) 掌握用框图表示解决问题的算法。

(4) 了解 Python 语言程序。

(5) 了解 Raptor 编程。

(6) 了解 C 语言。

5.1　计算思维概述

科学思维是一切科学研究和技术发展的创新灵魂，科学思维包括推理思维、实证思维和计算思维。计算思维可改变大学计算机教育沿袭几十年的教学模式，是大学计算机教育振兴的途径，是计算科学与工程领域创造的革命性的研究成果。

5.1.1　计算机教育

当前，许多人将计算机科学等同于计算机编程；认为计算机只是一个工具，计算机科学专业学生的就业范围很窄；认为计算机科学的基础研究已经完成，剩下的只是工程问题。其实，在计算机领域仍充满挑战，并有许多的科学问题亟待解决。这些问题和解答仅仅受限于人们的好奇心和创造力，一个人可以主修计算机科学并从事任何行业，就像一个人可以主修英语或者数学，接着从事各种各样的职业一样。

计算机教学应当使大学新生接触计算的方法和模型，应当设法激发学生对计算机领域科学探索的兴趣。所以，人们应当传播计算机科学的快乐和力量，致力于使计算思维成为常识，提倡计算思维，宣扬计算思维在教育和科研中的作用，并把这种思维普适化、大众化，使其真正融入人类的一切活动中。

5.1.2 计算思维的定义

计算思维(Computational Thinking)的定义是2006年3月由美国卡内基·梅隆大学计算机科学系系主任周以真教授在美国计算机权威期刊*Communications of the ACM*上给出的。周教授认为计算思维是运用计算机科学的基础概念进行问题求解、系统设计以及人类行为理解等涵盖计算机科学领域的一系列思维活动。

计算思维集合了数学思维(求解问题的方法)、工程思维(设计、评价大型复杂系统)和科学思维(理解可计算性、智能、心理和人类行为)。计算思维建立在计算过程的能力和限制之上,由人设计模型让机器执行。计算方法和模型使人们敢于去处理那些原本无法由个人独立完成的问题求解和系统设计。

具体而言,计算思维是通过约简、嵌入、转化和仿真等方法,把一个困难的问题阐释成如何求解它的思维方法;计算思维可把一个复杂的大而难的问题分解成很多部分,同时去处理,这就是并行处理思想;计算思维是一种递归思维,它把一个难以解决的问题分成两个部分去处理,如不能求解,再把每部分分成两个部分处理之,这就是分而治之的思想;计算思维能把代码译成数据,又能把数据译成代码,是一种多维分析推广的类型检查方法;计算思维是一种采用抽象和分解的方法来控制庞杂的任务或者进行巨型复杂系统的设计,是基于关注点分离的方法;计算思维是一种选择合适的方式陈述一个问题,或对一个问题的相关方面建模使其易于处理的思维方法;计算思维是利用海量数据来加快计算,在时间和空间之间、在处理能力和存储容量之间进行折中的方法等。

5.1.3 计算思维的内容

计算思维的本质是抽象(Abstraction)和自动化(Automation)。计算思维中的抽象完全超越物理的时空观,并完全用符号来表示,其中,数字抽象只是一类特例。计算思维解决的最基本的问题是什么是可计算的,即弄清楚哪些是人类比计算机做得好的,哪些是计算机比人类做得好的。计算思维是每个人的基本技能,而不是只有计算机科学家才需要具备的。在培养孩子的能力时除了要掌握阅读、写作和算术(3R,Reading Writing and Arithmetic)能力,还要学会计算思维。正如印刷出版促进了3R的普及,计算和计算机也以类似的正反馈促进了计算思维的传播。计算思维有助于培养学生的理性思维,以及用模型化、程序化的思想解决实际问题的能力,从而提高学生的思维能力。

5.1.4 计算思维的特点

计算思维有如下特点。

(1) 计算思维是概念化而不是程序化。像计算机科学家那样去思维意味着不仅能为计算机编程,而且还能够在抽象的多个层次上思维。

(2) 计算思维是根本的而不是刻板的技能。根本技能是每一个人为了在现代社会中发挥职能所必须掌握的。刻板技能意味着机械重复。具有讽刺意味的是,当计算机像人类一样思考之后,思维可就真的变成机械的了。

(3) 计算思维是人的而不是计算机的思维方式。计算思维是人类求解问题的一条途径,但绝非要使人类像计算机那样思考。计算机枯燥且沉闷,人类聪颖且富有想象力,是人类赋予计算机激情,配置了计算设备,用自己的智慧去解决那些在计算时代之前不敢尝试的问题,实现“只有想不到,没有做不到”的境界。

(4) 计算思维是数学和工程思维的互补与融合。计算机科学在本质上源自数学思维,因为像所有的科学一样,其形式化基础建于数学之上。计算机科学又从本质上源自工程思维,因为人们建造的是能够与实际世界互动的系统,基本计算设备的限制迫使计算机科学家必须计算性地思考,不能只是数学性地思考。构建虚拟世界的自由使人们能够设计超越物理世界的各种系统。

(5) 计算思维是思想而不是人造物。不只是人们生产的软件、硬件等人造物以物理形式到处呈现并时时刻刻触及人们的生活,更重要的是人们拥有求解问题、管理日常生活、与他人交流和互动的计算概念。当计算思维真正融入人类活动以致不再表现为一种显式哲学的时候,它就将成为一种现实。

5.1.5 计算思维对非计算机学科的影响

计算思维不只是计算机学科所关心的课题,而且对其他学科也有着深远影响。例如,计算生物学正在改变着生物学家的思考方式;纳米计算正在改变着化学家的思考方式;量子计算正在改变着物理学家的思考方式;博弈计算理论正在改变着经济学家的思考方式等。随着计算机科学的普及,计算机科学专业的术语都已经口语化了,如“非确定随机算法”“垃圾收集”这样的术语已经司空见惯。这说明计算机科学的知识、计算机科学的发展、计算思维已经不知不觉地深入到其他学科,而且人们都在使用,实际上已经被人们所接受。

5.2 解决问题的一般方法

计算思维的核心是用计算机解决实际问题。需要用计算机解决的具体问题分为两类:一类是数值计算问题;另一类是非数值计算问题。对于数值计算问题,通常要从具体问题抽象出一个适当的数学模型,然后设计一个解此数学模型的算法,最后编出程序、进行测试和修改直至得到结果。例如,预报城市交通流问题的数学模型是线性方程组。对于非数值计算问题,通常要用到复杂的数据结构,有时也会用到数学模型。不论是哪一类问题,都需要用到分支、循环等知识。

用计算机解决问题的一般方法如下。

(1) 用框图或自然语言描绘出解决问题的步骤,本书用框图描绘。描绘出的解决问题的步骤也称为算法。

(2) 用程序设计语言来实现解决问题的步骤,即用程序设计语言把框图表示的算法翻译成机器能够理解的并可以执行的程序。

由于计算机不能直接执行用高级程序设计语言编写的程序,这里的执行是指由翻译或编译程序进行解释执行或编译成机器代码再执行。常用的语言包括 Python 语言、Raptor、C 语言等,对应的常用的编程环境有 IDLE、Raptor、VC++ 等。

5.3 用框图表示解决问题的算法

算法表示和设计是培养和训练计算思维的重要途径。表示算法和设计算法的方法很多,框图是一种好方法。框图又称为流程图,是一种直观表达算法和设计算法的工具。学习算法应该首先学会使用框图。由于框图直观且易于修改,有利于人们表达出解决问题的思想和方法。对于十分复杂难解的问题,框图可以画得粗放且抽象些,首先表达出解决问题的轮廓,然后细化;对于较为简单的问题,框图可以画得粗放也可以画得细致。

常用的框图符号如图 5-1 所示。

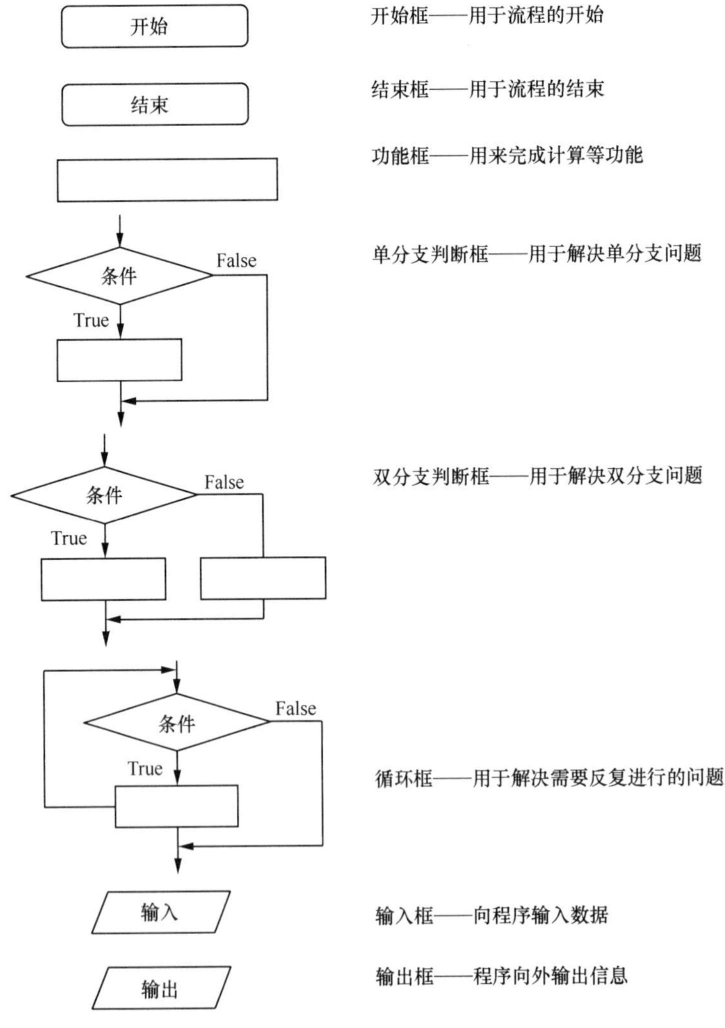

图 5-1 常用的框图符号

【问题 5-1】 计算长方形面积。

分析：长方形面积公式为 $s=a\times b$，只要设置了长 a，宽 b，就能计算出面积 s。

用框图表示的长方形面积算法如图 5-2 所示。

【问题 5-2】 用户输入一个三位自然数，让计算机输出百位数、十位数和个位数。

分析：该问题需要把三位数的百位、十位、个位分离出来。三位数除以 100，其整数部分就是百位数，后两位数除以十，其整数部分就是十位数，因而可画出图 5-3 所示的框图。

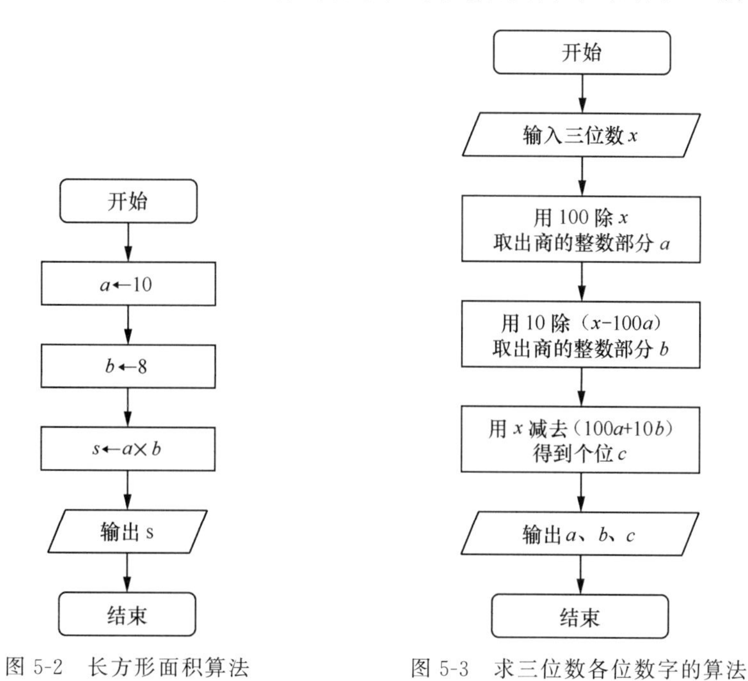

图 5-2 长方形面积算法　　图 5-3 求三位数各位数字的算法

【问题 5-3】 由键盘输入一个整数，如果是偶数则输出“偶数”，如果是奇数则输出“奇数”。

分析：一个整数能被 2 整除就是偶数，否则就是奇数。

用框图表示的判断整数奇偶性的算法如图 5-4 所示。

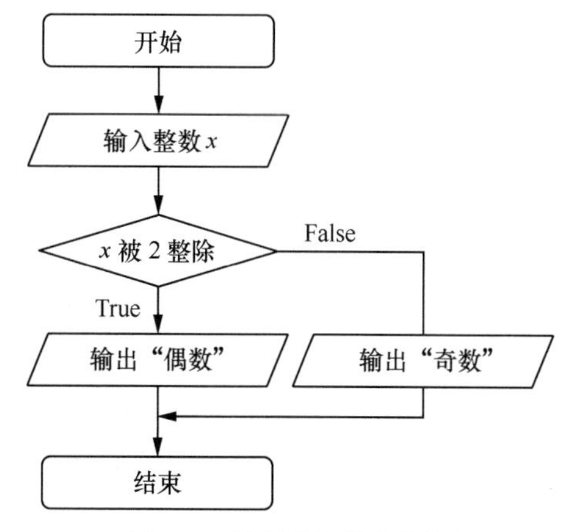

图 5-4 判断整数的奇偶性

【问题 5-4】 编程计算 $1+2+3+\cdots+n$ 的值，n 由键盘输入。

分析：每次循环累加一个整数值，整数的取值范围为 $1\sim n$，需要使用循环。

用框图表示的算法如图 5-5 所示。

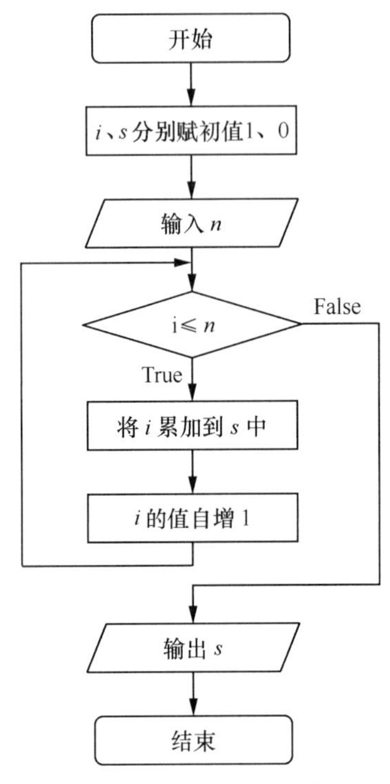

图 5-5　从 1 累加到 n 的算法

5.4　Python 语言

5.4.1　Python 语言简介

Python 是一种面向对象、直译式计算机程序设计语言，也是一种功能强大的通用型语言，由 Guido van Rossum 于 1989 年末开发，经过近 30 年的发展，已经成熟且稳定。它包含一组完善且容易理解的标准库，能够轻松完成很多常见的任务。它的语法非常简捷和清晰，与其他大多数计算机程序设计语言不一样，它采用缩进来定义语句块。

Python 支持命令式编程、面向对象程序设计、函数式编程、泛型编程等多种编程方式。与 Scheme、Ruby、Perl、TCL 等动态语言一样，Python 具备垃圾回收功能，能够自动管理内存。它经常被当作脚本语言，用于处理系统管理任务和 Web 编程，并且非常适合完成各种高阶任务。Python 虚拟机本身几乎可以在所有的操作系统中运行。使用诸如 py2exe、PyPy、PyInstaller 之类的工具可以将 Python 源代码转换成可以脱离 Python 解释器执行的程序。

Python 2.0 于 2000 年 10 月 16 日发布，主要是实现了完整的垃圾回收，并且支持 Unicode。同时，整个开发过程更加透明，Python 社区对开发进程的影响逐渐扩大。Python 3.0 于 2008 年 12 月 3 日发布，此版不完全兼容之前的 Python 代码。不过，很多新特性后来也被移植到旧的 Python 2.6/2.7 版本。之后，还推出了 Python 3.4、Python 3.5、Python 3.6、Python 3.7 等版本。

Python 是完全面向对象的语言，函数、模块、数字、字符串都是对象，并且完全支持继承、重载、派生、多继承，有益于增强代码的复用性。Python 支持重载运算符，因此 Python 也支持泛型设计。虽然 Python 可能被粗略地分类为“脚本语言”（Script Language），但实际上一些大规模软件开发计划（如 Zope、Mnet、BitTorrent、Google）也广泛地使用它。

Python 本身被设计为可扩展的，并非所有的特性和功能都集成到语言核心。Python 提供了丰富的 API 和工具，以便程序员能够轻松地使用 C、C++、Python 语言来编写扩展模块。Python 解释器本身也可以被集成到其他需要脚本语言的程序内，因此，很多人还把 Python 作为一种“胶水语言”（Glue Language）使用，使用 Python 将其他语言编写的程序进行集成和封装。Google 的很多项目都使用 C++ 编写性能要求极高的部分，然后用 Python 调用相应的模块。很多游戏（如 EVE Online）使用 Python 来处理游戏中繁多的逻辑。

在很多操作系统中，Python 是标准的系统组件。大多数 Linux 发行版以及 NetBSD、OpenBSD 和 Mac OS X 都集成了 Python，可以在终端直接运行 Python。有一些 Linux 发行版的安装器使用 Python 语言编写，比如 Ubuntu 的 Ubiquity 安装器，Red Hat Linux 和 Fedora 的 Anaconda 安装器。Gentoo Linux 使用 Python 来编写它的 Portage 包管理系统。Python 标准库包含了多个调用操作系统功能的库。通过 pywin32 这个第三方软件包，Python 能够访问 Windows 的 COM 服务及其他 Windows API。使用 IronPython，Python 程序能够直接调用.Net Framework。一般说来，Python 编写的系统管理脚本在可读性、性能、代码重用度、扩展性几个方面都优于普通的 Shell 脚本。

NumPy、SciPy、Matplotlib 可以让 Python 程序员编写科学计算程序。PyQt、PySide、wxPython、PyGTK 是 Python 快速开发桌面应用程序的利器。

TensorFlow 是谷歌为支持其研究和生产目标创建的项目，于 2015 年发布，它是一款开源机器学习框架，易于在各种平台上使用和部署。它是机器学习中维护得最好和使用广泛的框架之一，对 Python 有良好的支持。

MXNet 是亚马逊（Amazon）选择的深度学习库。它拥有类似于 Theano 和 TensorFlow 的数据流图，有助于实现多 GPU 配置，有类似于 Lasagne 和 Blocks 更高级别的模型构建块，并且可以在任何硬件上运行（包括手机），对 Python 有良好的支持。

Caffe（Convolutional Architecture for Fast Feature Embedding，用于快速特征嵌入的卷积结构）最初于 2017 年发布，Caffe 是一种专注于表现力、速度和模块性的机器学习框架。该框架采用 C++ 编写，并附带一个 Python 界面。

Keras 是一个开源机器学习库，最初于 2015 年发布，旨在简化深度学习模型的创建。

它用 Python 编写，可以部署在其他人工智能技术之上，如 TensorFlow、Microsoft Cognitive Toolkit(CNTK)和 Theano。

Python 对于各种网络协议的支持都很完善，因此经常被用于编写服务器软件、网络爬虫。第三方库 Twisted 支持异步网络编程和多数标准的网络协议(包含客户端和服务器)，并且提供了多种工具，被广泛用于编写高性能的服务器软件。

适用于 Python 的集成开发环境(Integrated Development Environment，IDE)软件，除了标准二进制发布包所附的 IDLE 之外，还有许多其他选择。其中有些软件设计有语法着色、语法检查、运行调试、自动补全、智能感知等便利功能。由于 Python 的跨平台出身，这些软件往往也具备各种操作系统的版本或一定的移植性。

下面介绍几款专门为 Python 设计的 IDE 软件。

(1) Eric：基于 PyQt 的自由软件，功能强大。支持自动补全、智能感知、自动语法检查、工程管理、SVN/CVS 集成、自动单元测试等功能。调试功能与 Visual Studio 和 Eclipse 类似。目前同时有两个版本：Eric4 支持 Python 2.x，Eric5 支持 Python 3.x。使用前需要先安装相应的 PyQt 版本。

(2) Ulipad：功能较全的免费软件，依赖 wxPython。

(3) IDLE：Python"标准"IDE。一般随 Python 安装，支持较少的编辑功能，调试功能也比较弱，但容易使用。

(4) Komodo 和 Komodo Edit：后者是前者的免费精简版。

(5) PythonWin：包含在 pywin32 内的编辑器，仅适用于 Windows。

(6) SPE(Stani's Python Editor)：功能较多的免费软件，依赖 wxPython。

(7) WingIDE：可能是功能最全的 IDE，但不是免费软件。

(8) Uliweb、Django、Web2py：用于开发网站的 Python 框架。

【例 5-1】 问题 5-4 的 Python 语言程序。

```
#Exp5_1.py
i, s=1, 0                                  #定义两个变量 i 和 s
n=eval(input('n='))                        #从键盘输入一个整数送给 n
while i<=n:                                #循环语句
      s=s+i                                #对 i 进行累加
      i=i+1
print('1+2+3+…+', n, '=', s)               #输出数据
```

5.4.2 Python 语言基础

1. 赋值语句

赋值语句是 Python 中最基本的语句，用来产生变量。使用赋值语句可定义变量并为其赋初值。

赋值语句的语法如下。

```
变量=表达式
```

例如：

```
x=3
y=5
z=x+y
```

2. 模块导入

Python编程效率高的主要原因是有大量的开源模块，开发者只要导入所需要的模块就能进行编程。导入模块之后，就能使用模块中的函数和类来解决开发中的实际问题。导入模块使用import语句，有以下3种用法。

1）导入整个模块

一般格式如下。

```
import 模块名 1[, 模块名 2 [, …] ]
```

模块名就是程序文件的前缀，不含.py，可一次导入多个模块。导入模块之后，调用模块中的函数或类时，需要以模块名为前缀，程序的可读性好，具体如下。

```
>>> import math
>>> math.sin(0.5)
0.479425538604203
```

2）与from联用导入整个模块

一般格式如下。

```
from 模块名 import *
```

使用这种方式导入模块之后，调用模块中的函数或类时，仅使用函数名或类名，程序简洁但可读性稍差。例如：

```
>>> from math import *
>>> cos(0.5)
0.8775825618903728
```

3）与from联用导入一个或多个对象

一般格式为如下。

```
from 模块名 import  对象名 1[, 对象名 2 [, …] ]
```

这种方式只导入模块中的一个或多个对象，调用模块中的对象时，仅使用对象名。例如：

```
>>> from math import exp , sin, cos
>>> exp(1)
2.718281828459045
>>> sin(0.5)
```

```
0.479425538604203
>>> cos(0.5)
0.8775825618903728
```

Python 中的常用模块见表 5-1。

表 5-1　Python 中的常用模块

模　块	说　　明
os	os 模块包装了不同操作系统的通用接口，使用户在不同操作系统下，可以使用相同的函数接口调用操作系统的功能
sys	sys 是系统信息和方法模块，提供了很多实用的变量和方法
math	math 模块定义了标准的数学方法，如 cos(x)、sin(x)等
random	random 模块提供了多种方法来产生随机数
struct	struct 模块可把数字和 bool 值与字节串进行相互转换
pickle	pickle 模块可把对象变为字节串并写入文件中，也可从文件中读出对象
datetime	datetime 模块中有日期时间处理的方法
time	time 模块中有与时间、时钟、计时相关的方法
tkinter	tkinter 模块提供了图形界面开发的方法
mySQLdb	mySQLdb 模块中有操纵 mySQL 数据库的方法，该模块需要下载
urllib	urllib 包提供了高级的接口来实现与 HTTP Server、FTP Server 和本地文件交互的 Client，该模块需要下载

random 的简单用法如下。

```
random.randint(a, b)            #返回 a~b 的随机整数
random.random()                 #返回 0~1 的随机小数
```

例如：

```
>>> import random
>>> random.randint(0,100)
5
>>> random.randint(0,100)
60
>>> random.randint(0,100)
65
>>> random.randint(0,100)
38
>>> random.random()
0.04113355816162545
>>> random.random()
0.8554658837478725
>>> random.random()
0.3029787171878404
```

time 的简单用法如下。

```
time.sleep(n)  #让程序暂停 n 秒
```

3. 分支语句

分支语句用来解决程序的分支问题,根据条件的值为 True 或 False,程序执行不同的语句块,条件是一个表达式。计算机的智能需要分支语句来表达。

1) 单分支语句

单分支语句的语法如下。

```
if 表达式:
    语句块
```

执行流程如图 5-6 所示。当表达式为 True 时,执行语句块,然后结束该语句;当表达式为 False 时不执行语句块,直接结束该语句。

2) 双分支语句

双分支语句的语法如下。

```
if 表达式:
    语句块 1
else:
    语句块 2
```

执行流程如图 5-7 所示。当表达式为 True 时,执行语句块 1,然后结束该双分支语句;当表达式为 False 时执行语句块 2,然后结束该双分支语句。

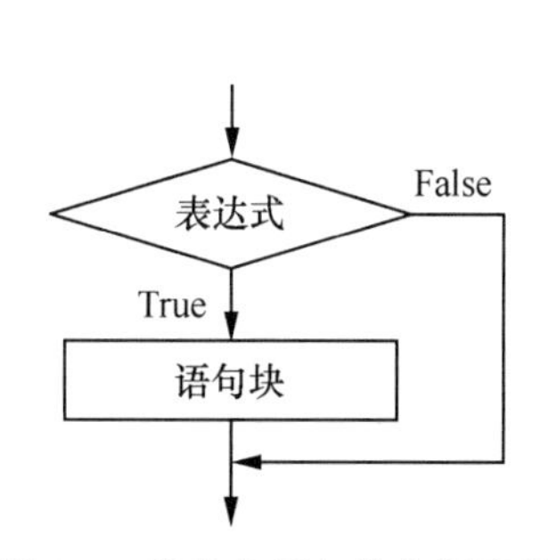

图 5-6 单分支语句的执行流程

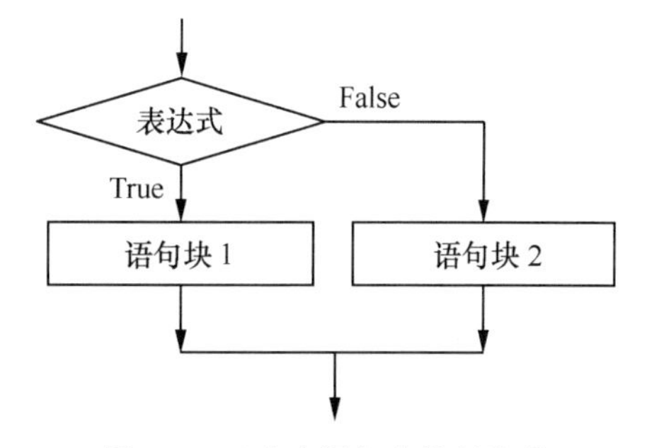

图 5-7 双分支语句的执行流程

3) 多分支语句

多分支语句的语法如下。

```
if 表达式 1:
    语句块 1
elif 表达式 2:
    语句块 2
⋮
elif 表达式 n:
```

```
    语句块 n
else:
    语句块 n+1
```

顺序检查表达式 1～表达式 n，当某个表达式 i 为 True 时，执行对应的语句块 i，然后结束该多分支语句。当表达式 1～表达式 n 都为 False 时，执行语句块 $n+1$，然后结束该多分支语句。

4. 循环语句

Python 的循环语句有 while 和 for，都能解决循环问题，下面分别介绍。

1）while 语句

while 语句的语法如下。

```
while 表达式:
    循环体
```

执行流程如图 5-8 所示。当表达式为 True 时执行循环体，循环体执行后，自动返回判断表达式，重复这个流程；当表达式为 False 时结束该循环语句。

2）for 语句

for 语句的语法如下。

```
for 变量 in 序列:
    循环体
```

执行流程如图 5-9 所示。对序列进行遍历，每次取序列中的一个元素然后执行循环体。

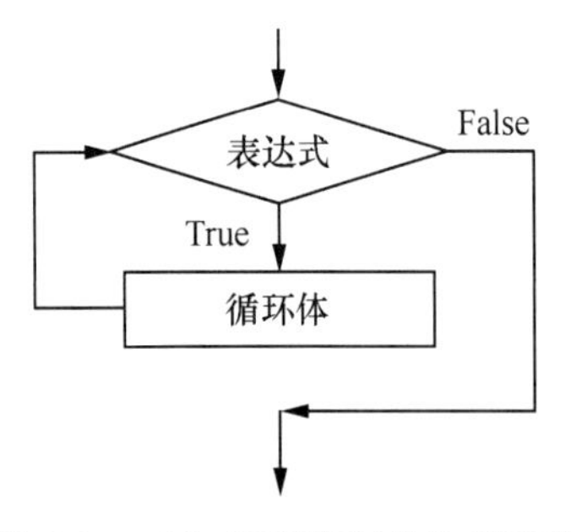

图 5-8　while 循环语句的执行流程

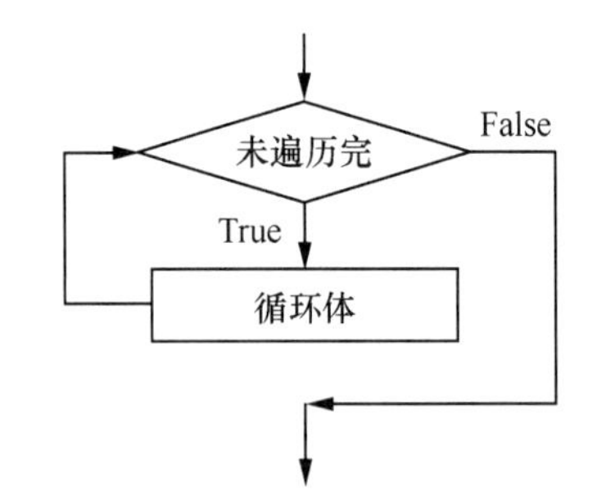

图 5-9　for 语句的执行流程

5. 代码块的缩进

Python 程序是依靠代码块的缩进来体现代码之间的逻辑关系的，缩进结束就表示一个代码块结束了。Python 解释程序也是依靠这种缩进对代码进行解释和执行的。同时，代码块的合理缩进也能帮助程序员理解代码，并养成良好的编程习惯。

5.5 Raptor 编程简介

Raptor 是一种基于框图的可视化编程开发环境，软件可从 Raptor 官网下载。5.3 节介绍的框图是一种通用的框图，在 Raptor 中有基本对等的表示。用 Raptor 解决实际问题分为三步：首先用 Raptor 设计框图把算法描述出来，然后双击每一个框图符号写入相应的代码，最后可执行得到结果。

Raptor 的编程界面如图 5-10 所示。

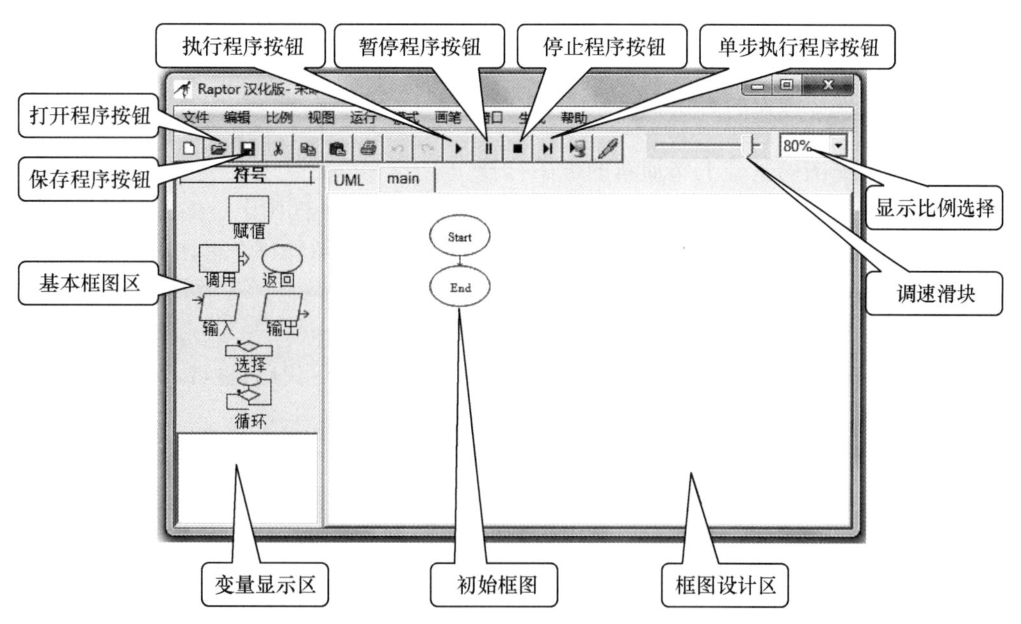

图 5-10 Raptor 的编程界面

1. Raptor 基本语言知识

1）常量

（1）十进制整数，如 0、−1、9、123。

（2）十进制小数，如 1.2、−3.6。

（3）字符串，如"Raptor"、"abc"。

2）基本运算符和表达式

Raptor 基本运算符和表达式见表 5-2。

表 5-2 Raptor 基本运算符和表达式

运　算　符	描　　述
x+y，x−y	加法，减法
x * y，x/y，x%y	乘法，除法，求余数

续表

运算符	描述
x＊＊y	幂运算
x＜y,x＜＝y,x＞y,x＞＝y	比较大小
x＝＝y,x！＝y	相等比较,不等比较
x and y	逻辑与
x or y	逻辑或
not x	逻辑非

2. Raptor 设计程序的方法

1）在初始框图的基础上添加新的框图符号

可从基本框图区把一个框图符号拖曳到正在设计的程序框图上。需注意的是,要拖到连接线上。也可选中一个框图符号,然后单击连接线也能添加一个框图符号。

重复这个过程,直到一个实际问题的框图设计完成。

2）为每个框图符号填写代码

右击一个框图符号,选择“编辑”,出现编辑窗口,就可填写代码;也可双击一个框图符号,在弹出的编辑窗口中填写代码。

下面举例说明。

【例 5-2】 问题 5-1 的 Raptor 程序。

设计的框图如图 5-11 所示,填写代码后的框图如图 5-12 所示。

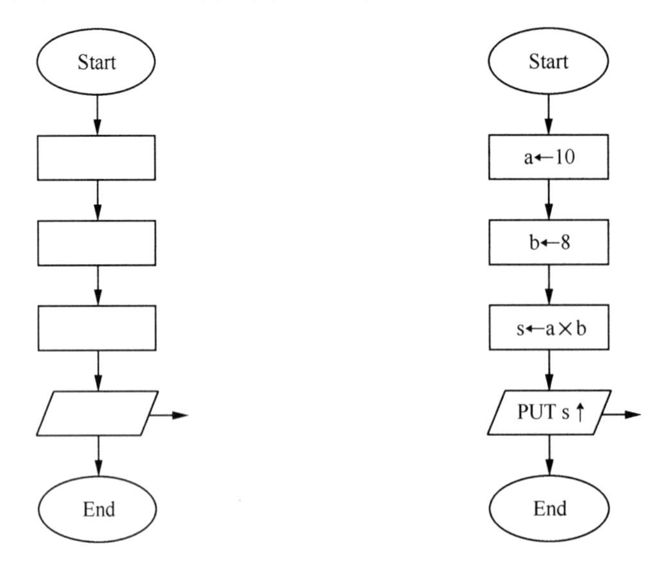

图 5-11　求长方形面积的框图　　图 5-12　求长方形面积的代码

【例 5-3】 问题 5-4 的 Raptor 程序。

设计的框图如图 5-13 所示,填写代码后的框图如图 5-14 所示。

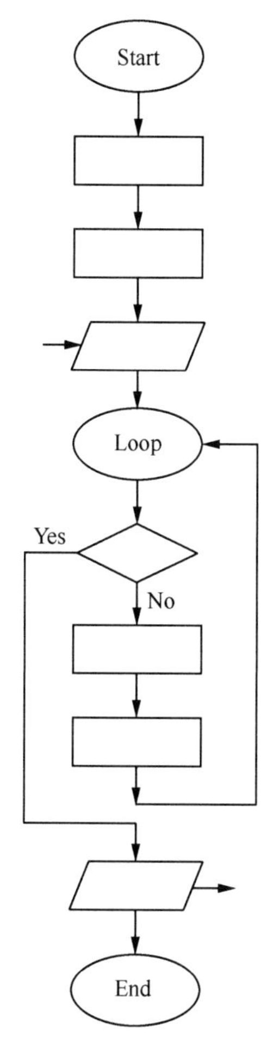

图 5-13 求 1～n 累加的框图

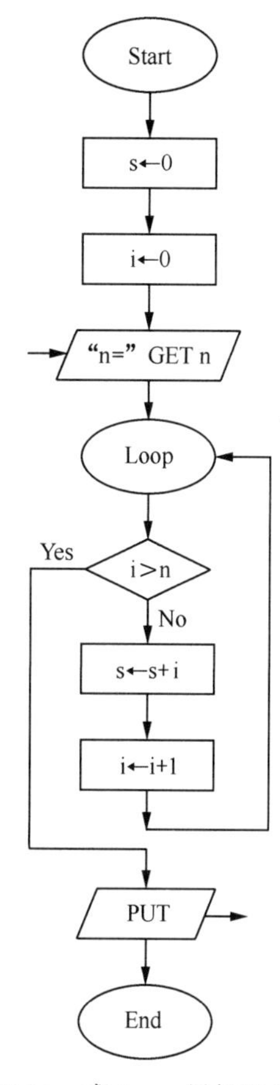

图 5-14 求 1～n 累加的代码

5.6 C 语言简介

C 语言是一种通用的、程序结构化的、面向过程的计算机程序设计语言，它于 1972 年由 Dennis Ritchie 在贝尔电话实验室实现 UNIX 操作系统时开发。C 语言不仅可用来实现系统软件，也可用于开发应用软件。它还广泛使用在大量且不同的软件平台和不同架构的计算机上，而且几个流行的编译器都采用它来实现。C 语言还极大地影响了很多其他的程序设计语言，尤其是 C++ 程序设计语言，该语言是 C 语言的一个超集。

C 语言的起源与 UNIX 操作系统的开发紧密相连。1969 年，美国贝尔实验室的 Ken Thompson 等人用 PDP-7 汇编语言编写了最初的 UNIX 系统。接着，又对剑桥大学的 Martin Richards 设计的 BCPL（Basic Combined Programming Language）语言进行了简化，并为 UNIX 设计了一种编写系统软件的语言，命名为 B 语言，并用 B 语言为 DEC PDP-7 写了 UNIX 操作系统。B 语言简单且很接近硬件，它是一种无类型的语言，直接对机器字操作，这与后来的C语言有很大不同。1972—1973年，贝尔实验室的Dennis Ritchie改造了B语言，为其添加了数据类型的概念，并由此设计出C语言。BCPL、B语言和C语言全都严格符合以FORTRAN和ALGOL 60为代表的传统过程类型语言。它们都面向系统编程、小、定义简洁，且可被简单编译器翻译。1973年，Ken Thompson小组在PDP-11机上用C重新改写了UNIX的内核。与此同时，C语言的编译程序也被移植到IBM 360/370、Honeywell 11和VAX-11/780等多种计算机上，迅速成为应用最广泛的系统程序设计语言。

1978年Brian Kernighan和Dennis Ritchie出版了名著*The C Programming Language*，这本书作为一种程序设计语言的规范说明使用了很多年。在20世纪80年代，C语言的使用十分广泛，并且几乎在每一种机器体系结构和操作系统中都有编译器，特别是它变成了一种个人计算机上流行的编程工具，包括对这些机器的商业软件制造商和对编程感兴趣的终端用户。由于没有统一的标准，使得应用于不同计算机系统上的C语言之间有一些不一致的地方。到1982年，C语言标准化势在必行。

美国国家标准协会(ANSI)于1983年夏天组建了X3J11委员会，为C语言制定了第一个ANSI标准，称为ANSI C，简称标准C。1987年ANSI又公布了新标准——87 ANSI C。1988年Brian Kernighan和Dennis Ritchie根据ANSI C标准重新写了他们的经典著作，并发表了*The C Programming Language*，*Second Edition*。87 ANSI C在1989年被国际标准化组织(ISO)采用，被称为ANSI/ISO Standard C(即C89)。现代的C语言编译器绝大多数都遵守该标准。

1999年发布的C99在基本保留C语言特征的基础上，增加了一系列C++中面向对象的新特征，使C99成为C++的一个子集。C语言也从过程化的语言发展成为面向对象的语言。但目前大多数C编译器还没有完全实现C99修改。

面向对象的编程语言目前主要有C++、C#、Java语言。这三种语言都是从C语言派生出来的，C语言的知识几乎都适用于这三种语言。

C语言的编程环境一直在向前发展。美国Borland公司于1987年在Borland Pascal的基础上成功推出了Turbo C，它不仅能够满足ANSI标准，还提供了一个集成开发环境。它不仅保留了按传统方式提供命令行编译程序的方法，更重要的是它采用了下拉式菜单，将文本编辑、程序编译、链接及程序运行等一系列过程进行了集成，大大简化了程序的开发过程。随着Windows编程的兴起，Borland C和Microsoft C(MSC，只能在DOS下采用命令行撰写Windows程序)受到用户的欢迎。在Windows中常用Visual C++ 6.0编写程序和编译程序，在Linux中常用GEdit编写程序而用GCC编译程序。

C的成功远远超出了Ken Thompson和Dennis Ritchie等人早期的期望。目前很多著名系统软件，如dBASE IV等都是用C编写的，在图像处理、数据处理和数值计算等应用领域都可以方便地使用C语言。C语言之所以得到广泛使用是因为它具有如下特点。

(1) C语言是一种通用性语言，通用性、设计自由度大和可扩展性强使得它对许多程序员来说更简洁紧凑、方便灵活。

(2) C语言是一种程序结构化语言。C语言吸取了FORTRAN和ALGOL 68语言的结构化思想，出现了结构类型和联合类型，采用了复合语句“{}”形式和函数调用模式，并具有顺序结构、条件选择结构和循环结构化程序流程。在设计一个大型程序时，可方便程序员分工编程和调试，提高了并行编程的效率，也使得C语言相对于汇编语言而言具有“高级”语言的特点。

(3) C语言继承了B语言中与机器字换算的特点，并吸取了汇编语言的精华，从而生成的代码质量高、运行速度快。C代码的执行效率可达到汇编语言的90%，也使得C语言具有“低级”语言的特点。

C语言提供了对位、字节和地址的操作，使得程序可以直接对内存进行访问，可以直接对硬件进行操作。

C语言引入了宏汇编技术中的预处理器，提供的文件包含#include和参数化宏#define预处理命令。在C99中还增加了const和volatile关键字，提高了C语言的可靠性。

C语言可以方便地与汇编语言进行混合汇编。C语言和汇编语言的混合编程，使得C语言的代码执行效率更接近汇编语言。

(4) 可移植性好。它适合不同架构CPU的微机系统和多种操作系统。不同于汇编语言或一些高级语言只能依赖机器硬件或操作系统。

(5) C语言的应用领域很广泛。单片机、嵌入式系统和DSP等都将C语言作为自己的开发工具。尽管C++语言发展很快，但仍然无法替代C语言在面向OEM底层开发时的应用。

C语言虽取得了极大成功，但也有很多缺陷。如类型检查机制相对较弱、缺少支持代码重用的语言结构等缺陷，使得用C语言开发大程序比较困难。尽管如此，C语言符合系统实现语言的需要，足以取代汇编语言，并可在不同环境中流畅描述算法。更重要的是，学好了C语言，就为学习程序设计打好了坚实的基础，也为以后的工程应用打开了一扇门。

【例5-4】 问题5-4的C语言程序。

```
#include <stdio.h>
void main()
{
    int i, sum,n=100;
    sum=0;
    for(i=1; i<=n; i++)
    {
        sum=sum+i;
    }
    printf("1+2+…+%d=%d", n,sum);
}
```

本章小结

本章主要介绍了计算思维、解决问题的一般方法、框图的部件、用框图表示解决问题的算法、Python 语言、Raptor 编程和 C 语言。

要掌握本章内容，需要多看书，多思考，做几个用框图表示算法的练习，用某种语言如 Python 或 Raptor 把用框图表示的算法转换为程序。

习题

1. 求长方体的体积。

2. 输出 1000 之内能被 7 整除的数。

3. 编程求斐波那契数列的前 20 项，已知该数列的第一、二项分别是 0、1，从第三项开始，每一项都是前两项之和。例如：0，1，1，2，3，5，8，13…

4. 猜数游戏：程序内部设定一个整数值，请用户从键盘上输入数据猜想事先设置的数是什么。告诉用户是猜大了还是小了。3 次以内猜对，用户获胜；否则，告诉用户设置的数据是什么。

第6章　大　数　据

半个世纪以来，随着计算机技术全面融入社会生活，信息爆炸已经积累到了开始引发变革的程度。它不仅使世界充斥着比以往更多的信息，而且其增长速度也在加快。信息爆炸的学科（如天文学和基因学）创造出了“大数据”这个概念。如今，这个概念几乎应用到了所有人类智力与发展的领域中。

大数据蕴含着巨大的价值，对社会、经济、科学研究等各个方面都具有重要的战略意义。目前，大数据已经在政府公共管理、医疗服务、零售业、制造业，以及涉及个人的位置服务等领域得到了广泛应用，并产生了巨大的社会价值和产业空间。

本章重点

（1）了解大数据基础知识。

（2）熟悉大数据的处理过程。

（3）熟悉大数据的典型应用。

6.1　大数据基础

6.1.1　数据

数据（Data）不再是社会生产的“副产物”，而是可被二次乃至多次加工的原料，从中可以挖掘更大价值，它变成了生产资料。在数据科学中，各种符号（如字符、数字等）的组合、语音、图形、图像、动画、视频、多媒体和富媒体等统称为数据。人们无法也没有必要给出数据唯一的权威定义，但至少应注意以下两点。

（1）数据和数值是两个不同的概念。数值仅仅是数据的一种存在形式而已，除了数值，数据科学中所说的数据还包括了文字、图形、图像、语音、视频、多媒体和富媒体等多种类型，如图 6-1 所示。

（2）数据与信息、知识、智慧等概念之间存在一定的区别和联系，如图 6-2 所示的 DIKW 金字塔（DIKW Pyramid），反映了数据、信息、知识和智慧之间层层递进的关系。其中，最基层的数据是原始素材，是现实世界的记录。对这些数据进行加工后，可以得到有逻辑的数据，可以回答 Who、What、Where 和 When 等问题。在此基础上，再经过组织和提炼，得到知识，可以回答 How 和 Why，即发现规律、模式、模型、理论、方法等。最后，通过应用可以预测未来，达到智慧的境界。可以看出，从数据到智慧的认识转变过程，同时也是从认识部分到理解整体、从描述过去（或现在）到预测未来的过程。

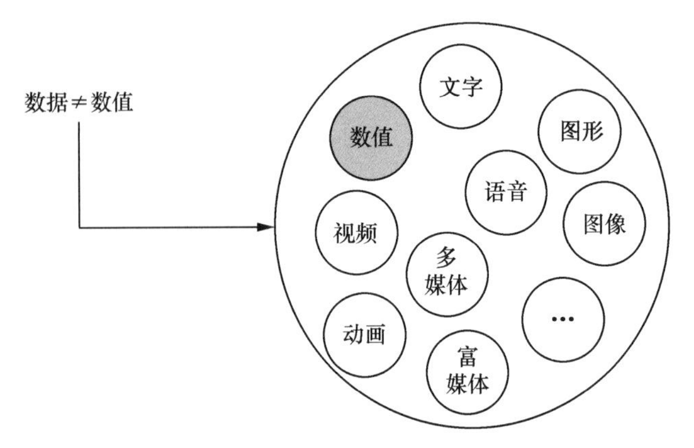

图 6-1　数据不等同于数值

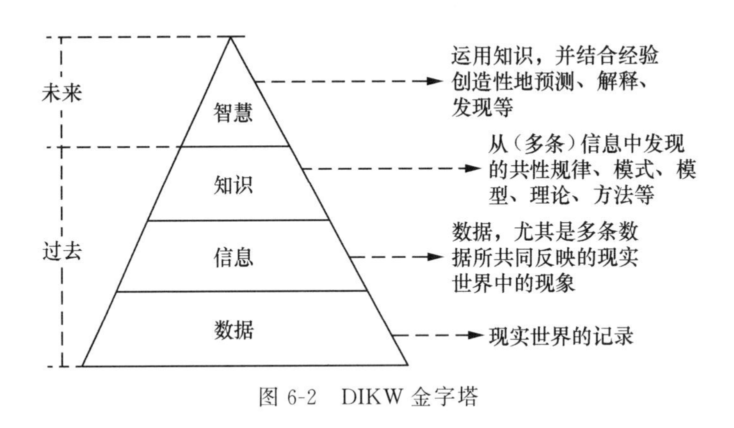

图 6-2　DIKW 金字塔

6.1.2　大数据

1. 大数据概述

大数据(Big Data)是指无法在一定时间范围内用常规软件工具进行捕捉、管理和处理的数据集合，是需要新处理模式才能具有更强的决策力、洞察发现力和流程优化能力的海量、高增长率和多样化的信息资产。

大数据来源包括互联网(社交、搜索、电商)、移动互联网(微博)、物联网(传感器、智慧地球)、车联网、GPS(即全球定位系统)、医学影像、安全监控、金融(银行、股市、保险)、电信(通话、短信)等，它们都在疯狂产生数据。

数据的爆发式增长和社会化趋势是大数据应运而生的本质原因。简而言之，数据中蕴含的宝贵价值成为人们存储和处理大数据的动力。

2. 大数据的特征(4V+O)

大数据的特征如下。

1) Volume(数据量大)：数据量大，采集、存储和计算的量大

数据量大，是区别于传统数据库管理方式的最显著特征，一般数据库管理系统的数据

量在 TB 级别，而大数据的起始计量单位至少是 P、E 或 Z 级别(见图 6-3)。

1KB(KiloByte)=2^{10}B
1MB(MegaByte)=2^{10}KB=2^{20}B
1GB(GigaByte)=2^{10}MB=2^{20}KB=2^{30}B
1TB(TeraByte)=2^{10}GB=2^{20}MB=2^{30}KB=2^{40}B
1PB(PetaByte)=2^{10}TB=2^{20}GB=2^{30}MB=2^{40}KB=2^{50}B
1EB(ExaByte)=2^{10}PB=2^{20}TB=2^{30}GB=2^{40}MB=2^{50}KB=2^{60}B
1ZB(ZettaByte)=2^{10}EB=2^{20}PB=2^{30}TB=2^{40}GB=2^{50}MB=2^{60}KB=2^{70}B
1YB(YottaByte)=2^{10}ZB=2^{20}EB=2^{30}PB=2^{40}TB=2^{50}GB=2^{60}MB=2^{70}KB=2^{80}B
1NB(NonaByte)=2^{10}YB=2^{20}ZB=2^{30}EB=2^{40}PB=2^{50}TB=2^{60}GB=2^{70}MB=2^{80}KB=2^{90}B
1DB(DoggaByte)=2^{10}NB=2^{20}YB=2^{30}ZB=2^{40}EB=2^{50}PB=2^{60}TB=2^{70}GB=2^{80}MB=2^{90}KB=2^{100}B

图 6-3 数据计量单位

从商业、科学研究到医疗保险，从银行、政府到互联网，不同领域的信息都在爆炸式增长，这种增长甚至超出了人们创造机器的速度，超出了人们的想象空间。伴随着各种随身设备、物联网和云计算、云存储等技术的发展，人和物的所有轨迹都可以被记录，数据因此被大量生产出来。

移动互联网的核心网络节点是人，不再是网页，人人都成为数据制造者，短信、微博、照片、录像都是其数据产品；数据来自无数自动化传感器、自动记录设施、生产监测设备、环境监测设备、交通监测设备、安防监测设备等；来自自动流程记录，刷卡机、收款机、电子不停车收费系统，电话拨号等设施以及各种办事流程登记等。大量自动或人工产生的数据通过互联网聚集到特定地点，如电信运营商、互联网运营商、政府、银行、商场、企业、交通枢纽等机构，形成了大数据之海。

我们周围到底有多少数据？数据量的增长速度有多快？

(1) 谷歌执行董事长埃里克·施密特曾说，现在全球每两天所创造的数据量等同于从人类文明开始至 2003 年间产生的数据量的总和。

(2) 2000 年，美国的斯隆数字巡天(Sloan Digital Sky Survey)项目启动时，位于新墨西哥州的望远镜在短短几周内搜集到的数据已经比天文学历史上总共搜集的数据还要多；位于智利的大型视场全景巡天望远镜于 2016 年投入使用，其在 5 天之内搜集到的信息量相当于墨西哥州望远镜 10 年的信息量。

(3) 2003 年，人类第一次破译人体基因密码时，用了 10 年才完成了 30 亿对碱基对的排序；而到 2013 年，世界范围内的基因仪 15min 就可以完成同样的工作量。

(4) 2011 年，马丁·希尔伯特和普里西利亚·洛佩兹在《科学》上发表了一篇文章，对 1986—2007 年人类所创造、存储和传播的一切信息数量进行了追踪计算。其研究范围大约涵盖了 60 种模拟和数字技术：书籍、图画、信件、电子邮件、照片、音乐、视频(模拟和数字)、电子游戏、电话、汽车导航等。据他们估算：2007 年，人类存储了超过 300EB 的数据；1986—2007 年，全球数据存储能力每年提高 23%，双向通信能力每年提高 28%，通用计算能力每年提高 58%；2013 年，世界上存储的数据量已达到约 1.2ZB。

(5) 根据监测统计，2017 年全球的数据总量为 21.6ZB，目前全球数据的增长速度在每年 40%左右，预计到 2020 年全球的数据总量将达到 40ZB。

这样大的数据量意味着什么?

(6) 据估算,如果把这些数据全部记在书中,这些书可以覆盖整个美国52次。如果存储在只读光盘上,这些光盘可以堆成5堆,每堆都可以伸到月球。

(7) 谷歌公司每天要处理超过24PB的数据,这意味着其每天的数据处理量是美国国家图书馆所有纸质出版物所含数据量的上千倍。

(8) 在公元前3世纪,希腊时代著名的图书馆——亚历山大图书馆竭力搜集了当时其所能搜集到的书写作品,可以代表当时世界上其所能搜集到的知识量。但当数字数据洪流席卷世界之后,每个人都可以获得大量数据信息,其数量相当于当时亚历山大图书馆存储的数据总量的320倍。

(9) Facebook公司每天更新的照片量超过1000万张,每天人们在网站上点赞或评论次数大约有30亿次,这就为Facebook公司挖掘用户喜欢的内容提供了大量的数据线索。与此同时,谷歌子公司YouTube每月接待多达8亿的访客,平均每一秒就有一段时长在一小时以上的视频上传。Twitter上的信息量几乎每年翻一倍,每天都会发布超过4亿条微博,而这些数据正在持续增长。

2) Variety(类型繁多):种类和来源多样化

多样化的数据,包括结构化、半结构化和非结构化数据(它们之间的区别与联系参见表6-1),具体表现为网络日志、音频、视频、图片、地理位置信息、网页等,多类型的数据对数据的处理能力提出了更高的要求。

表6-1　结构化、半结构化和非结构化数据的区别与联系

类　型	含　义	本　质	举　例
结构化数据	直接可以用传统关系数据库存储和管理的数据	先有结构,后有数据	关系数据库中的数据
半结构化数据	经过一定转换处理后,可以用传统关系数据库存储和管理的数据	先有数据,后有结构(或较容易发现其结构)	HTML、XML文件等
非结构化数据	无法用关系数据库存储和管理的数据	没有(或者难发现)统一结构的数据	语音、图像文件等

随着传感器、智能设备以及社交协作技术的飞速发展,组织中的数据也变得更加复杂,因为它不仅包含传统的关系数据,还包含来自网页、互联网日志文件(包括点击流数据)、搜索索引、社交媒体论坛、电子邮件、文档、主动和被动系统的传感器数据等原始、半结构化和非结构化数据。

在大数据时代,数据格式变得越来越多样,涵盖了文本、音频、图片、视频、模拟信号等不同的类型;数据来源也越来越多样,不仅产生于组织内部运作的各个环节,也来自组织外部。例如,在交通领域,北京市交通智能化分析平台数据来自路网摄像头/传感器、公交、轨道交通、出租车和省际客运、旅游、危化品运输、停车、租车等运输行业,以及问卷调查和地理信息系统数据。4万辆浮动车每天产生2000万条记录,交通卡刷卡每天记录1900万条数据,手机定位数据每天多达1800万条,出租车运营数据每天多达100万条,电子停车收费系统数据每天有50万条,定期调查覆盖8万户家庭等,这些数据在体量和速度上都达到了大数据的规模。

大数据不仅是处理巨量数据的利器，更为处理不同来源、不同格式的多元化数据提供了可能。

例如，为了使计算机能够理解人的意图，人类就必须将需解决的问题的思路、方法和手段以计算机能够理解的形式告诉计算机，使得计算机能够根据人的指令一步一步工作，完成某种特定的任务。以往，人们只能通过编程这种规范化计算机语言发出指令，随着自然语言处理技术的发展，人们可以用计算机处理自然语言，实现人与计算机之间基于文本和语音的有效通信，为此，还出现了专门提供结构化语言解决方案的组织——语言数据公司。

自然语言无疑是一个新的数据来源，而且也是一种更复杂、更多样的数据，它包含诸如省略、指代、更正、重复、强调、倒序等大量的语言现象，还包括噪声、含糊不清、口头语和音变等语音现象。

苹果公司在 iPhone 手机上应用的一项语音控制功能 Siri 就是多样化数据处理的代表。用户可以通过语音、文字输入等方式与 Siri 对话交流，并调用手机自带的各项应用，读短信、询问天气、设置闹钟、安排日程，乃至搜寻餐厅、电影院等生活信息，收看相关评论，甚至直接订位、订票，Siri 会依据用户默认的家庭地址或是所在位置判断、过滤搜寻的结果。

为了让 Siri 足够聪明，苹果公司引入了外部数据源，在语音识别和语音合成方面，未来版本的 Siri 或许可以让人们听到中国各地的方言，如四川话、湖南话和河南话。

多样化的数据来源正是大数据的威力所在，例如交通状况与其他领域的数据都存在较强的关联性。据数据研究发现，可以从供水系统数据中发现早晨洗澡的高峰时段，加上一个偏移量（通常是 40～45min）就能估算出交通早高峰时段；同样可以从电网数据中统计出傍晚办公楼集中关灯的时间，加上偏移量估算出晚上的堵车时段。

3）Value（价值密度低）

数据价值密度较低，或者说是浪里淘沙却又弥足珍贵。

数据的价值密度可以理解为单位体量的数据所产生的有价值的信息量。随着互联网以及物联网的广泛应用，信息感知无处不在，信息量巨大。要知道，存储和计算 PB 级的数据需要非常高的成本，大数据虽然看起来很美，但是价值密度却远远低于传统关系数据库中已有的结构化数据。

数据价值密度低，意味着单位体量的数据能提炼出来的信息知识和智慧相对较少。因此，如果把数据比作矿的话，那么大数据是贫矿，开采难度大，但这并不意味着贫矿就没有价值，这取决于冶炼矿石的技术。如果冶炼工艺提高，即便是贫矿，也能用较低的成本提炼出有效的矿物质。数据的价值＝体量×价值密度－挖掘分析的成本。如果大数据的体量足够大，技术进步降低了挖掘分析的成本，那么大数据也能产生之前难以想象的收益。

一般来说，价值密度的高低与数据总量的大小成反比。传统数据基本都是结构化数据，每个字段都是有用的，价值密度非常高。大数据时代，越来越多的数据都是半结构化和非结构化数据，例如网站访问日志，里面大量内容都是没价值的，真正有价值的比较少，虽然数据量比以前大了 N 倍，但价值密度确实低了很多。以视频为例，一个小时的视频，在连续不间断的监控中，有用的数据可能仅有 1～2s。任何有价值的信息的提取依托的就是海量的基础数据，如何结合业务逻辑并通过强大的机器算法更迅速地完成数据的价值“提纯”成为目前大数据背景下亟待解决的难题。

“数据量越大，数据价值密度越低”是常见情况，但不是必然情况。

如果有海量的结构化数据，需要大数据技术才能处理，但其价值密度并不低。举个例子，银联、VISA 等清算组织有海量的交易数据，数据量大，且很有价值。所以，数据要想体现作用，必须跟行业进行深度结合。

4) Velocity(处理速度快)

数据增长速度快，处理速度快，时效性高。

例如搜索引擎要求几分钟前的新闻能够被用户查询到，个性化推荐算法尽可能要求实时完成推荐。这是大数据区别于传统数据挖掘的显著特征。根据 IDC 的《数字宇宙研究报告》，预计到 2020 年，全球数据使用量将达到 35.2ZB。在如此海量的数据面前，处理数据的效率就是企业的生命。

在数据处理速度方面，有一个著名的“1 秒定律”，即要在秒级时间范围内给出分析结果，超出这个时间，数据就失去价值了。例如，IBM 有一则广告，讲的是“1 秒，能做什么?”1 秒，能检测出北京的铁道故障并发布预警；也能发现得克萨斯州的电力中断，避免电网瘫痪；还能帮助一家全球性金融公司锁定行业欺诈，保障客户利益。

在商业领域，“快”也早已贯穿企业运营、管理和决策智能化的每一个环节，形形色色描述“快”的新兴词汇出现在商业数据语境里，例如实时、快如闪电、光速、念动的瞬间、价值送达时间。

曾任英特尔中国研究院院长的吴甘沙认为，速度快是大数据处理技术和传统的数据挖掘技术最大的区别。大数据是一种以实时数据处理、实时结果导向为特征的解决方案，它的“快”有两个层面。

一是数据产生得快。有的数据是爆发式产生的，例如，欧洲核子研究中心的大型强子对撞机在工作状态下每秒产生 PB 级的数据；有的数据是涓涓细流式产生的，但是由于用户众多，短时间内产生的数据量依然非常庞大，例如，点击流、日志、射频识别数据、GPS(全球定位系统)位置信息。

二是数据处理得快。正如水处理系统可以从水库调出水进行处理，也可以处理直接对涌进来的新水流。大数据也有批处理(“静止数据”转变为“正使用数据”)和流处理(“动态数据”转变为“正使用数据”)两种范式，以实现快速的数据处理。

为什么要“快”?

第一，时间就是金钱。如果说价值是分子，那么时间就是分母，分母越小，单位价值就越大。面临同样大的数据“矿山”，“挖矿”效率是竞争优势。

第二，像其他商品一样，数据的价值会折旧，等量数据在不同时间点的价值不等。NewSQL(新的可扩展性/高性能数据库)的先行者 VoltDB(内存数据库)发明了一个概念叫作“数据连续统一体”：数据存在于一个连续的时间轴上，每个数据项都有它的年龄，不同年龄的数据有不同的价值取向，新产生的数据更具有个体价值，产生时间较为久远的数据集合起来更能发挥价值。

第三，数据跟新闻一样具有时效性。很多传感器的数据产生几秒之后就失去意义了。

美国国家海洋和大气管理局的超级计算机能够在日本地震后9分钟计算出海啸的可能性,但9分钟的延迟对于瞬间被海浪吞噬的生命来说还是太长了。

越来越多的数据挖掘趋于前端化,即提前感知预测并直接提供服务对象所需要的个性化服务,例如,对绝大多数商品来说,找到顾客"触点"的最佳时机并非在结账以后,而是在顾客还提着篮子逛街时。

电子商务网站从点击流、浏览历史和行为(如放入购物车)中实时发现顾客的即时购买意图和兴趣,并据此推送商品,这就是"快"的价值。

5) Online(数据在线)

数据永远在线,是随时能调用和计算的。

现在人们所谈到的大数据不仅仅是大,更重要的是数据变得在线了,这是互联网高速发展背景下的特点。例如,对于打车软件,客户的数据和出租司机数据都是实时在线的,这样的数据才有意义。如果是放在磁盘中且是离线的,这些数据远远不如在线的数据商业价值大。

数据只有在线,即数据在与产品用户或者客户产生连接的时候才有意义。如某用户在使用某互联网应用时,其行为及时传给数据使用方,数据使用方通过某种有效加工后(通过数据分析或者数据挖掘进行加工),进行该应用的推送内容的优化,把用户最想看到的内容推送给用户,从而提升了用户的使用体验。

6.1.3 大数据思维

1. 大数据思维的三个维度

大数据时代带给人们一种全新的"思维方式"——大数据思维!随着大数据技术的深入人心,很多大数据的技术专家、战略专家、未来学学者等开始提出、解读并丰富大数据思维概念的内涵和外延。总体来说,大数据思维包括全样思维、容错思维和相关思维三个维度,如图6-4所示。

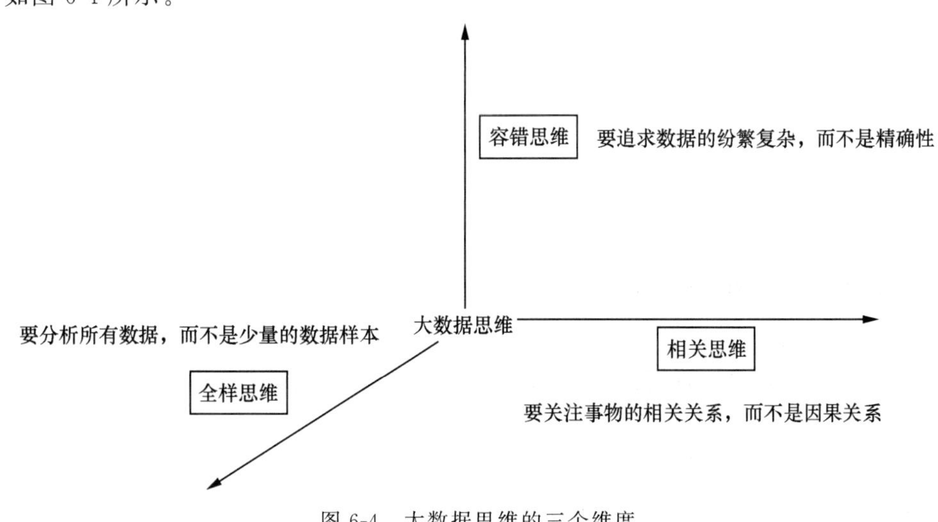

图6-4 大数据思维的三个维度

(1) 全样思维：要分析所有数据，而不是少量的数据样本，即要求数据大而全。

(2) 容错思维：要追求数据的纷繁复杂，包容错误和混杂的数据，而不是精确性。

(3) 相关思维：要关注事物的相关关系，而不是因果关系，不必弄清为什么。

2. 大数据思维和传统数据思维

传统数据思维方式是一种叙事式的故事思维，对数据的精确度要求苛刻并且注重的是数据之间的因果关系。过去处理的数据是小样本数据，最基本最重要的要求就是减少错误，必须确保记下来的数据尽量精确。因为收集信息的有限意味着细微的错误会被放大，甚至有可能影响整个结果的准确性。

受传统思维的影响，当人们的视野局限在可以分析和能够确定的数据上时，人们对世界的整体理解就可能产生错误和偏差。不仅失去了去尽力收集一切数据的动力，也失去了从不同角度来观察事物的权利。所以，局限于狭隘的小数据中，追求数据的精确性，就算可以分析到细节中的细节，也依然会错过事物的全貌。

相比依赖于小数据和精确性的时代，大数据因为更强调数据的完整性和混杂性，可以帮助人们进一步接近事实的真相。这是大数据时代思维方式的一个改变，不执着于对精确性的追求，拥抱混乱。另外一个思维方式的转变则是，更加重视相关关系，不偏执于基于假设基础上对因果关系的追寻，而忽略了相关关系的价值。

在小数据的世界中，相关关系也是有用的，但在大数据的背景下，相关关系大放异彩。通过应用相关关系，可以比以前更容易、更便捷、更清楚地分析事物。如图 6-5 所示，可以从三个维度进行传统思维和大数据思维的比较。

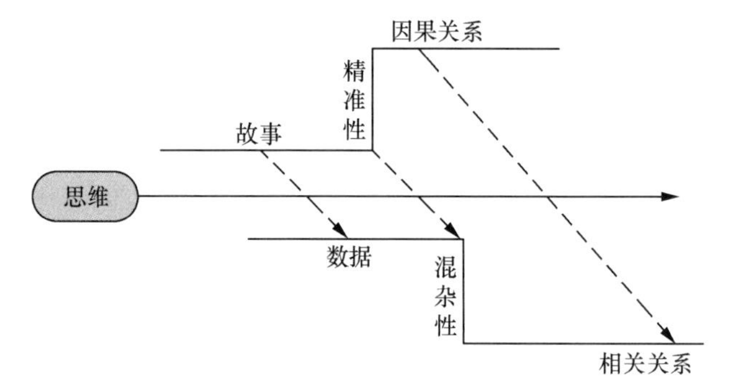

图 6-5　传统思维和大数据思维的比较

1) 全样思维和抽样思维

过去，由于人们搜集数据的能力有限，因此采用的是“随机抽样分析”。抽样又称为取样，是从欲研究的全部样品中抽取一部分样品单位。其基本要求是要保证所抽取的样品单位对全部样品具有充分的代表性。抽样的目的是从被抽取样品单位的分析、研究结果来估计和推断全部样品特性，是科学实验、质量检验、社会调查普遍采用的一种经济有效的工作和研究方法。

抽样在一定历史时期内曾经极大推动了社会的发展，在数据采集难度大、分析和处理困难的时候，抽样不愧为一种非常好的权宜之计。

例如，要想知道中国顾客使用联想笔记本计算机的满意度，不可能对所有买了联想笔记本计算机的人做问卷调查。通常的做法是随机找1000个人，用这1000个人的满意度来代表所有的人。为了使结果尽可能准确，会设计尽可能精确的问卷，并使样本足够随机。

例如，要计算洞庭湖的银鱼的数量，可以事先对10 000条银鱼打上特定记号，并将这些鱼均匀投放到洞庭湖中。过一段时间进行捕捞，假设捕捞上来10 000条银鱼，有4条打上了预先的记号，那么可以得出结论，洞庭湖大概有2500万条银鱼。

这就是“小数据时代”的做法，在不可能搜集全部数据的情况下，随机采样分析在各领域取得了巨大的成功。抽样的好处显而易见，坏处也显而易见。抽样保证了在客观条件达不到的情况下，可能得出一个相对靠谱的结论，让研究有的放矢。但是，抽样也带来了新的问题。

（1）抽样是不稳定的，从而导致结论与实际情况可能差异非常明显。上面的例子中，有可能随机找的1000个人都对联想笔记本计算机非常满意，也有可能都对联想笔记本计算机非常不满意，不能满足用户使用的较高要求；有可能今天去捕捞得到打了记号的银鱼4条，得出洞庭湖大概有2500万条银鱼的结论，明天去捕捞有可能打了记号的银鱼有4000条，得出洞庭湖大概有2.5万条银鱼的结论。这是抽样在极端情况下结论不稳定的极端表现。

（2）在很多情况下，不能抽样。例如为了获得中国的准确人口，从而使党和国家在制定政策、方针时更加符合时代要求，基本不会采用抽样，而是采用人口普查。所谓人口普查，就是获得中国所有人的样本，计算中国的精确人口数量。又如，我们调查人民生活的幸福指数，用1000个人来代表全国，这1000个人是随机从全国选取的。但是，如果用此结果来判断某地区人民的幸福感，是不科学的。也就是说，分析结果不能适用于局部。

（3）采样的结果只能回答你事先设计好的问题，不能回答你突然意识到的问题。一旦调查实施中关注的重点有所变化，现有的抽样调查设计就无法有效满足新的调查目的或者调查精度达不到设计要求。为此，往往需要重新设计调查目的，这增加了调查成本，降低了抽样调查的效率。

在“大数据时代”，样本＝总体。

如今，人们已经有能力搜集到全面而完整的数据。大数据是建立在掌握所有数据，至少是尽可能多的数据的基础上的。与局限在小数据范围相比，人们可以看到一些以前无法发现的细节，即大数据让人们看到了样本无法揭示的细节信息。

2）容错思维和精确思维

不断涌现的新情况里，允许不精确性的出现已经成为一个新的亮点，而非缺点。因为放松了容错的标准，人们掌握的数据也就多了，还可以利用这些数据做更多新的事情。这样就不是大量数据优于少量数据那么简单了，而是大量数据创造了更好的结果。

在“小数据”时代，最重要的就是减少测量的错误，因为收集的信息较少，所以必须保证记录尽可能精确，否则细微的错误会被放大。为了精确，科学家必须优化测量的工具。现代科学就是这么发展过来的，物理学家开尔文说：“测量就是认知”。很多优秀的科学工作者必须要能准确收集和管理数据。

而在“大数据”时代，使用所有数据变为可能，且通常是上万亿个数据。随着数据量的增加，错误率也会相应增加，要保证每一个数据的精确性是不可想象的，混杂性不可避免。但是，当数据量足够大时，混乱不一定会带来不好的结果。并且，由于放松了容错的标准，所能搜集的数据多了，还可以利用这些数据来做更多的事。

例如，要测一个葡萄园的温度，如果只有一个温度计，那必须保证这个测量仪精确且能一直工作。但是如果每100棵葡萄树就有一个测量仪，则虽然有些测量数据是错误的，但是所有数据合起来却能得到一个更准确的结果。

因此，“大数据”通常用概率说话，而不是板着“确凿无疑”的面孔。“大数据”时代要求人们重新审视精确性的优劣。由于数据量太大，人们不再期待精确性，也无法实现精确性。

图书馆中所有的书都被分类，例如，要找一本C语言的书籍，必须先找到“工科”分类，然后找到“计算机”分类，再根据编号(类似于803.53x)找到需要的书籍，这是传统的方法。如果图书馆的书少，可以这么检索，如果有1亿本呢？10亿本呢？网络上的数据可远非图书馆的藏书量可比，动则数十亿，如果使用清晰的分类，那么不仅分类的人会疯，查询的人也会疯。因此，现在互联网上广泛使用标签，通过标签来检索图片、视频、音乐等。当然，有时人们会错标标签，这让习惯精确性的人很痛苦，但是，“混乱”也给人们带来了以下两个好处。

(1) 由于拥有了远比分类数量多得多的标签，因此能够获得更多的内容。

(2) 可以通过标签组合来过滤内容。

例如，检索“徐长卿”，由于“徐长卿”至少有三种身份：是一种中草药，是命名草药的人的名字，是游戏《仙剑奇侠传3》的主人公之一。如果按照传统分类法，可能“徐长卿”会被分到“中草药”类里，这还取决于分类的人。那么查询的人就不会知道它还有另外两重身份，或者只想查“徐长卿”这个人的人根本就不会到“中草药”类里查询。但是，如果使用标签，那么输入“徐长卿”+“草药”，即可查到草药；输入“徐长卿”+“仙剑”即可查到游戏的主人公。

因此，使用标签代替分类，虽然有很多不精确的数据，但是却得到了大量标签，使检索更方便，得到的结果更好了。

3) 相关思维和因果思维

因果关系源于数据抽样理论。因果关系的得出，一般分为如下几个步骤。

(1) 在一个抽样样本中，偶尔发现某个有趣的规律。

(2) 在拿到的另一个更大的样本中，发现规律依然成立。

(3) 在能见到的所有样本上都判断一下，发现规律依然成立。

(4) 得出结论，这个规律是一个必然规律，因果关系成立。

17世纪之前的欧洲人认为天鹅都是白色的，所以欧洲人没有见过黑天鹅，“因为是天鹅，所以是白色的”曾成了一个没有人怀疑的事实。但是当人们在澳大利亚发现真有天鹅是黑色的时候，世人关于天鹅的知识体系崩溃了。

黑天鹅事件，上述步骤(3)中并不是全样，欧洲人以为把所有天鹅都看了，所以他们下结论：天鹅都是白色的。

由此可以看出，因果关系是一种非常脆弱、非常不稳定的关系，只要存在一个反例，因果关系就失败了。

在大数据年代，人们不追求抽样，而追求全样。当全部数据都加入分析的时候，由于只要有一个反例，因果关系就不成立，因此在大数据时代，因果关系变得几乎不可能。而另一种关系就进入大数据专家的眼里——相关关系。相关关系的核心是量化两个数据值之间的数理关系。比方说，一种称为预测分析法的方法被广泛应用于商业领域，它可以预测事件的发生。例如车的某个零部件出现故障。因为一个东西要出现故障，不会是瞬间的，而是慢慢地出问题的。通过收集所有的数据，可以预先捕捉到事物要出现故障的信号，如发动机的嗡嗡声、引擎过热等都说明它们可能要出故障了。系统把这些异常情况与正常情况进行对比，就会知道什么地方出了毛病。通过尽早发现异常，系统可以提醒人们在故障之前更换零件或者修复问题。通过找出一个关联物并监控它，就能预测未来。

数据的相关关系分为强相关关系和弱相关关系。

强相关关系是指一个数据增加时，另一个数据值很有可能也会随之增加。

例如，谷歌流感趋势(Google Flu Trends，GFT)是谷歌公司于2008年推出的一款预测流感的产品。谷歌认为，某些搜索字词有助于了解流感疫情。谷歌流感趋势会根据汇总的谷歌搜索数据，近乎实时地对全球当前的流感疫情进行估测。

谷歌设计人员认为，人们输入的搜索关键词代表了他们的即时需要，反映出用户情况。为便于建立关联，设计人员编入"一揽子"流感关键词，包括温度计、流感症状、肌肉疼痛、胸闷等。只要用户输入这些关键词，系统就会展开跟踪分析，创建地区流感图表和流感地图。为验证"谷歌流感趋势"预警系统的正确性，谷歌多次把测试结果与美国疾病控制和预防中心的报告做比对，证实两者结论存在很大的相关性。

当然，即使是很强的相关关系也不一定能解释每一种情况，比如两个事物看上去行为相似，但很有可能只是巧合。相关关系没有绝对，只有可能性。也就是说，不是亚马逊推荐的每本书都是顾客想买的书。但是，如果相关关系强，一个相关链接成功的概率是很高的。

相反，弱相关关系就意味着当一个数据值增加时，另一个数据值几乎不会发生变化。例如，可以寻找关于个人的鞋码和幸福的相关关系，但会发现它们几乎扯不上什么关系。

相关关系通过识别有用的关联物来帮助人们分析一个现象，而不是通过揭示其内部的运作机制。知道"是什么"就够了，没有必要知道"为什么"，要让数据自己"发声"。再来看一个例子：沃尔玛是世界零售巨头，掌握了大量的零售数据。通过分析，沃尔玛发现，每当季节性飓风来临之前，不仅手电筒销售量增加了，而且蛋挞的销量也增加了。因此，当季节性暴风来临时，沃尔玛会把库存的蛋挞放在靠近飓风用品的位置，以方便顾客。

看到这里，马上有人问："为什么飓风一来，人们都要买蛋挞？"

你问"为什么"，说明你注重的是因果关系。而这个"因"，可能是极难分析且复杂的，而且即便研究出来，意义真的很大吗？但是，对沃尔玛来说，只要知道"飓风来了，快摆蛋挞，准备大赚一笔"就行了，这就是注重的相关关系。

这也是大数据时代需要转变的思维，即关注相关关系，而非因果关系。

通过探求"是什么"，而非"为什么"，能够帮助人们更好地理解世界。但是，由于因果关系在人们的思维中根深蒂固，而且有时会臆想出一些因果关系，反而带来了错误的认知。

例如，父母经常告诉孩子，天冷时不戴帽子和手套就会感冒。然而，研究表明，感冒和穿戴之间没有直接的联系。在某餐馆吃饭后，晚上肚子疼，会想到可能是餐馆的食物有问题。实际上很可能是和某人握手，或饭前没有洗手的原因。

相关关系能给人们分析问题提供新的视角，人们不需要事事去探究为什么，并且，它使人们相信，不探究“为什么”也是合理的。

但是，并不是说因果关系就应该完全摒弃，而是要灵活地以相关关系的立场来思考问题。

6.2 大数据处理

6.2.1 大数据处理过程简析

大数据处理过程主要包括数据采集、数据预处理、数据存储、大数据分析和挖掘、数据可视化 5 个过程。

1. 数据采集

数据采集又称为数据获取，是指从传感器和其他待测设备等模拟和数字被测单元中自动采集非电量或者电量信号，送到上位机中进行分析、处理；是利用一种装置，从系统外部采集数据并输入到系统内部的一个接口。数据采集技术广泛应用在各个领域，例如摄像头、麦克风等，都是数据采集工具。大数据采集的方法主要有系统日志采集法、网络日志采集法、其他数据采集法。数据采集是数据分析、挖掘的基础，常用的海量数据采集工具有 Hadoop 的 Chukwa、Cloudera 的 Flume、Facebook 的 Scribe 等，这些工具均采用分布式架构，能满足每秒数百 MB 的日志数据采集和传输需求。

大数据采集和传统的数据采集区别如下。

(1) 数据来源：传统数据采集来源单一，数据量相对较小；大数据来源广泛，可以包括商业数据、互联网数据及各类传感器数据。

(2) 数据结构：传统数据结构单一；大数据类型丰富，包括结构化数据、半结构化数据、非结构化数据。

(3) 数据库：传统数据采集多使用关系数据库和并行数据仓库；大数据采集多用分布式数据库。

2. 数据预处理

数据预处理(Data Preprocessing)是指在进行主要的处理前对数据进行一些处理。例如，大部分地球物理面积观测数据在进行转换或增强处理之前，首先应将不规则分布的测网经过插值转换为规则网，以利于计算机的运算。另外，对于一些剖面测量数据(如地震资料)进行预处理，包括垂直叠加、重排、加道头、编辑、重新取样、多路编辑等。

为什么要对原始数据进行预处理？

现实世界中数据大体上都是不完整、不一致的脏数据，无法直接进行数据挖掘，或挖掘结果差强人意。例如，数据中包含很多噪声数据，需要去除不相关的数据，如分析无关的字段；有些数据质量较差，不能直接使用，如包含过多的缺失值，需要进行缺失值处理；数据字段不能够直接使用，需要派生新的字段，以更好地进行进一步的数据挖掘；数据分散，需要将数据进行整合，如追加表(增加行)或者合并表(增加列)。

通过数据预处理能够更好地认识和理解数据。为了提高数据挖掘的质量，产生了数据预处理技术。数据预处理通过数据清理、数据集成、数据变换等数据预处理方法实现。这些数据处理技术在数据挖掘之前使用，大大提高了数据挖掘模式的质量，降低了实际挖掘所需要的时间。

简而言之，数据的预处理是指对所收集数据进行分类或分组前所做的审核、筛选、排序等必要的处理。

3. 数据存储

数据存储对象包括数据流在加工过程中产生的临时文件或加工过程中需要查找的信息。数据以某种格式记录在计算机内部或外部存储介质上。数据存储要命名，这种命名要反映信息特征的组成含义。数据流反映了系统中流动的数据，表现出动态数据的特征；数据存储反映系统中静止的数据，表现出静态数据的特征。数据存储主要有以下3种存储方法。

(1) 直接附加存储(Direct Attached Storage,DAS)：与普通的PC存储架构一样，外部存储设备都直接挂接在服务器内部总线上，数据存储设备是整个服务器结构的一部分。

(2) 网络附加存储(Network Attached Storage,NAS)：全面改进了以前低效的DAS存储方式。它采用独立于服务器，单独为网络数据存储而开发的一种文件服务器来连接存储设备，自形成一个网络。这样数据存储就不再是服务器的附属，而是作为独立网络节点而存在于网络中，可由所有的网络用户共享。

(3) 存储区域网络(Storage Area Network,SAN)：存储方式创造了存储的网络化。存储网络化顺应了计算机服务器体系结构网络化的趋势。SAN的支撑技术是光纤通道(Fiber Channel,FC)技术。它是ANSI为网络和通道I/O接口建立的一个标准集成。FC技术支持HIPPI、IPI、SCSI、IP、ATM等多种高级协议，其最大特性是将网络和设备的通信协议与传输物理介质隔离开，这样多种协议可在同一个物理连接上同时传送。

4. 大数据分析和挖掘

大数据分析是指对规模巨大的数据进行分析。以大数据分析与巴西世界杯的关系：与往届世界杯不同的是，数据分析成为巴西世界杯赛事外的精彩看点。伴随赛场上球员的奋力角逐，大数据也在全力演绎世界杯背后的分析故事。一向以严谨著称的德国队引入专门处理大数据的足球解决方案，进行比赛数据分析，优化球队配置，并通过分析对手数据找到比赛的“制敌”方式；谷歌、微软、Opta等通过大数据分析预测赛果。大数据，不仅成为赛场上的“第 12 人”，也在某种程度上充当了世界杯的“预言帝”。

大数据分析邂逅世界杯，是大数据时代的必然，而大数据分析也将在未来改变人们生活的方方面面。大数据分析步骤包括 6 个基本方面。

(1) 可视化分析(Analytic Visualizations)：不管是对数据分析专家还是普通用户来说，数据可视化是数据分析工具最基本的要求。可视化可以直观地展示数据，让数据自己说话，让观众听到结果。

(2) 数据挖掘算法(Data Mining Algorithms)：可视化是给人看的，数据挖掘就是给机器看的。集群、分割、孤立点分析还有其他的算法让人们可深入数据内部，挖掘数据中的价值。这些算法不仅要具备处理大量数据的能力，也要具备处理大数据的速度。

(3) 预测性分析能力(Predictive Analytic Capabilities)：数据挖掘可以让分析员更好地理解数据，而预测性分析可以让分析员根据可视化分析和数据挖掘的结果做出一些预测性的判断。

(4) 语义引擎(Semantic Engines)：由于非结构化数据具有多样性，带来了数据分析的新挑战，故需要一系列的工具去解析、提取、分析数据。语义引擎需要被设计成能够从“文档”中智能提取信息。

(5) 数据质量和数据管理(Data Quality and Master Data Management)：数据质量和数据管理是一些管理方面的最佳实践。通过采用标准化的流程和工具对数据进行处理，可以保证得到预先定义好的高质量的分析结果。

(6) 数据仓库：数据仓库是为了便于多维分析和多角度展示数据，并按特定模式进行存储而建立起来的关系数据库。在商业智能系统的设计中，数据仓库的构建是关键，是商业智能系统的基础，承担对业务系统数据整合的任务，为商业智能系统提供数据抽取、转换和加载(Extraction-Transformation-Loading，ETL)，并按主题对数据进行查询和访问，为联机数据分析和数据挖掘提供数据平台。

大数据挖掘(Data Mining)，又译为资料探勘、数据采矿。它是数据库知识发现(Knowledge-Discovery in Databases，KDD)中的一个步骤。数据挖掘一般是指从大量的数据中通过算法搜索隐藏于其中信息的过程。数据挖掘通常与计算机科学有关，并通过统计、在线分析处理、情报检索、机器学习、专家系统(依靠过去的经验法则)和模式识别等诸多方法来实现上述目标。

5. 数据可视化

数据展现主要通过数据可视化技术实现，数据可视化技术是指运用计算机图形学和图像处理技术，将数据转换为图形或图像在屏幕上显示出来，并利用数据分析和开发工具发现其中未知信息的交互处理的理论、方法和技术，呈现出交互性、多维性、可视性等特点。数据可视化领域的起源，可以追溯到 20 世纪 50 年代计算机图形学的早期。直至今日，数据可视化发展大致经历了以下 6 个阶段。

(1) 可视化思想的起源(15—17 世纪)：数据可视化早期探索时期。

(2) 数据可视化的孕育时期(18 世纪)：数据可视化初步发展。

(3) 数据图形的出现(19 世纪前半叶)：数据统计得到重视。

（4）第一个黄金期（19 世纪中、末期）：图形和图表广泛应用。

（5）低潮期（20 世纪前期）：没有实质性进展。

（6）新的黄金时期（20 世纪中末期至今）：计算机技术的发展促进可视化技术革新。

数据可视化原理简析：通过数据变换将原始数据转换为数据表形式（数据规范化）；可视化映射将数据表映射为由空间基、标记，以及标记的图形属性等可视化表征组成的可视化结构（构建可视化结构）；视图转换则将可视化结构根据位置、比例、大小等参数设置，显示在输出设备上（可视化输出）。数据可视化过程如图 6-6 所示。

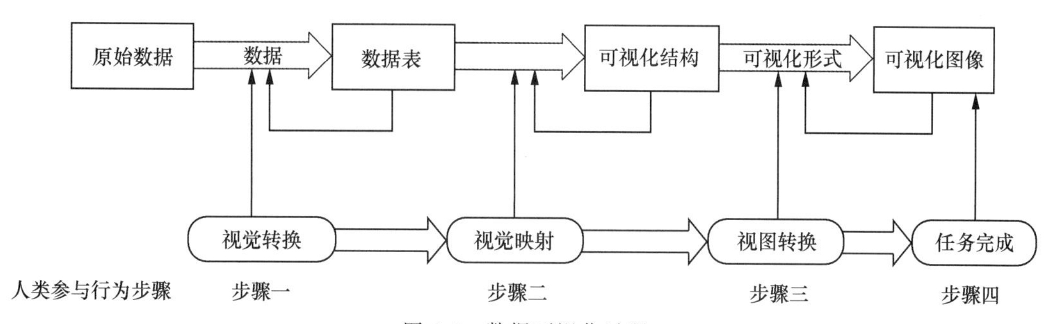

图 6-6　数据可视化过程

根据数据可视化原理制作出一个成功的可视化项目，应该注意以下内容。

（1）明确展现目标。清晰的目标有助于避免把不相干的事物放在一起比较，避免用户会被诱导着去比较不相干的变量。目标不明确的可视化项目并不会澄清事实，而会引人困惑。

（2）建立一个基本的图形。根据目标数据的样子，明确图表，图表可能是饼图、线图、流程图、散点图、表面图、地图、网络图等。确定好图形后需要明确试图绘制什么变量、X 轴和 Y 轴代表什么内容、数据点的大小和颜色有什么含义，确定与时间有关的趋势，以及变量之间的关系等核心信息。

（3）选择正确的图表类型。常见的可供选择的图表有折线图、柱状图、饼图、雷达图（蜘蛛网图）、气泡图、圆环图、面积图、条形图、散点图等，如图 6-7 所示。

（4）将注意力引向关键信息。可以用颜色帮助读者识别信息传达最多的领域，用某块的颜色深浅表达数据的涨势、变化，用不同的图表形式表达数据可视化中的关键信息，如图表、数据流、层次结构、时间序列、矩阵、信息图形、地图及网络等。

可视化技术有巨大的发展和应用潜力，可视化技术使人能够直接对具有形体的信息进行操作并与计算机直接交流。这种技术已经把人和机器的力量以一种直观且自然的方式加以统一，这种革命性的变化无疑将极大地提高人们的工作效率，在公司财务报表、销售统计、经济趋向、股票趋势、数据挖掘、电子地图、核磁共振、CT 扫描、地质勘探、油气勘探、天气预报、人口普查等领域发挥作用。日常生活中常见的可视化应用场景如下。

（1）数据可视化医学应用，如图 6-8 所示。

（2）数据统计展现应用，如图 6-9 所示。

（3）智能交通展现应用，如图 6-10 所示。

（4）气象分析展现应用，如图 6-11 所示。

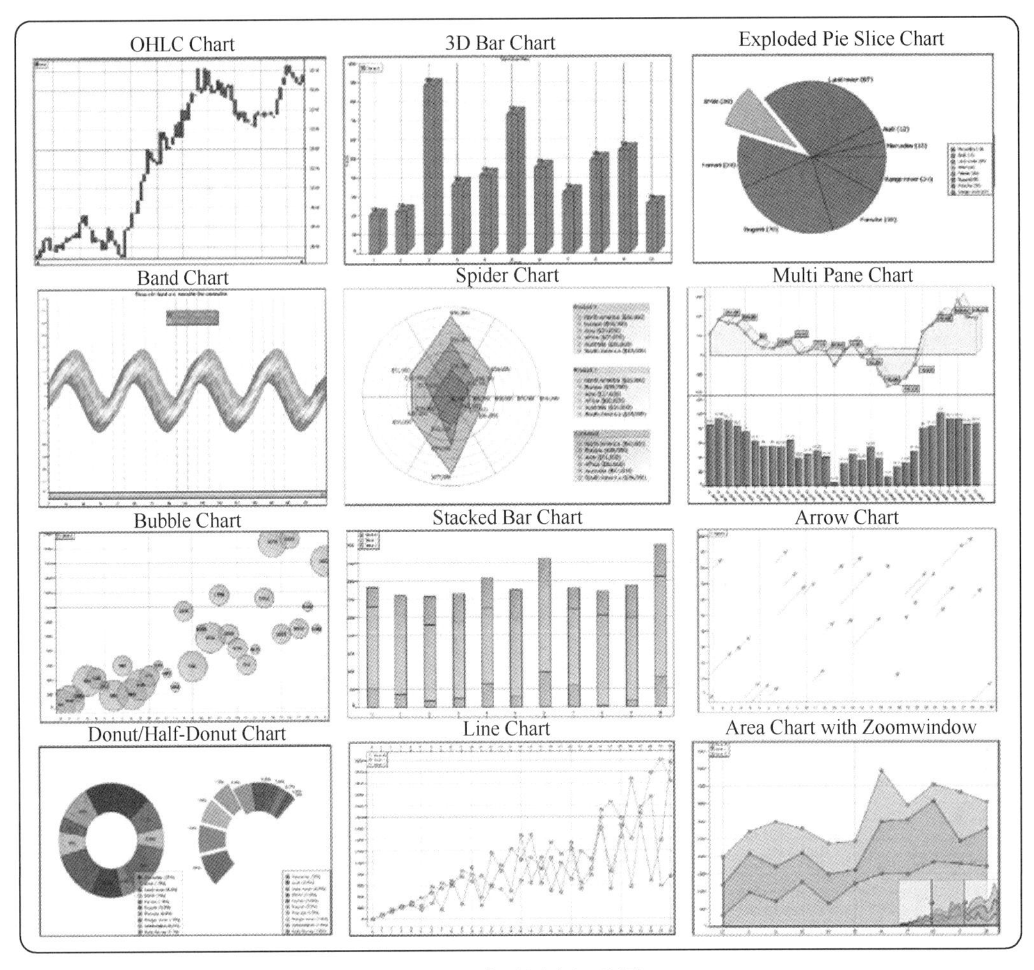

图 6-7　常见图表汇总图

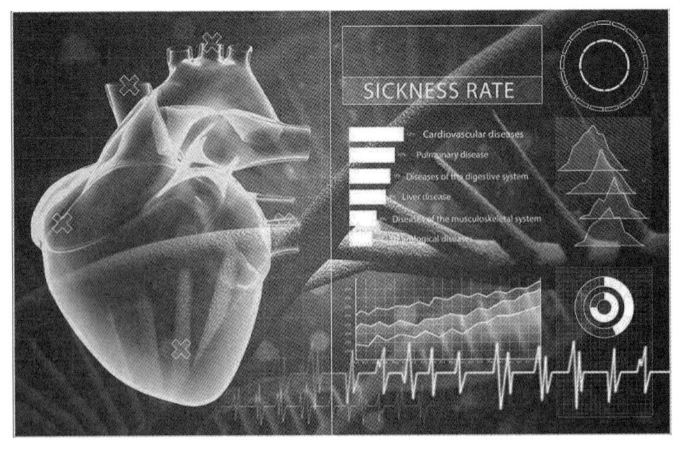

图 6-8　心脏发病率及发病位置分析图

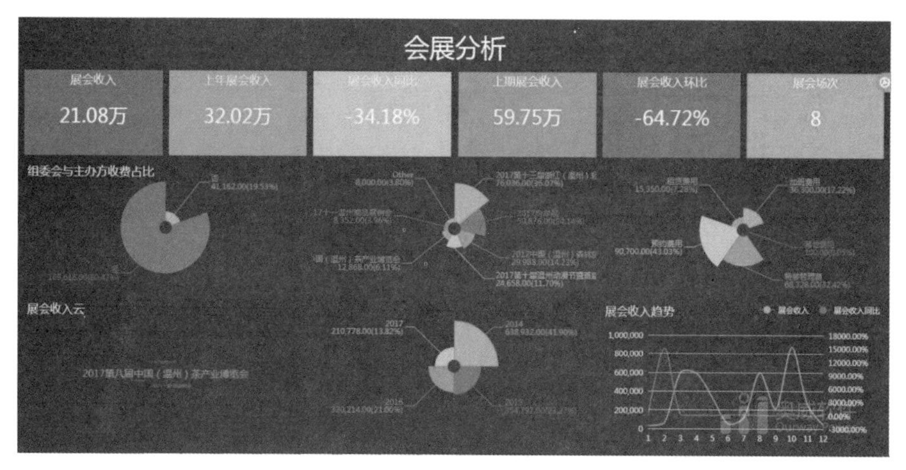

图 6-9 会展数据分析图

图 6-10 大数据智慧交通——城市大脑典型应用

图 6-11 天气预报展示图

(5) 销售大数据展现应用,如图 6-12 所示。

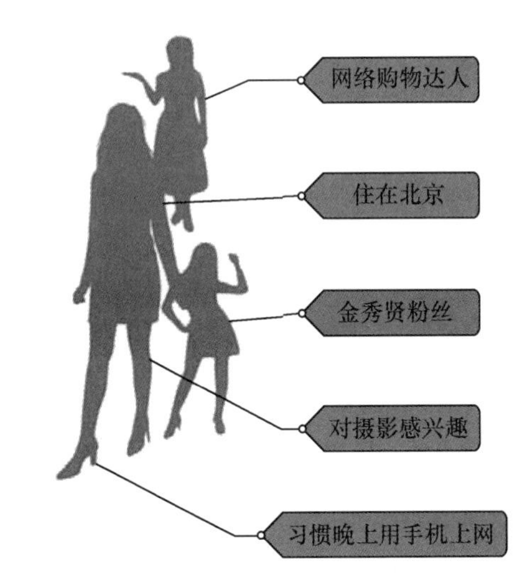

图 6-12 在北京 24～29 岁本科及以上学历的高收入女性消费者画像

人们通过视觉接收信息的速度比其他感官接收信息的速度快 10～100 倍,因此若包含大量数据的信息被压缩成充满知识的图片,那人们接收这些信息的速度会更快。随着科技的蓬勃发展,由于数据可视化具有高效、直观、标准、丰富的特征,故大数据可视化应用领域将越来越广阔。

6.2.2 大数据处理框架

大数据处理框架和处理引擎负责对数据系统中的数据进行计算。引擎和框架之间的区别尚无权威定义,但通常可以将前者定义为实际负责处理数据操作的组件,将后者定义为承担类似作用的一系列组件。处理框架负责对系统中的数据进行计算,例如处理从非易失存储中读取的数据,或处理刚刚采集到的系统中的数据。大数据处理系统处理框架和匹配的组件有哪些?大数据处理的组件遵循的业务逻辑是什么?是怎样组合在一起发挥最大效能的呢?通过本小节的学习,我们将对各框架下的组件构成及功能的差异性、适用范围有整体的了解和认识。

以交通行业大数据处理为例,交通大数据处理的技术框架及其组件使用情况如图 6-13 所示。

大数据处理最主要的处理框架有批处理系统框架 Apache Hadoop、流处理框架 Apache Storm 和 Apache Samza,以及混合框架 Apache Spark 和 Apache Flink。三种处理框架下的组件构成如图 6-14 所示。

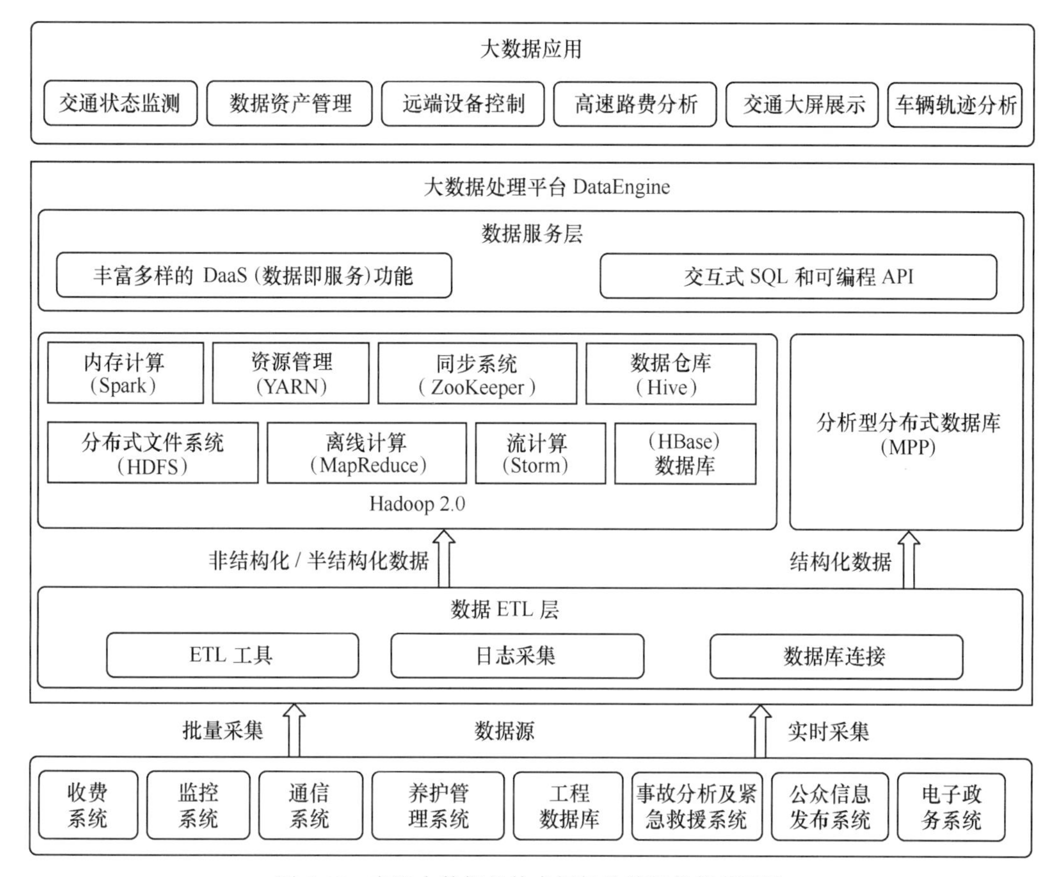

图 6-13 交通大数据的技术框架及其组件使用情况

1. 批处理框架：Apache Hadoop

Apache Hadoop 是一种专用于批处理的处理框架。Hadoop 是首个在开源社区获得极大关注的大数据框架。基于谷歌有关海量数据处理所发表的多篇论文与 Hadoop 重新实现了相关算法和组件堆栈，让大规模批处理技术变得更易用。Apache Hadoop 可以看作一种以 MapReduce 作为默认处理引擎的处理框架。引擎和框架通常可以相互替换或同时使用。Apache Spark 可以纳入 Hadoop 并取代 MapReduce。组件之间的这种互操作性是大数据系统灵活性如此之高的原因之一。

批处理的过程包括将任务分解为较小的任务，分别在集群中的每个计算机上进行计算，根据中间结果重新组合数据，然后计算和组合最终结果。批处理系统主要操作大量的、静态的数据，并且等到全部处理完成后才能得到返回的结果。由于批处理系统在处理海量的持久数据方面表现出色，所以它通常被用来处理历史数据，很多 OLAP(在线分析处理)系统的底层计算框架就是使用的批处理系统。但是由于海量数据的处理需要耗费很多时间，所以批处理系统一般不适合于对延时要求较高的应用场景。

批处理框架中使用的数据集通常符合下列特征。

(1) 有界：批处理数据集代表数据的有限集合。

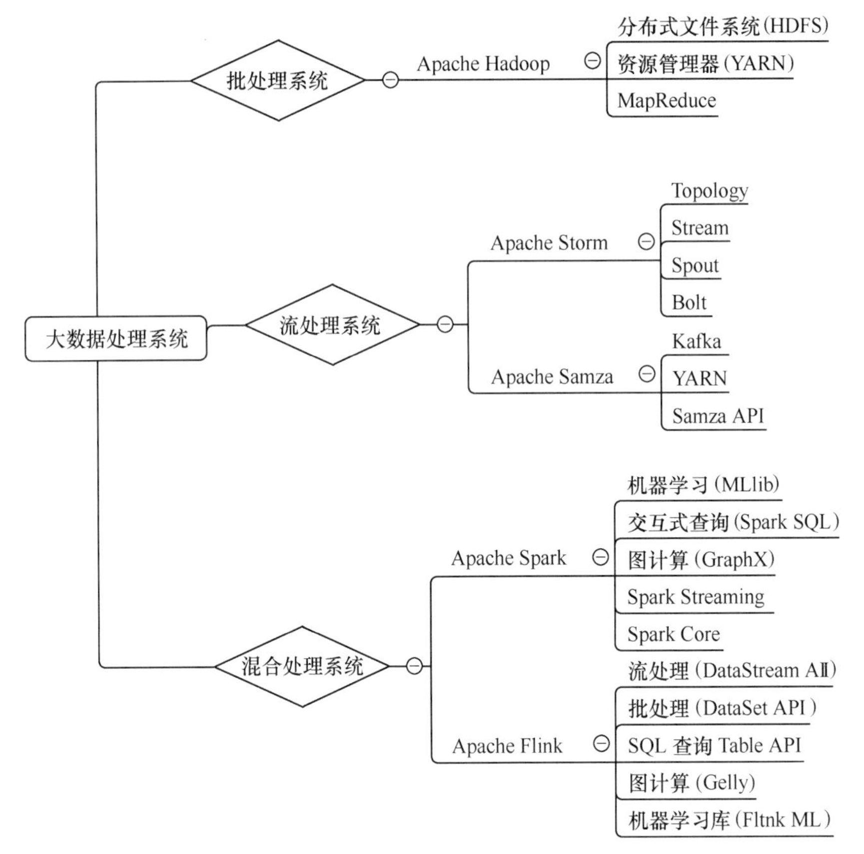

图 6-14　大数据处理系统框架及组件图

(2) 持久：数据通常始终存储在某种类型的持久存储位置中。

(3) 大量：批处理操作通常是处理海量数据集的唯一方法。

批处理非常适合需要访问全套记录才能完成的计算工作；需要处理大量数据的任务通常最适合用批处理操作进行处理；常被用于对历史数据进行分析。

新版 Hadoop 包含多个组件，即多个层，通过配合使用可处理批数据。

(1) HDFS：HDFS 是一种分布式文件系统层，可对集群节点间的存储和复制进行协调。HDFS 确保了无法避免的节点故障发生后数据依然可用，可将其用作数据来源，可用于存储中间态的处理结果，并可存储计算的最终结果。

(2) YARN：YARN 是 Yet Another Resource Negotiator（另一个资源管理器）的缩写，可充当 Hadoop 堆栈的集群协调组件。该组件负责协调并管理底层资源和调度作业的运行。通过充当集群资源的接口，YARN 使得用户能在 Hadoop 集群中运行更多类型的工作负载。

(3) MapReduce：MapReduce 是 Hadoop 的原生批处理引擎。

Hadoop 的处理功能来自 MapReduce 引擎。MapReduce 的处理技术符合使用键-值对的 map、shuffle、reduce 算法要求，基本处理过程如下。

(1) 从 HDFS 文件系统读取数据集。

（2）将数据集拆分成小块并分配给所有可用节点。

（3）针对每个节点上的数据子集进行计算（计算的中间态结果会重新写入 HDFS）。

（4）重新分配中间态结果并按照键进行分组。

（5）通过对每个节点计算的结果进行汇总和组合，对每个键的值进行缩减。

（6）将计算的最终结果重新写入 HDFS。

由于这种方法严重依赖持久存储，每个任务需要多次执行读取和写入操作，因此速度相对较慢。但由于磁盘空间通常是服务器上最丰富的资源，这意味着 MapReduce 可以处理海量的数据集，同时也意味着相比其他类似技术，Hadoop 的 MapReduce 通常可以在廉价硬件上运行，因为该技术并不需要将一切都存储在内存中。MapReduce 具备极高的缩放潜力，生产环境中曾经出现过包含数万个节点的应用。

MapReduce 的学习曲线较为陡峭，虽然 Hadoop 生态系统的其他周边技术可以大幅降低这一问题的影响，但通过 Hadoop 集群快速实现某些应用时依然需要注意这个问题。围绕 Hadoop 已经形成了辽阔的生态系统，Hadoop 集群本身也经常被用作其他软件的组成部件。很多其他处理框架和引擎通过与 Hadoop 集成也可以使用 HDFS 和 YARN 资源管理器。

综上所述，Apache Hadoop 及其 MapReduce 处理引擎提供了一套久经考验的批处理模型，最适合处理对时间要求不高的大规模数据集。通过非常低成本的组件即可搭建完整功能的 Hadoop 集群，使得这一廉价且高效的处理技术可以灵活应用在很多案例中。与其他框架和引擎的兼容与集成能力使得 Hadoop 可以成为使用不同技术的多种工作负载处理平台的底层基础。

2. 流处理框架：Apache Storm、Apache Samza

流处理系统会对随时进入系统的数据进行计算。相比批处理模式，这是一种截然不同的处理方式。流处理方式无须针对整个数据集执行操作，而是对通过系统传输的每个数据项执行操作。

批处理系统比较好理解，那什么是流处理系统呢？小学的时候我们都做过这么一道数学题：一个水池有一个进水管和一个出水管，只打开进水管 x 个小时充满水，只打开出水管 y 个小时流光水，那么同时打开进水管和出水管，水池多长时间充满水？

流处理系统就相当于这个水池，把流进来的水（数据）进行加工，例如加盐让它变成盐水，然后把加工过的水（数据）从出水管放出去。这样，数据就像水流一样永不停止，而且在水池中就被处理过了。所以，这种处理永不停止的接入数据的系统就叫作流处理系统。

流处理系统与批处理系统所处理的数据不同，流处理系统并不对已经存在的数据集进行操作，而是对从外部系统接入的数据进行处理。流处理系统可以分为以下两种。

（1）逐项处理：每次处理一条数据，是真正意义上的流处理。

（2）微批处理：这种处理方式把一小段时间内的数据当作一个微批次，对这个微批次内的数据进行处理。

因实时性优于批处理，故流处理系统非常适合应用于对实时性要求较高的场景，例如日志分析、设备监控、网站实时流量变化等。

流处理中的数据集有以下3个特征。

(1) 完整数据集只能代表截至目前已经进入到系统中的数据总量。

(2) 工作数据集也许更相关,在特定时间只能代表某个单一数据项。

(3) 处理工作是基于事件的,除非明确停止,否则没有“尽头”。处理结果立刻可用,并会随着新数据的抵达继续更新。

流处理系统同一时间只能处理一条(真正的流处理)或很少量(Micro-Batch Processing)数据,不同记录间只维持最少量的状态。流处理主要对副作用更少、功能性的处理(Functional Processing)进行优化。

有近实时处理需求的任务很适合使用流处理模式。服务器或应用程序错误日志,以及其他基于时间的衡量指标是最适合的类型,因为对这些领域的数据变化做出响应对于业务职能来说是极为关键的。流处理很适合用来处理必须对变动或峰值做出响应,并且关注一段时间内变化趋势的数据。

1) Apache Storm

Apache Storm 是一种侧重于极低延迟的流处理框架,也是要求近实时处理的工作负载的最佳选择。该技术可处理大量的数据,具有比其他解决方案更低的延迟。

Storm 的流处理可对框架中名为 Topology(拓扑)的 DAG(Directed Acyclic Graph,有向无环图)进行编排。这些拓扑描述了当数据片段进入系统后,需要对每个传入的片段执行的不同转换或步骤。

Storm 背后的基本思想是使用组件定义大量小型的离散操作,随后将多个组件组成所需拓扑。默认情况下 Storm 提供了“至少一次”的处理保证,这意味着可以确保每条消息至少可以被处理一次,但某些情况下如果遇到失败可能会处理多次。Storm 无法确保可以按照特定顺序处理消息。

目前来说,Storm 可能是近实时处理领域的最佳解决方案。Storm 用极低延迟处理数据,可用于希望获得最低延迟的工作负载。在处理速度直接影响用户体验时,例如需要将处理结果直接提供给访客打开的网站页面,可选择 Storm。在互操作性方面,Storm 可与 Hadoop 的 YARN 资源管理器进行集成,可以极快融入现在的 Hadoop 部署。除了支持大部分处理框架,Storm 还支持多种语言,为用户的拓扑定义提供了更多选择。

对于延迟要求很高的纯粹的流处理工作负载来说,Storm 可能是最适合的技术。该技术可以保证每条消息都被处理,可配合多种编程语言使用。由于 Storm 无法进行批处理,如果需要这些能力还需配合使用其他软件。如果对一次处理保证有比较高的要求。这种情况下其他流处理框架有时更适合。

2) Apache Samza

Apache Samza 是一种与 Apache Kafka 消息系统紧密绑定的流处理框架。Kafka 可用于很多流处理系统,但按照设计,Samza 可以更好地发挥 Kafka 独特的架构优势和保障。该技术可通过 Kafka 提供容错、缓冲,以及状态存储。

Samza 可使用 YARN 作为资源管理器。默认情况下需要具备 Hadoop 集群(至少具备 HDFS 和 YARN),并可以直接使用 YARN 丰富的内建功能。

Samza 依赖 Kafka 的语义定义流的处理方式。Samza 与 Kafka 之间紧密的关系使得处理步骤本身可以联合。无须事先协调，即可在输出的任何步骤中增加任意数量的订阅者，适用于多个团队需要访问类似数据的组织。多个团队可以全部订阅进入系统的数据话题，或任意订阅其他团队对数据进行过某些处理后创建的话题，且不会对数据库等负载密集型基础架构造成额外的压力。

Samza 可以使用以本地键值存储方式实现的容错检查点系统存储数据。Samza 可获得“至少一次”的交付保障，但处理数据由于多次交付造成失败时，仍无法对汇总后状态（例如计数）精确恢复。

Samza 在很多方面比 Storm 等系统提供的基元(Primitive)更易于配合使用。Samza 只支持 JVM 语言，不如 Storm 灵活。

对于已经具备或易于实现 Hadoop 和 Kafka 的环境，Apache Samza 是流处理工作负载一个很好的选择。Samza 本身很适合有多个团队需要使用（但相互之间并不一定紧密协调）不同处理阶段的多个数据流的组织。Samza 可大幅简化很多流处理工作，可实现低延迟。当部署需求与当前系统不兼容时，不适合使用 Samza，但如果需要极低延迟的处理，且对严格的一次处理语义有较高需求时，仍可以使用 Samza。

3. 混合框架：Apache Spark、Apache Flink

一些处理框架可同时处理批处理和流处理工作负载。这些框架可以用相同或相关的组件和 API 处理两种类型的数据，以简化处理需求。此功能主要是由 Spark 和 Flink 实现的。

虽然侧重于某一种处理类型的项目会更好地满足具体用例的要求，但混合框架意在提供一种数据处理的通用解决方案。这种框架既提供处理数据所需的方法，又提供自己的集成项、库、工具，可胜任图形分析、机器学习、交互式查询等多种任务。

1) Apache Spark

Apache Spark 是一种包含流处理能力的批处理框架，侧重于通过完善的内存计算和处理优化机制加快批处理工作负载的运行速度。

Spark 可作为独立集群部署（需要相应存储层的配合），可与 Hadoop 集成并取代 MapReduce 引擎。与 MapReduce 不同，Spark 的数据处理工作全部在内存中进行，只在一开始将数据读入内存，并在最终结果持久存储时需要与存储层交互。所有中间态的处理结果均存储在内存中。Spark 可创建代表所需执行的全部操作。需要操作的数据，以及操作和数据之间关系的 Directed Acyclic Graph（有向无环图，DAG），借此处理器可以对任务进行更智能的协调。

Spark 会使用一种弹性分布式数据集（Resilient Distributed Dataset，RDD），这种数据集只存在于内存中且结构永久不变，即用 RDD 的模型来处理数据 Spark 时，可通过 RDD 在无须将每个操作的结果写回磁盘的前提下实现容错。Spark 本身在设计上主要面向批处理工作负载，为了弥补引擎设计和流处理工作负载特征方面的差异，Spark 实现了一种叫作微批（Micro－Batch）的概念。在具体策略方面该技术可以将数据流视作一系列非常小的“批”，借此即可通过批处理引擎的原生语义进行处理。

Spark 的优势是，在内存计算策略和先进的 DAG 调度等机制的帮助下，可以用更快的速度处理相同的数据集。

Spark 的另一个重要优势在于多样性。该产品可作为独立集群部署，或与现有 Hadoop 集群集成。该产品可运行批处理和流处理，运行一个集群即可处理不同类型的任务。

Spark 还建立了包含各种库的生态系统，可为机器学习、交互式查询等任务提供更好的支持。相比 MapReduce，Spark 易于编写，因此可大幅提高效率。

为流处理系统采用批处理的方法，需要对进入系统的数据进行缓冲。缓冲机制使得该技术可以处理大量的传入数据，提高了整体吞吐率，但等待缓冲区清空也会导致延迟增高。因此，Spark 可能不适合处理对延迟有较高要求的工作负载。

由于内存通常比磁盘空间更贵，因此相比基于磁盘的系统，Spark 成本更高。但是它的处理速度快，可以更快速完成任务，在需要按小时数为资源付费的环境中，可以抵消增加的成本。

Spark 内存计算设计如果部署在共享的集群中，可能会遇到资源不足的问题。相比 Hadoop MapReduce，Spark 的资源消耗更大，可能会对需要在同一时间使用集群的其他任务产生影响。从本质来看，Spark 更不适合与 Hadoop 堆栈的其他组件共存一处。

综上，Spark 是多样化工作负载处理任务的最佳选择。Spark 批处理能力以更高内存占用为代价，提供了无与伦比的速度优势。

2）Apache Flink

Apache Flink 是一种可以处理批处理任务的流处理框架。该技术可将批处理数据视作具备有限边界的数据流，借此将批处理任务作为流处理的子集加以处理。所有处理任务采取流处理为先的方法会产生一系列有趣的副作用。

这种流处理为先的方法也叫作 Kappa 架构，与之相对的是更广为人知的 Lambda 架构（该架构中使用批处理作为主要处理方法，使用流作为补充并提供早期未经提炼的结果）。Kappa 架构中会对一切进行流处理，借此对模型进行简化，而这一切是在最近流处理引擎逐渐成熟后才可行的。

Flink 的流处理模型在处理传入数据时会将每一项视作真正的数据流。Flink 提供的 DataStream API 可用于处理无尽的数据流。Flink 可配合使用的基本组件如下。

（1）Stream（流）：是指在系统中流转的、永恒不变的无边界数据集。

（2）Operator（操作方）：是指针对数据流执行操作以产生其他数据流的功能。

（3）Source（源）：是指数据流进入系统的入口点。

（4）Sink（槽）：是指数据流离开 Flink 系统后进入到的位置，槽可以是数据库或到其他系统的连接器。

为了在计算过程中遇到问题后能够恢复，流处理任务会在预定时间点创建快照。为了实现状态存储，Flink 可与多种状态后端系统配合使用，具体取决于所需实现的复杂度和持久性。

此外，Flink 的流处理能力还可以理解“事件时间”这一概念，这是指事件实际发生的时间。此外，该功能还可以处理会话，这意味着可以通过某种有趣的方式确保执行顺序和分组。

Flink可以对批处理工作负载进行一定的优化,例如由于批处理操作可通过持久存储加以支持,Flink可以不对批处理工作负载创建快照,数据依然可以恢复,但常规处理操作可以执行得更快。另一个优化是对批处理任务进行分解,这样即可在需要的时候调用不同阶段和组件,从而使Flink可以与集群的其他用户更好地共存。对任务提前进行分析使得Flink可以查看需要执行的所有操作、数据集的大小,以及下游需要执行的操作步骤,借此实现进一步的优化。

Flink目前是处理框架领域不可缺少的技术。虽然Spark也可以执行批处理和流处理,但 Spark的流处理采取的微批架构使其无法适用于很多用例。Flink流处理为先的方法使其具有低延迟、高吞吐率、近乎逐项处理的能力。

Flink的很多组件是自行管理的。虽然这种做法较为罕见,但考虑到性能方面的因素,该技术可自行管理内存,无须依赖原生的Java垃圾回收机制。与Spark不同,待处理数据的特征发生变化后Flink无须手工优化和调整,并且该技术也可以自行处理数据分区和自动缓存等操作。

Flink会通过多种方式对工作进行分析进而优化任务。这种分析在某种程度上类似于SQL查询规划器对关系数据库所做的优化,可针对特定任务确定最高效的实现方法。该技术还支持多阶段并行执行,同时可将受阻任务的数据集合在一起。对于迭代式任务,出于性能方面的考虑,Flink会尝试在存储数据的节点上执行相应的计算任务。此外还可进行“增量迭代”,或仅对数据中有改动的部分进行迭代。

在用户工具方面,Flink提供了基于Web的调度视图,借此可轻松管理任务并查看系统状态。用户也可以查看已提交任务的优化方案,借此了解任务最终是如何在集群中实现的。对于分析类任务,Flink提供了类似SQL的查询、图形化处理,以及机器学习库,此外还支持内存计算。

Flink能很好地与其他组件配合使用。如果配合Hadoop堆栈使用,该技术可以很好地融入整个环境,在任何时候都只占用必要的资源。该技术可轻松地与YARN、HDFS和Kafka集成。在兼容包的帮助下,Flink还可以运行为其他处理框架,例如Hadoop和Storm编写的任务。

因为现实环境中该项目的大规模部署尚不如其他处理框架那么常见,所以对于Flink的缩放能力尚无深入研究。

综上,Flink提供了低延迟流处理,同时可支持传统的批处理任务。Flink最适合有极高流处理需求并有少量批处理任务的组织。该技术可兼容原生Storm和Hadoop程序,可在YARN管理的集群上运行,因此可以很方便地进行评估。

总之,大数据系统可使用多种处理技术。

对于仅需要批处理的工作负载,如果对时间不敏感,与其他解决方案相比实现成本更低的Hadoop将会是一个好选择。

对于仅需要流处理的工作负载,Storm可支持更广泛的语言并实现极低延迟的处理,但默认配置可能产生重复结果并且无法保证顺序。Samza与YARN和Kafka紧密集成可提供更大灵活性,更易于多团队使用,且实现更简单的复制和状态管理。

对于混合型工作负载,Spark可提供高速批处理和微批处理模式的流处理。该技术的支持更完善，具备各种集成库和工具，可实现灵活的集成。Flink 提供了真正的流处理并具备批处理能力，通过深度优化可运行针对其他平台编写的任务，提供低延迟的处理，但实际应用方面还为时过早。

最适合的解决方案主要取决于待处理数据的状态，对处理所需时间的需求，以及希望得到的结果。具体是使用全功能解决方案还是主要侧重于某种项目的解决方案，这个问题需要慎重权衡。

6.3 大数据的典型应用

大数据的本质就是使原本各自孤立的数据得以互相关联、融合。有了"数据资产"，就要通过"分析"来挖掘"资产"的价值，然后"变现"为用户价值、股东价值甚至社会价值。

6.3.1 啤酒尿布——数据的关联

1. 关联分析的基本思想

关联分析是一种在大规模数据集中寻找某种关系的任务，这种关系有两种形式：频繁项集或者关联规则。频繁项集是经常一起出现的物品的集合；关联规则可暗示两种物品之间可能存在很强的关系。下面举个例子来说明，如用户订单，具体见表 6-2。

表 6-2 用户订单明细

订单号	购买商品	订单号	购买商品
1	手机、数据线、啤酒、计算机	3	啤酒
2	手机、数据线	4	计算机、手机

下面对这个数据集进行关联分析，可以找出频繁项集，即关联规则{手机}→{数据线}，它代表的意义是：购买了手机的用户会购买数据线，这个关系不是必然的，但是可能性很大。学习前，先了解一下以下名词的含义。

(1) 事务：每一条数据称为一个事务，例如数据集中就包含四个事务(订单号)。

(2) 项：每条数据的每一个物品称为一个项，例如手机、啤酒等。

(3) 项集：包含零个或多个项的集合叫作项集，例如{手机，数据线}、{手机，数据线，啤酒}。

(4) k-项集：包含 k 个项的项集叫作 k-项集，例如{啤酒}叫作 1-项集，{手机，数据线}叫作 2-项集。

(5) 支持度计数：一个项集出现在几个事务中，它的支持度计数就是几。例如{手机，数据线}出现在事务 1、2 中，所以它的支持度计数就是 2。

(6) 支持度：支持度计数除以总的事务数即支持度。例如，示例中总的事务数为 4，{手机，数据线}的支持度计数为 2，所以支持度(手机 & 数据线)=50%，说明有 50%的人同时买了手机和数据线。

(7) 频繁项集：支持度大于或等于某个阈值的项集就叫作频繁项集。例如阈值设为40%时，因为{手机，数据线}的支持度是50%，所以它是频繁项集。

(8) 前件和后件：对于规则{手机}→{数据线}，{手机}叫作前件，{数据线}叫作后件。

(9) 置信度：对于规则{手机}→{数据线}，{手机，数据线}的支持度计数除以{手机}的支持度计数，为这个规则的置信度。置信度(手机|数据线)=2÷3=66.7%，说明买了手机的人中66.7%也买了数据线。

(10) 强关联规则：大于或等于最小支持度阈值和最小置信度阈值的规则叫作强关联规则。关联分析的最终目标就是要找出强关联规则。

对于规则{数据线}→{手机}置信度为100%，也就是说买了数据线的用户全都买了手机，那么就该向买了数据线的用户推手机么？并非如此。

例如：共有10 000个用户下单，其中8000个用户买了计算机，80个用户买了杯子，有40个用户同时买了杯子和计算机，可以算出(参见表6-3)：

支持度(计算机 & 杯子)=40/10 000

置信度(计算机|杯子)=(40/10 000)/(80/10 000)=50%

即一般买了杯子(小众)的人也买了计算机(热销)，但其实计算机本身就是高销量、高热度的，计算机的销量并不是由买了杯子的用户带来的提升，由此，提出一个新名词——提升度。

表6-3 计算公式表

公式名	公 式 定 义	公式表达式
Support (支持度)	表示A、B同时使用的人数占所有用户数(研究关联规则的“长表”中的所有使用的产品的用户数)的比例	如果用P(A)表示使用A的用户比例，其他产品类推，Support=P(A&B)
Confidence (置信度)	表示使用A的用户中同时使用B的比例，即同时使用A和B的人占使用A的人的比例	Confidence=P(A&B)/P(A)
Lift (提升度)	表示“使用A的用户中同时使用B的比例”与“使用B的用户比例”的比值	Lift =(P(A&B)/P(A))/P(B) =P(A&B)/P(A)/P(B)

(11) 提升度：{计算机}→{杯子}=置信度(杯子→计算机)/支持度(计算机)=(40/10 000)/(8000/10 000)=0.5%，即在购买了杯子的前提下购买计算机的可能性与没有购买杯子的前提下购买计算机的可能性之比，当提升度大于1时说明推荐(关联)商品的购买概率比未推荐前有所提高。

结论：提升度大于1的规则中，根据置信度由大到小进行排序，最后综合选择最优的关联规则。

2. 如何绕过关联分析中的“坑”

(1) 注意清洗数据：清洗人为因素影响的规则。例如，购买商品即送××，赠品数据的去除。当分析师做出关联分析后，看到几条看似合乎常理且置信度和提升度很高的数据，兴奋不已地去告诉客户。从数字上确实没问题，但是捆绑销售商品无法确定是否有很好的提升效果，更可悲的是还可能被业务同事鄙视，所以分析前要了解业务营销、销售形式，对全年大盘有所了解，确保去除人为因素，数据即消费者自主行为。

(2) 不可忽视的业务经验。业务经验即消费行为场景，例如买烟的人习惯买一个火机，即使数据结果可能展示非此情况，但场景商品搭售不容忽视。

(3) 注意关联购买对单品购买的影响。关联捆绑交叉销售需要让用户买更多的东西，所以多会对毛利产生影响，即降档刺激消费，主品和副品毛利均很低的商品不建议捆绑；同时，捆绑销售一定会不同程度地影响原商品销量，例如捆绑了品质较差的商品。

3. 关联分析的拓展

(1) 多商品关联：关联规则分为多维关联规则和单维关联规则，通常，关联规则具有 $X \geqslant Y$ 的形式，即 $A_1 \cdots A_m \geqslant B_1 \cdots B_n$ 的规则，其中，A_i(i 属于$\{1,\cdots,m\}$)，B_j(j 属于$\{1,\cdots,n\}$)是属性——值对。关联规则 $X \geqslant Y$ 解释为“满足 X 中条件的数据库元组多半也满足 Y 中条件”。例如三维关联：购买计算机、手机的用户爱买耳机；或者加入特征性数据：购买手机的 50 岁用户爱买耳机等。

(2) 时序关联：购买商品 a 后可能购买商品 b。

(3) 用户维度的关联购买，非订单维度：即一定时间内用户购买商品 a 和商品 b 的关联度，用于判断商品 a、b 是否有共同需求度，帮助营销人员做联合营销。

(4) 高支持度低置信度：说明前者基数大，同时会伴随出现后者，这种用户也很常见，需要留意。

(5) 低支持度高置信度：可以从前件推断后件概率，这种用户不容忽视。

(6) 低支持度低置信度：量级小，但是不排除这种可能。

4. 关联分析案例

超级商业零售连锁巨无霸沃尔玛公司(Wal-Mart)拥有全球最大的数据仓库系统之一。为了能够准确了解顾客在其门店的购买习惯，沃尔玛对其顾客的购物行为进行了购物篮关联规则分析，从而知道顾客经常一起购买的商品有哪些。在沃尔玛庞大的数据仓库里集合了其所有门店的详细原始交易数据，在这些原始交易数据的基础上，沃尔玛利用数据挖掘工具对这些数据进行分析和挖掘。一个令人惊奇和意外的结果出现了：“跟纸尿裤一起购买最多的商品竟是啤酒！”这是数据挖掘技术对历史数据进行分析的结果，反映的是数据的内在规律。那么这个结果符合现实情况吗？是否是一个有用的知识？是否有利用价值？

为了验证这一结果，沃尔玛派出市场调查人员和分析师对这一结果进行调查分析。经过大量实际调查和分析，他们揭示了一个隐藏在“纸尿裤与啤酒”背后的美国消费者的一种行为模式：在美国，到超市去买婴儿纸尿裤是一些年轻的父亲下班后的日常工作，而他们中有 30%～40%的人同时也会为自己买一些啤酒。产生这一现象的原因：美国的太太们常叮嘱她们的丈夫不要忘了下班后为小孩买纸尿裤，而丈夫们在买纸尿裤后又随手带回了他们喜欢的啤酒。另一种情况是丈夫们在买啤酒时突然记起他们的责任，又去买了纸尿裤。既然纸尿裤与啤酒一起被购买的机会很多，那么沃尔玛就在其所有的门店里将纸尿裤与啤酒并排摆放在一起，结果是纸尿裤与啤酒的销量双双增长。按常规思维，纸尿裤与啤酒风马牛不相及，若不是借助数据挖掘技术对大量交易数据进行挖掘分析，沃尔玛是不可能发现数据内这一有价值的规律的。

由这个故事，我们可以感受到数据的魅力，通过简单的关联分析，可从数据中发现隐藏的规律，从而帮助人们做出正确的决策。就如同飓风与蛋挞的关联性一样，人们需要知道“是什么”而不去关注“为什么”。

6.3.2 用户画像——数据的融合

在大数据时代，企业迫切希望从已经积累的大数据中分析出有价值的东西，其中对用户行为的分析非常重要。利用大数据来分析用户的行为与消费习惯，可以预测商品的发展趋势，提高产品质量，同时提高用户满意度。因此，如何学会从比特流中解读用户，构建用户画像就变得尤其重要。

在日常生活中，人们习惯性地将有相同特点特征的人群进行统一的归纳：例如“高富帅”“白富美”“吃货”“剁手党”……也因为有了这样的标签，构成了群体“用户画像”的一部分。那么，什么是用户画像呢？

1. 什么是用户画像

简而言之，用户画像也叫用户信息标签化、用户标签。用户画像就是基于一系列真实数据的目标群体的用户模型，即可以根据用户属性（见图6-15）及用户行为特征，抽象出相对应的标签，拟合成的虚拟的画像，主要包含用户的基本属性、社会属性、行为属性及心理属性。

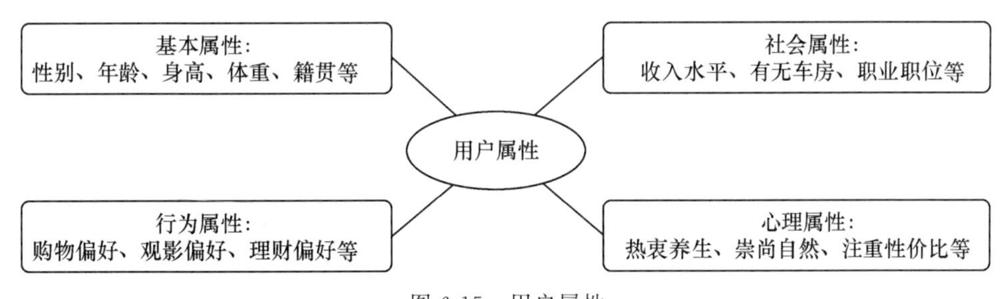

图6-15 用户属性

用户画像是真实用户的虚拟代表，首先它是基于事实的，它不是一个具体的人，另外它根据目标的行为观点的差异区分为不同类型，迅速组织在一起，然后把新得出的类型提炼出来，形成一个类型的用户画像。

构建用户画像的核心工作即给用户贴“标签”，而标签是通过分析用户信息得到的高度精炼的特征标识。特别要注意的是，用户画像是将一类有共同特征的用户通过聚类分析后得出的，因此并不是针对某个具像的特定个人。但是，却可以通过用户画像来判断一个人是什么样的人。

举例来说，如果你经常购买一些玩偶玩具，那么电商网站即可根据玩具购买的情况替你打上标签“有孩子”，甚至还可以判断出你孩子大概的年龄，贴上“有5～10岁的孩子”这样更为具体的标签，将给你贴的所有标签聚集在一起，就成了你的用户画像。

2. 构建用户画像的流程

用户画像不是拍脑袋想出来的，是建立在系统的调研分析、数据统计基础上的科学结论。构建用户画像一般分为三个步骤：数据收集、行为建模、用户画像基本成型。

1）数据收集

数据收集大致分为网络行为数据、服务内行为数据、用户内容偏好数据、用户交易数据这四类。

(1) 网络行为数据：活跃人数、页面浏览量、访问时长、激活率、外部触点、社交数据等。

(2) 服务内行为数据：浏览路径、页面停留时间、访问深度、唯一页面浏览次数等。

(3) 用户内容偏好数据：浏览/收藏内容、评论内容、互动内容、生活形态偏好、品牌偏好等。

(4) 用户交易数据(交易类服务)：贡献率、客单价、连带率、回头率、流失率等。当然，收集到的数据不会是100%准确的，都具有不确定性，这就需要在后面的阶段中通过建模来判断，例如某用户在性别一栏填写的是“男”，但通过其行为偏好可判断其性别为“女”的概率为80%。

还得一提的是，储存用户行为数据时最好同时储存下发生该行为的场景，以便更好地进行数据分析。

2）行为建模

该阶段是对上一阶段收集到的数据进行处理，并进行行为建模，以抽象出用户的标签，这个阶段注重的应是大概率事件，采用数学算法模型尽可能地排除用户的偶然行为。

通过剖析数据为用户贴上相应的标签及指数，标签代表用户对该内容有兴趣、偏好、需求等，指数代表用户的兴趣程度、需求程度、购买概率等。

在这个阶段，需要用到很多模型来给用户贴标签，具体如下。

(1) 用户汽车模型：根据用户对“汽车”话题的关注或购买相关产品的情况来判断用户是否有车、是否准备买车。

(2) 用户忠诚度模型：通过判断＋聚类算法判断用户的忠诚度。

(3) 身高体型模型：根据用户购买服装鞋帽等用品判断。

(4) 文艺青年模型：根据用户发言、评论等行为判断用户是否为文艺青年。

(5) 用户价值模型：判断用户对于网站的价值，这对于提高用户留存率非常有用，此外还有消费能力、违约概率、流失概率等诸多模型。

3）用户画像基本成型

该阶段可以说是第二阶段的延伸，要把用户的基本属性(年龄、性别、地域)、购买能力、行为特征、兴趣爱好、心理特征、社交网络大致标签化。

为什么说是基本成型？因为用户画像永远也无法100%地描述一个人，只能做到不断地去逼近一个人，因此，用户画像既应根据变化的基础数据不断修正，又要根据已知数据来抽象出新的标签使用户画像越来越立体。

关于"标签化"，一般采用多级标签、多级分类，例如第一级标签是基本信息（姓名、性别），第二级是消费习惯、用户行为；第一级分类有人口属性，人口属性又有基本信息、地理位置等二级分类，地理位置又分为工作地址和家庭地址等三级分类。

3. 用户画像的实例一

用户画像为商家的精准营销提供了足够的信息基础，能帮助商家快速找到精准的用户群体，以及分析、挖掘用户需求。当基于用户需求去推送信息时，用户的接受度最大化，精准营销也能以最大程度达到其目的。当商家能够准确掌握用户画像时，就可以用其来为精准营销服务了，具体包括以下内容。

（1）分析原有用户属性，找出忠实用户、核心用户、目标用户与潜在用户。

（2）利用数据管理平台进行用户行为数据收集，搭建并完善用户画像模型。

（3）寻找迫切需求信息的匹配人群，精准推送相应的营销广告或服务信息。

（4）营销信息投放一段时间后，剖析用户反馈行为数据，使营销更加精准。

（5）不断丰富与优化用户画像模型，最终实现个性化营销与服务推送。

下面，有这样一个真实的案例在精准营销领域广为流传。

美国人民逛超市，除了去大家熟悉的沃尔玛，还有一个红色的超市逛的人特别多，它就是美国第三大零售商—Target。一天，一名男子闯入他家附近的一家 Target 店铺进行抗议："你们竟然给我 17 岁的女儿发婴儿尿片和童车的优惠券。"店铺经理立刻向来者承认错误，但是其实该经理并不知道这一行为是总公司运行数据挖掘的结果。一个月后，这位父亲来道歉，因为这时他才知道他的女儿的确怀孕了。Target 比这位父亲提早一个月知道他女儿怀孕了。

那么问题来了，Target 是怎么知道的呢？这个女孩之前并没有购买过任何的母婴用品。难道 Target 有神奇的读心术么？当然不是！这件事看起来非常不可思议，但背后是神秘的大数据发挥的作用。

原来，孕妇对于零售商来说是一个含金量很高的用户群体，商家都希望尽早发现怀孕的女性，并掌控她们的消费。Target 的统计师们通过对孕妇的消费习惯进行一次次的测试和数据分析挖掘出 25 项与怀孕高度相关的商品：孕妇在怀孕头 3 个月过后会购买大量无味的润肤露；有时在头 20 周，孕妇会补充如钙、镁、锌等营养素；许多用户都会购买肥皂和棉球，但当有人除了购买洗手液和毛巾以外，还突然开始大量采购无味肥皂和特大包装的棉球时，说明她们的预产期要来了。在 Target 的数据库资料里，统计师们根据用户内在需求数据，精准地选出其中的 25 种商品，对这 25 种商品进行同步分析，基本上可以判断出哪些用户是孕妇，甚至还可以进一步估算出她们的预产期，在最恰当的时候寄去孕妇装、婴儿床等折扣券来吸引她们购买。这就是 Target 通过用户大数据收集，通过孕妇行为模型，构建孕妇的用户画像，从而能够清楚地知道用户预产期的原因。

实际上，这个小女孩不过是买了一些没有味道的湿纸巾和一些补镁的药品（微量元素镁），就被 Target 锁定了。

Target根据自己的数据分析结果，制订了全新的广告营销方案，而它的孕期用品销售呈现了爆炸式的增长。Target将这项分析技术向其他各种细分用户群推广，取得了非常好的效果，从2002年到2010年，其销售额从440亿美元增长到670亿美元。这家成立于1961年的零售商能有今天的成功，大数据功不可没。

那么，Target是怎么收集数据的呢？Target会尽可能地给每位用户一个编号。无论用户是刷信用卡、使用优惠券、填写调查问卷，还是邮寄退货单、打客服电话、开启广告邮件、访问官网……所有这一切行为都会记录进用户的编号。这个编号会对号入座地记录下用户的人口统计信息：年龄、婚姻状况、子女、住址、住址离Target的车程、薪水、最近是否搬过家、信用卡情况、常访问的网址等。这些看似凌乱的数据信息，在Target的数据分析师手里，将转换出巨大的能量。

Target是如何分析数据的呢？Target并不知道孕妇开始怀孕的时间，但是，它利用相关模型找到了她们的购物规律，并以此判断某位女士可能怀孕了。可以说，大数据技术让商家为用户画像已经成为非常简单的事情，通过对特定人群的分析，就能够准确知晓用户的消费习惯甚至分析出用户的思维历程，这无疑为商家的精准营销带来极大的帮助。如果不是在拥有海量的用户交易数据基础上实施数据挖掘，构建用户画像，Target不可能做到如此精准的营销。

4. 用户画像的实例二

接下来，再来看看诸如美团外卖、百度外卖这样的O2O（Online To Offline，在线离线/线上到线下，是指将线下的商务机会与互联网结合，让互联网成为线下交易的平台）用户画像实践。

外卖是一个高频业务。由于用户的消费频次高，用户生命周期的特征体现较显著。运营可以基于用户所处生命周期的阶段制定营销目标，例如，用户完成首购后的频次提升、成熟用户的价值提升、衰退用户的挽留以及流失用户的召回等。因此，用户的生命周期是一个基础画像，配合用户基本属性、偏好、消费能力、流失预测等其他画像，通过精准的产品推荐或者价格策略实现运营目标。

用户的消费受到时间、地点等场景因素驱动，因此需要对用户在不同时间、地点的消费行为的差异做深入了解，归纳不同场景下用户需求的差异，针对场景制定相应的营销策略，提升用户活跃度。

另外，由于外卖是一个新鲜事物，在用户对一些新品类和新产品缺乏认知的情况下，需要通过技术手段识别用户的潜在需求，进行精准营销。

1）新客运营

新客运营主要需要回答以下三个问题。

（1）新客在哪里？

（2）新客的偏好如何？

（3）新客的消费力如何？

回答这三个问题是比较困难的，因为相对于老客而言，新客的行为记录非常少或者几乎没有。这就需要通过一些技术手段做出推断。例如，新客的潜在转化概率受到新客的人口属性(职业、年龄等)、所处地域(需求的因素)、周围人群(同样反映需求)以及是否有充足供给等因素的影响;而对于新客的偏好和消费力,从新客在到店场景下的消费行为可以做出推测。另外用户的工作和居住地点也能反映其消费能力。

对新客的预测大量依赖他在到店场景下的行为,而用户的到店行为对于外卖是比较稀疏的,大多数的用户是在少数几个类别上有过一些消费行为。这就意味着我们需要考虑选择什么样的统计量描述:消费单价,总消费价格,消费品类等。然后通过大量的试验来验证特征的显著性。

在做高潜新客挖掘时,融入了多方特征,通过特征的组合最终做出一个效果比较好的预测模型。找到一些高转化率的用户,其转化率可比普通用户高若干倍。通过对高潜用户有针对性的营销,可以极大提高营销效率。

2) 流失预测

新用户来了之后,接下来需要把他留在这个平台上,尽量延长其生命周期。营销领域关于用户留存的两个基本观点是(引自菲利普·科特勒《营销管理》)。

(1) 获取一个新用户的成本是维系现有用户成本的5倍。

(2) 如果将用户流失率降低5%,公司利润将增加25%~85%。

用户流失的原因通常包括:竞争对手的吸引、体验问题、需求变化。可借助机器学习的方法,构建用户的描述特征,并借助这些特征来预测用户未来流失的概率。这里有两种做法:①预测用户未来若干天是否会下单这一事件发生的概率;②借助于生存模型,做流失的风险预测。美团外卖通过使用用户流失预警模型,显著降低了用户留存的运营成本。

3) 场景运营

拓展用户的体验,最重要的一点是要理解用户下单的场景。了解用户的订餐场景有助于基于场景的用户运营。对于场景运营而言,场景可以从时间、地点、订单三个维度描述。例如,工作日的下午茶,周末的家庭聚餐,夜里在家点夜宵等。其中重要的一点是对用户订单地址的分析。通过区分用户的订单地址是写字楼、学校或是社区,再结合订单时间、订单内容,可以对用户的下单场景做大致的了解。

例如地点场景的分析,可参考图6-16所示的订单地址分析流程图。根据订单系统中的用户订单地址文本,基于自然语言处理技术对地址进行文本分析,可以得到地址的主干

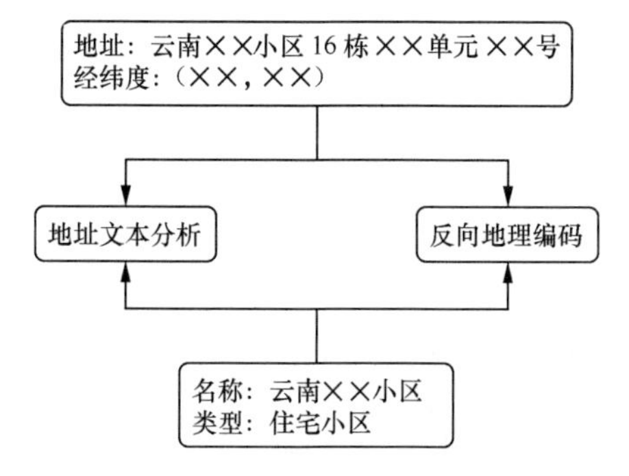

图6-16 订单地址分析流程图

名称(指去掉了楼号、门牌号的地址主干部分)和地址的类型(写字楼、住宅小区等)。在此基础上通过一些地图数据辅助从而判断出最终的地址类型。

另外,可以做合并订单的识别,即识别一个订单是一个人下单还是拼单。把拼单信息、地址分析以及时间结合在一起,可以预测用户的消费场景,进而基于场景做交叉销售和向上销售。交叉销售是指借助用户关系管理,发现用户的多种需求,并通过满足其需求从而销售多种相关服务或产品的一种新兴营销方式;向上销售是指根据既有用户过去的消费喜好,提供更高价值的产品或服务,刺激用户进行更多的消费。

在制作外卖的用户画像时,还面临以下挑战。

(1) 数据多样性,存在大量非结构化数据,例如用户地址、菜品名称等。需要用到自然语言处理技术,同时结合其他数据进行分析。

(2) 相对于综合电商而言,外卖是个相对单一的品类,用户在外卖上的行为不足以全方位地描述用户的基本属性。因此需要与用户在其他场合的消费行为进行融合。

(3) 外卖单价相对较低,用户消费的决策时间短、随意性强。不像传统电商用户在决策前有大量的浏览行为可以用于捕捉用户单次的需求。因此更需要结合用户画像分析用户的历史兴趣,以及用户的消费场景,在消费前对用户做适当的引导、推荐。

面临这些挑战,需要用户画像团队更细致地进行数据处理、融合多方数据源,同时发展出新的方法论,才能更好地支持外卖业务发展的需要。因此,外卖的用户画像的实践和经验累积,必将对整个电商领域的大数据应用做出新的贡献。

本章小结

大数据技术是一门迅速发展的新兴技术,许多概念还在扩充、深入和更新。本章从大数据技术的基础知识出发,主要介绍了大数据的特征和大数据思维的维度,重点讲解了大数据关键技术,即大数据处理过程和大数据处理框架。最后通过大数据典型应用的实例,加深对大数据技术的理解。后续学习可结合人工智能、云计算、物联网技术,进一步掌握大数据技术。

习题

一、判断题

1. 所有数据都是有价值的。 (　　)

2. 多个数据集的总和价值等于单个数据集的价值相加。 (　　)

3. 由于数据的再利用,数据应该永久保存下去。 (　　)

4. 数据只有开放价值才能得到真正的释放。 (　　)

5. 随着数据量和种类的增多,匿名化的数据不会威胁到任何人的隐私。 (　　)

6. 采集个人数据的工具就隐藏在人们日常生活所必备的工具当中,例如,网页和智能手机应用程序。 (　　)

7. 大数据可以分析与挖掘之前人们不知道或者没注意到的模式，可以从海量数据中预测发展趋势，虽然也有不精准的时候，但并不能因此而否定大数据挖掘的价值。（　　）

8. 大数据处理过程主要包含数据采集、数据预处理、数据存储、数据分析挖掘、数据展现5个过程。（　　）

9. 传统数据采集来源单一，数据量相对较小，大数据来源广泛，可以包括商业数据、互联网数据及各类传感器数据。（　　）

10. 数据仓库是为了便于多维分析和多角度展示数据按特定模式进行存储所建立起来的关系数据库。（　　）

11. 啤酒与纸尿裤的经典案例，充分体现了实验思维在大数据分析理念中的重要性。（　　）

12. 对于企业来说，给用户进行各种促销或者实施运行策略的时机比较重要，而且对于不同兴趣偏好的用户最好集中处理。（　　）

二、选择题

1. 当前大数据技术的基础是由（　　）首先提出的。

A. 微软　　B. 百度　　C. 谷歌　　D. 阿里巴巴

2. 大数据的起源是（　　）。

A. 金融　　B. 电信　　C. 互联网　　D. 公共管理

3. 根据不同的业务需求来建立数据模型，抽取最有意义的向量，决定选取哪种方法的数据分析人员是（　　）。

A. 研究科学家　　B. 数据管理人员

C. 数据分析员　　D. 软件开发工程师

4. 大数据的核心是（　　）。

A. 告知与许可　　B. 预测　　C. 匿名化　　D. 规模化

5. 大数据最显著的特征是（　　）。

A. 数据规模大　　B. 数据类型多样

C. 数据处理速度快　　D. 数据价值密度高

6. 采样分析的精确性随着采样随机性的增加而（　　），但与样本数量的增加关系不大。

A. 降低　　B. 不变　　C. 提高　　D. 无关

7. 美国海军军官莫里通过对前人航海日志的分析，绘制了新的航海线路图，标明了大风与洋流可能发生的地点。这体现了大数据分析理念中的（　　）。

A. 在数据基础上倾向于全体数据而不是抽样数据

B. 在分析法的基础上更注重相关分析而不是因果分析

C. 在分析效果上更追求效率而不是绝对精确

D. 在数据规模上强调相对数据而不是绝对数据

8. 在大数据时代，数据使用的关键是（　　）。

A. 数据收集　　B. 数据存储

C. 数据分析　　D. 数据再利用

9. 大数据是指不用随机分析法这样的捷径，而采用(　　)的方法。

A. 所有数据　　B. 绝大部分数据

C. 适量数据　　D. 少量数据

10. 相比依赖于小数据和精确性的时代，大数据因为更强调数据的(　　)，帮助人们进一步接近事实的真相。

A. 安全性　　B. 完整性

C. 混杂性　　D. 完整性和混杂性

11. 在大数据时代，人们是要让数据自己“发声”，没必要知道为什么，只需要知道(　　)。

A. 原因　　B. 是什么

C. 关联物　　D. 预测的关键

12. 假设一种基因同时导致两件事情：一是使人喜欢抽烟，二是使这个人得肺癌。那么，基因和肺癌是(　　)关系，而吸烟和肺癌则是(　　)关系。

A. 因果　相关　　B. 相关　因果

C. 并列　相关　　D. 因果　并列

13. 下列关于普查的缺点，说法准确的是(　　)。

A. 工作量大，容易导致调查内容有限，产生重复和遗漏现象

B. 误差不易被控制

C. 对样本的依赖比较强

D. 评测结果不稳定

14. 在大数据时代，人们需要设立一个不一样的隐私保护模式，这个模式更应该着重于(　　)为其行为承担责任。

A. 数据使用者　　B. 数据提供者　　C. 个人许可　　D. 数据分析者

15. 促进隐私保护的一种创新途径是(　　)：故意将数据模糊处理，促使对大数据库的查询不能显示精确的结果。

A. 匿名化　　B. 差别隐私

C. 个人隐私保护　　D. 信息模糊化

16. 智能监控手环的应用开发，体现了(　　)的数据采集技术的应用。

A. 统计报表　　B. 网络爬虫　　C. API 接口　　D. 传感器

17. 数据仓库的最终目的是(　　)。

A. 收集业务需求　　B. 建立数据仓库裸机模型

C. 开发数据仓库的应用分析　　D. 为用户和业务部门提供决策支持

18. 下列演示方式中，不属于传统统计图方式的是(　　)

A. 柱状图　　B. 饼状图　　C. 曲线图　　D. 网络图

19. 大数据环境下的隐私担忧，主要表现为(　　)。

A. 个人信息的被识别与暴露　　B. 用户画像的生成

C. 恶意广告的推送　　　　D. 病毒入侵

三、填空题

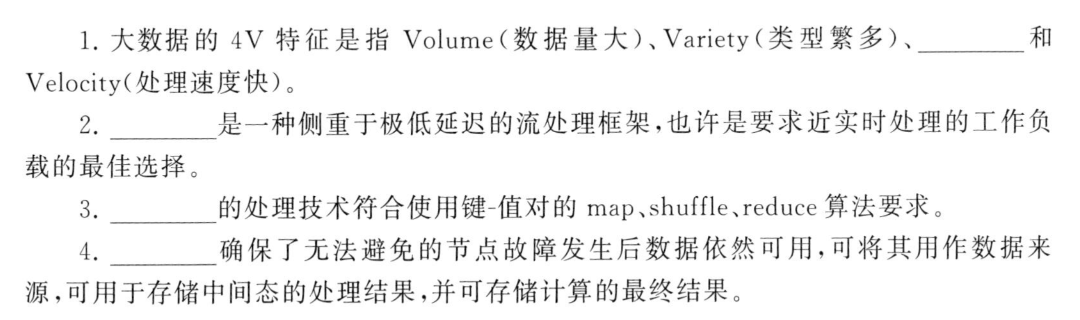

1. 大数据的4V特征是指Volume(数据量大)、Variety(类型繁多)、________和Velocity(处理速度快)。

2. ________是一种侧重于极低延迟的流处理框架,也许是要求近实时处理的工作负载的最佳选择。

3. ________的处理技术符合使用键-值对的map、shuffle、reduce算法要求。

4. ________确保了无法避免的节点故障发生后数据依然可用,可将其用作数据来源,可用于存储中间态的处理结果,并可存储计算的最终结果。

第7章 物 联 网

物联网是计算机网络的延伸，是继计算机、互联网与移动通信之后的世界信息产业第三次浪潮。它打破了传统网络的概念，把网络和检测设备都统一为基础设施，实现万物互连。物联网是“互联网＋”的新业态，给我国经济发展带来很大的机遇和挑战。

本章重点

（1）了解物联网。

（2）熟悉物联网的起源与发展现状。

（3）掌握物联网的应用。

（4）掌握物联网的关键技术。

（5）了解物联网的机遇和挑战。

7.1 物联网概述

物联网（Internet of Things，IoT）是指将各种信息传感设备，如射频识别（RFID）装置、红外感应器、全球定位系统等与互联网结合起来而形成的一个巨大网络。其目的是让所有的物品都与网络连接在一起，系统可以自动实时地对物体进行识别、定位、跟踪、监控并触发相应事件。

物联网是继计算机、互联网与移动通信之后的世界信息产业第三次浪潮。物联网的问世，打破了之前的传统思维——过去一直是将物理基础设施和IT基础设施分开：一方面是机场、公路、桥梁等物理基础设施，另一方面是以数据为中心的IT基础设施。

在物联网时代，所有的网络系统、检测设备等都统一为基础设施，在此意义上，基础设施更像是一块新的地球工地，世界就运转在它上面，其中包括社会经济生活、生产管理、社会管理乃至个人生活。

物联网示意图如图7-1所示。

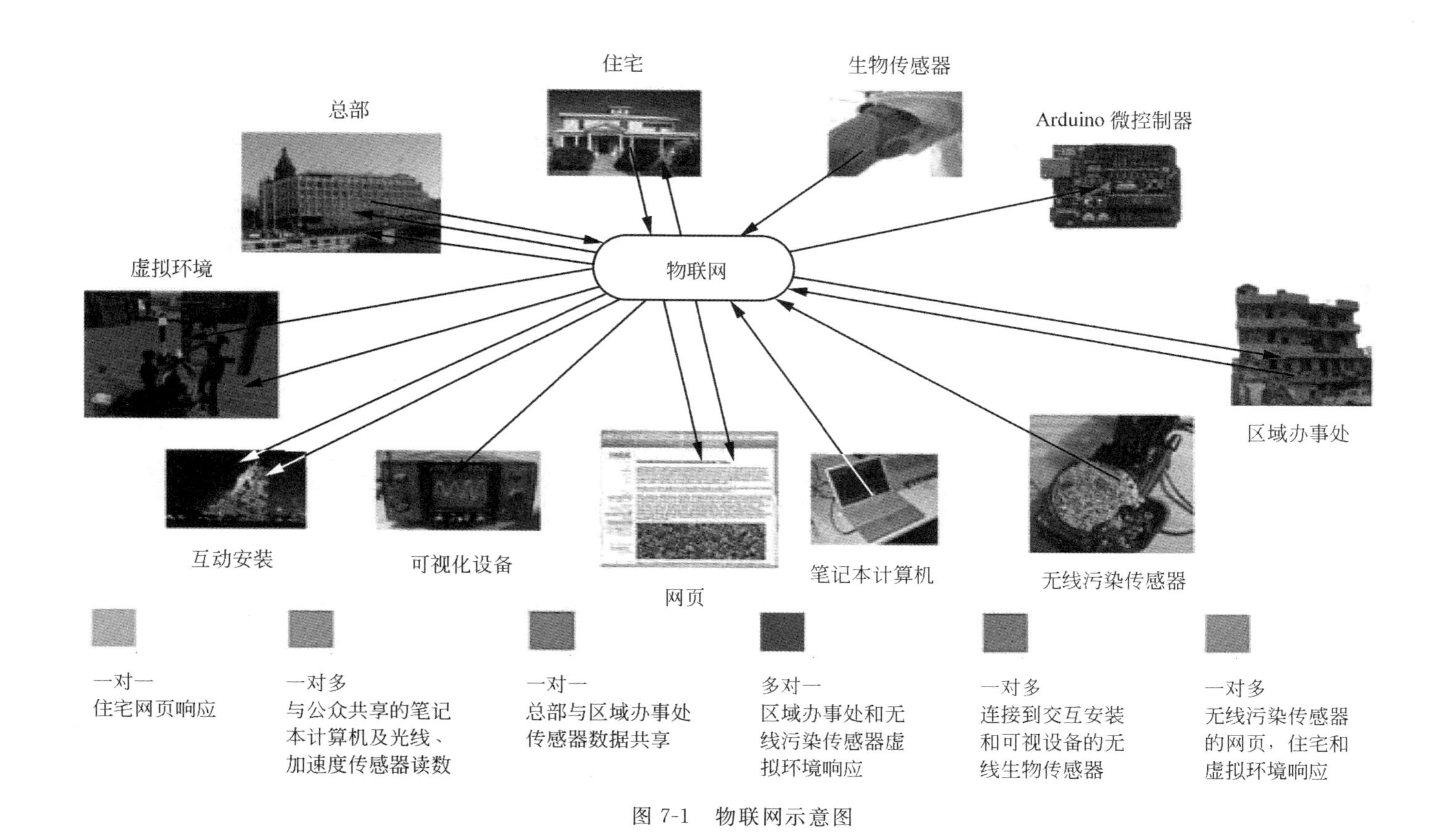

住宅
生物传感器
总部
Arduino 微控制器
虚拟环境
物联网
区域办事处
互动安装
可视化设备
网页
笔记本计算机
无线污染传感器
一对一
住宅网页响应
一对多
与公众共享的笔记本计算机及光线、加速度传感器读数
一对一
总部与区域办事处传感器数据共享
多对一
区域办事处和无线污染传感器虚拟环境响应
一对多
连接到交互安装和可视设备的无线生物传感器
一对多
无线污染传感器的网页，住宅和虚拟环境响应

图 7-1 物联网示意图

7.2 物联网的起源与发展现状

7.2.1 物联网的起源

物联网的概念在1999年被提出,它是把所有的物品通过射频设别等信息传感设备与互联网连接起来,实现智能化识别和管理。物联网是各类传感器和现有的互联网相互衔接的一个新技术,是现有互联网的延伸。

7.2.2 物联网的历史

2005年,国际电信联盟在《ITU 互联网报告 2005:物联网》中指出,无所不在的物联网通信时代即将来临,世界上所有的物体都可以通过互联网进行主动交换。射频识别技术、传感器技术、纳米技术、智能嵌入技术将得到更广泛的应用。

2008年3月,全球首个国际物联网会议"物联网2008"在苏黎世举行,会议探讨了物联网的新概念和新技术与如何推动"物联网"发展到下个阶段。IBM首席执行官彭明盛在该会议上首次提出"智慧地球"的概念,引发了世界范围的轰动。

2009年8月24日,中国移动总裁王建宙首次发表公开演讲,提出了"物联网"理念,通过装置在各类物体上的电子标签、传感器、二维码等经过接口与无线网络相连,从而给物体赋予智能,可以实现人与物体的沟通和对话,也可以实现物体与物体之间的沟通和对话。

7.2.3 物联网的发展现状

我国物联网已经初具规模,呈现出良好的发展态势。根据工信部数据显示,2014年我国整个物联网的销售收入达到6000亿元以上。近几年来,我国的物联网发展呈强劲势头,预计到2020年,我国物联网规模有望突破18 000亿元。

7.3 物联网的应用

全球进入第四次工业革命,工业4.0已经成了工业生产模式升级的方向,正由"中国制造"向"中国智造"方向转变,物联网对新工业时代的影响日益显著。新的技术不断应用到物联网中,促进我国工业生产全产业链升级改革。

7.3.1 智慧地球

智慧地球即智能地球,把感应器嵌入电网、铁路、桥梁、建筑等物体中,物体之间普遍连接，并与互联网整合起来，实现人类社会与物理世界的整合。人类可以以更加精细和动态的方式管理生产和生活，达到“智慧”状态，提高资源利用率和生产力水平，改善人和自然的关系。

7.3.2 智慧尘埃——森林防火系统

在森林中布满无数只微小的电子传感器，它们构成一个网络，时刻监视整个森林的每一个角落；发现火情后可自动报警。这就是加州大学伯克利分校的 Kristofer Pister 教授和他的助手们研发的“智慧尘埃”(Smart Dust)。每粒“尘埃”本身就是一个处理器，能够独立收集、处理和收发信息；“尘埃”之间能够相互通信。

7.3.3 高速公路自动收费系统

高速公路收费如果存在问题，就会造成交通堵塞。在收费站口，由于人工收费较慢，常会出现许多车辆停车排队交费的情况，成为交通瓶颈问题。

RFID 技术应用在高速公路自动收费上能够充分体现该技术的优势。在车辆高速通过收费站的同时自动完成缴费，解决了交通的瓶颈问题，提高了车行速度，避免了拥堵，提高了收费计算效率。高速公路自动收费系统示意图如图 7-2 所示。

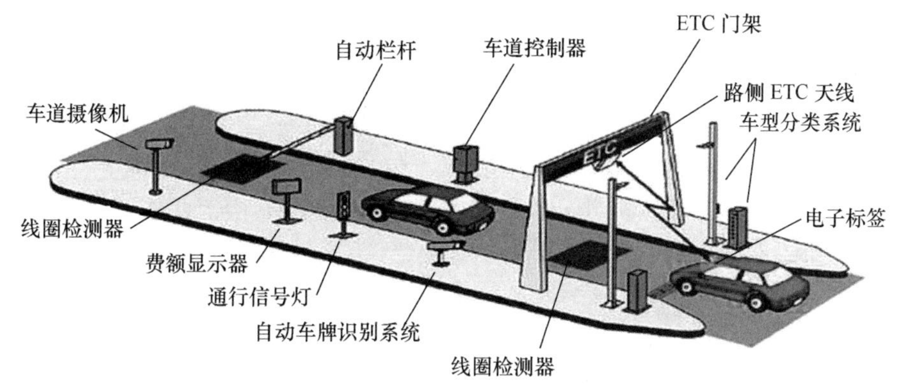

图 7-2 高速公路自动收费系统示意图

7.3.4 油田油井遥测遥控

ZigBee 是无线传感网中重要的协议之一，广泛用于工业监控系统。如图 7-3 所示，将 ZigBee 节点安装在油井平台各点，收集各传感器的数据，通过 ZigBee 网络传输到监控中心，可实时监控油井运行状况。

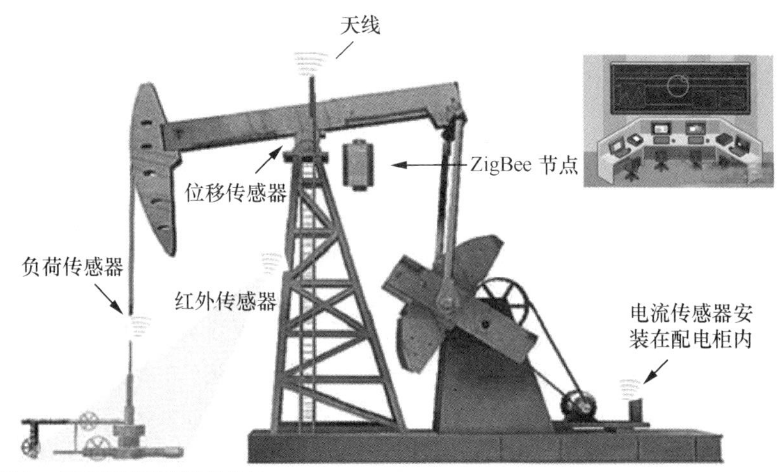

图 7-3　ZigBee 油田油井遥测遥控示意图

7.3.5　窄带物联网

窄带物联网(Narrow Band Internet of Things,NB-IoT)成为万物互联网络的一个重要分支。NB-IoT 构建于蜂窝网络,只消耗大约 180kHz 的带宽,可直接部署于 GSM 网络、UMTS 网络或 LTE 网络,以降低部署成本、实现平滑升级。

NB-IoT 是 IoT 领域一个新兴的技术,支持低功耗设备在广域网的蜂窝数据连接,也被叫作低功耗广域网(LPWAN)。NB-IoT 支持待机时间长、对网络连接要求较高设备的高效连接。据说 NB-IoT 设备电池寿命可以提高到至少 10 年,同时还能提供非常全面的室内蜂窝数据连接覆盖。

国内三大运营商均积极部署 NB-IoT 试验。截至 2017 年 10 月,中国电信建成 31 万个基站,完成 NB-IoT 全网部署;中国移动建设 14.5 万个基站;中国联通开展 5 个城市试点应用。NB-IoT 互连示意图如图 7-4 所示。

图 7-4　NB-IoT 让世界万物互连示意图

7.4 物联网关键技术

物联网中的核心关键技术主要包括 RFID 技术、传感器技术、无线网络技术、人工智能技术、云计算技术、大数据等。人工智能技术和大数据有专门的章节进行介绍，本节介绍其他几项技术。

7.4.1 RFID 技术

RFID 技术是物联网中"让物品开口说话"的关键技术，通过 RFID 标签上存储的规范且具有互通性的信息，可借助无线电信号识别特定目标，这一过程无须识别系统与特定目标之间建立机械或者光学接触。

无线电信号是通过调制成无线电频率的电磁场，把附在物品标签上的数据传送出去，以自动辨识与追踪该物品。RFID 标签在识别时可从识别器发出的电磁场中得到能量而无需电池；也有标签本身拥有电源，并可以主动发出无线电波。RFID 标签包含电子存储的信息，数米之内都可以识别。与条形码不同的是，射频标签不需要处在识别器视线之内，也可以嵌入被追踪物体内。

完整的 RFID 系统是由阅读器、电子标签与应用软件系统三个部分组成的，其工作原理是阅读器发射特定频率的无线电波能量，用于驱动电路将内部的数据送出，此时阅读器便依序接收解读数据，送给应用程序做相应的处理。

以 RFID 卡片阅读器及电子标签之间的通信及能量感应方式来划分，大致上可以分成：感应耦合和后向散射耦合两种。一般低频的 RFID 大都采用第一种方式，而较高频大多采用第二种方式。

阅读器是 RFID 系统信息控制和处理中心，根据使用的结构和技术不同，可以是读或读写装置，如图 7-5 所示。阅读器通常由耦合模块、收发模块、控制模块和接口单元组成。阅读器和应答器之间一般采用半双工通信方式进行信息交换，同时阅读器通过耦合给无源应答器提供能量和时序。在实际应用中，可进一步通过 Ethernet 或 WLAN 等实现对物体识别信息的采集、处理及远程传送等管理功能。应答器是 RFID 系统的信息载体，应答器大多由耦合元件（线圈、微带天线等）和微芯片组成无源单元。

图 7-5　RFID 阅读器图

7.4.2 传感器技术

在物联网中，传感器主要负责接收物品"讲话"的内容。传感器技术是从自然信源获取信息并对获取的信息进行处理、变换、识别的一门多学科交叉的现代科学与工程技术，它涉及传感器、信息处理和识别的规划设计、开发、制造、测试、应用及评价改进活动等内容。

1. 无人值守地面传感器（Unattended Ground Sensors，UGS）

不管是在智能交通、智慧城市、智能农业、工业物联网，还是野外灾害预防等领域，人类想要做到对物理世界的全面感知，首先得确保感知层获得的数据要全面、准确。也就是说，物联网系统需要根据应用的领域和具体的需求去布置大量传感器，甚至有时会需要采取飞机播撒的方式来进行大范围布置，因此传感器与物联网系统不可能采用物理连接的方式，必须采用无线信道来传输数据和通信。

2. 智能传感器

智能传感器是用嵌入式技术将传感器与微处理器集成为一体，使其成为具有环境感知、数据处理、智能控制与数据通信功能的智能数据终端设备。其具有自学习、自诊断和自补偿能力，复合感知能力以及灵活的通信能力。这样，传感器在感知物理世界的时候反馈给物联网系统的数据就会更准确、更全面，达到精确感知的目的。

集成电路的特征尺寸越小意味着该器件的集成度越高，运行速度越快，性能越好，物联网系统中传感器的尺寸越小对于系统布置也更加方便，性能更优。

MEMS（微型电子机械系统）是利用传统半导体工艺和材料，集微型传感器、微型执行器、微机械机构，以及信号处理和控制电路，直至接口、通信和电源等于一体的微型器件或系统。这种小体积、低成本、集成化、智能化传感系统是未来传感器的重要发展方向，也是物联网的核心。因此，MEMS 传感器领域成为相关企业布局的重中之重。

7.4.3 无线网络技术

在物联网中，物品要与人无障碍地交流，必然离不开高速、可进行大批量数据传输的无线网络。无线网络既包括远距离无线连接的全球语音和数据网络，也包括近距离通信的蓝牙、红外、ZigBee 和 NB-IoT 等技术。

1. 蓝牙技术

蓝牙是一种新兴无线通信技术，它是一个标准的无线通信协议，基于低成本设备的收发器芯片，可近距离传输、功耗低，被广泛应用于物联网智能家居系统、智能可穿戴设备。WiFi 为 IEEE 定义的一个无线网络通信的工业标准，是一种无线网络，它在局域网里面的范畴是指“无线相容性认证”，这其实是一种商业认证，同时也是一种无线联网技术。从技术层面看，蓝牙具有低功耗、低辐射的优势，但也存在传输距离短、范围小的劣势。近期随着蓝牙 5.0 的发布，蓝牙的性能有了大幅提升。

蓝牙通信属于无线个域网（WPAN），即点对点、多点对多点，主要是用来连接一些外接设备的，或者是在近距离进行数据传输。蓝牙传输带宽是 1Mb/s，它的通信距离一般都是 10m,最新的版本 Bluetooth 5.0 传输距离可以达到 150m。

2. 红外技术

红外传感器是一种将红外辐射能转换成电能的光敏元件,根据具体工作原理的不同,可分为光子型和热释电型两种。热释电红外传感器是利用红外辐射的热效应引起元件本身的温度变化来实现某些参数的检测的,其探测率、响应速度都不如光子型传感器。但由于其可在室温下使用,灵敏度与波长无关,所以应用领域很广,物联网中广泛采用红外传感设备组建网络。

3. ZigBee 技术

ZigBee 是一种典型的无线连接组网技术,具有低功耗、自愈网等优点,可工作在 2.4GHz(全球)、868MHz(欧洲)和 915MHz(美国)3 个频段上,分别具有最高 250Kb/s、20Kb/s 和 40Kb/s 的传输速率,它的传输距离在 10~75m 的范围内,但可以继续增加。作为一种无线通信技术,ZigBee 具有如下特点。

(1) 低功耗:由于 ZigBee 的传输速率低,发射功率仅为 1mW,而且采用了休眠模式,功耗低,因此 ZigBee 设备非常省电。据估算,ZigBee 设备仅靠两节 5 号电池就可以维持长达 6 个月到 2 年左右的使用时间,这是其他无线设备望尘莫及的。

(2) 低成本:ZigBee 模块的初始成本在 6 美元左右,估计很快就能降到 1.5~2.5 美元,并且 ZigBee 协议是免专利费的。低成本对于 ZigBee 来说也是一个关键的因素。

(3) 时延短:通信时延和从休眠状态激活的时延都非常短,典型的搜索设备时延 30ms,休眠激活的时延是 15ms,活动设备信道接入的时延为 15ms。因此,ZigBee 技术适用于对时延要求苛刻的无线控制(如工业控制场合等)应用。

(4) 网络容量大:一个星状结构的 ZigBee 网络最多可以容纳 254 个从设备和一个主设备,一个区域内可以同时存在最多 100 个 ZigBee 网络,而且网络组成灵活。

(5) 可靠:采取了碰撞避免策略,同时为需要固定带宽的通信业务预留了专用时隙,避开了发送数据的竞争和冲突。MAC 层采用了完全确认的数据传输模式,每个发送的数据包都必须等待接收方的确认信息。如果传输过程中出现问题可以进行重发。

(6) 安全:ZigBee 提供了基于循环冗余校验(CRC)的数据包完整性检查功能,支持鉴权和认证,采用了 AES-128 的加密算法,各个应用可以灵活确定其安全属性。ZigBee 网络拓扑如图 7-6 所示。

4. NB-IoT 技术

NB-IoT 是一种低功耗广域网路(Low Power Wide Area,LPWA)的技术,其特点便是极低的功耗、广泛的覆盖率和庞大的连接数,其装置覆盖范围可以提升 20dB,并且电池寿命可以超过 10 年以上,每个 NB-IoT 载波最多可支援 20 万个连接,而且根据容量需求,可以通过增加更多载波来扩大规模。

在 NB-IoT 的设计上有几项目标:①提升覆盖率,可以借由降低编码率(Coding Rate)来提升信号的可靠性,进而使信号强度微弱时,依旧能够正确解调,达到提高覆盖率

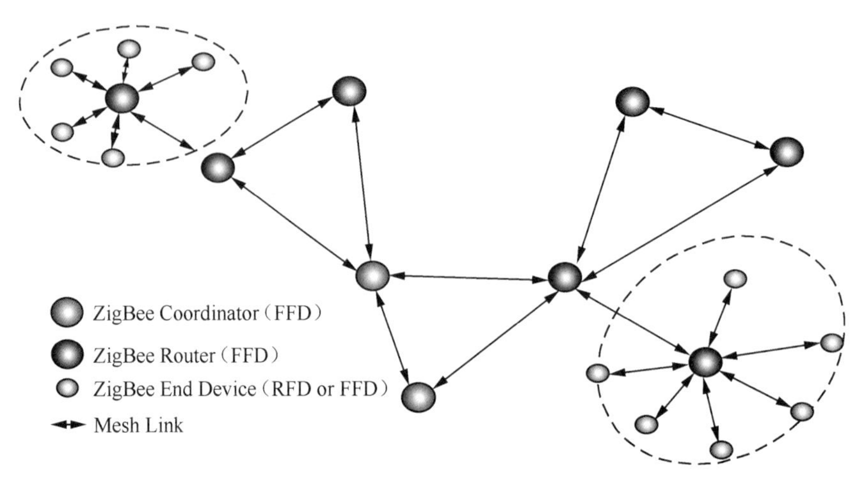

图 7-6　ZigBee 网络拓扑

的目的；②大幅提升电池使用周期，其发送的能量最大为 23dBm，约为 200mW；③降低终端的复杂度，使用恒定包络(Constant Envelope)的方式，可以使功率放大器(Power Amplifier，PA)运作于饱和区间，让传送端有更好的使用效率。在实体层设计上，也可以简化部分元件，使复杂度降低。另外，为减少系统频宽，其频宽设计在 200kHz，因为在物联网上不需要这么高的传输速率，所以便不需要这么大的频率，在使用上也能更弹性地分配。而另一个重要的设计目标就是要大幅地提升系统容量，使大量的终端能够同时连接，其中一种方法为可以使子载波区间更小，从而使频谱资源分配更有弹性，切出更多子载波分配给更多的终端。NB-Iot 网络进化图如图 7-7 所示。

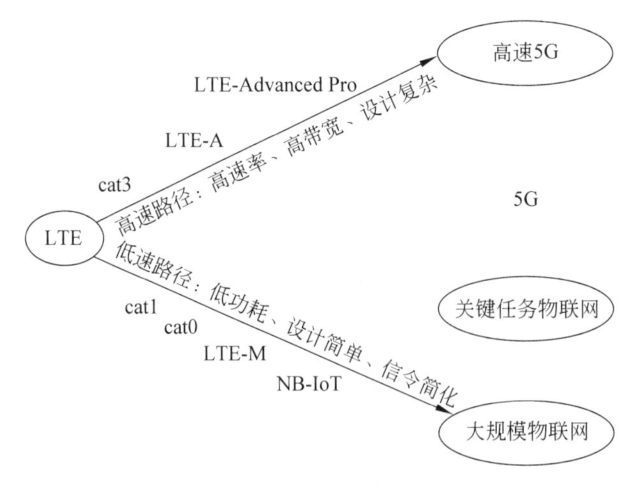

图 7-7　NB-IoT 网络进化图

7.4.4　云计算技术

物联网的发展离不开云计算技术的支持。物联网中终端的计算和存储能力有限，云计算平台可以作为物联网的大脑,实现通过互联网访问、可定制的 IT 资源共享池。这些资源包括网络、服务器、存储、应用、服务等。从广义来看,云计算是指服务的交付和使用模式,即通过网络以按需、易扩展的方式获取所需的资源,这种服务可以是 IT 的基础设施(硬件、软件、平台),也可以是其他服务。云计算的核心理念就是按需服务,就像人使用水、电、天然气等资源一样,可动态配置数据的存储和计算。

物联网与云计算都是基于互联网的,可以说互联网是它们相互连接的一个纽带。从物联网结构来看,云计算将成为物联网的重要环节。物联网与云计算的结合必将通过对各种资源共享、业务快速部署、物人交互新业务扩展、信息价值深度挖掘等方面的促进带动整个产业链和价值链的升级和跃进。物联网强调物物相连,设备终端与设备终端相连,云计算能为云上设备终端提供强大的运算处理能力,以降低终端的复杂性。

云计算是实现物联网的核心。运用云计算模式,实现对物联网中各类数据的融合计算分析。物联网通过将射频技术、传感器技术、纳米技术等新技术运用到各行各业中,使各种物体充分互联,并通过无线等网络将采集到的各种信息送到云计算中心,进行汇总、分析和处理。物联网采集到的数据海量,但传感网层不具备海量数据的计算能力,而云计算弥补了传感网计算能力和存储能力的不足。云计算示意图如图 7-8 所示。

图 7-8 云计算示意图

7.5 物联网的机遇与挑战

物联网被称为继计算机、互联网与移动通信网之后的信息产业第三次浪潮,它孕育着数万亿元的巨大市场,市场前景将远远超过计算机、互联网、移动通信等市场。目前,物联网仍处于起步阶段,物联网尚未形成统一的技术标准,涉及的技术应用成熟度也有待提高。目前,急需解决的问题有:物联网应用如何实现,物联网产业怎样发展,以及如何普及物联网;物联网发展过程中的政策法规、技术标准统一性、管理平台形成、安全体系建立、应用开发等问题如何解决;以及物联网如何建立稳定、健康的商业模式。

7.5.1 面临的问题

1. 安全和隐私

安全和隐私一直是困扰物联网大规模使用的瓶颈。物联网使用的技术多,网络结构复杂,协议多样,安全问题存在于每一个环节,若一点攻破可能会造成全网瘫痪。发展物联网,将会对现有的一些法规形成挑战,如信息采集的合法性、数据隐私的保护等问题,急需新的制度进行规范和保护。

2. 标准多样

物联网的核心架构、技术接口、协议各不相同,特别是新的技术出现,使网络结构更加复杂。接口、协议不统一,将造成系统互连的复杂度变高,网络将花费较大的开销进行数据转换,这一系列因素对物联网技术的大规模推广使用提出了挑战。

7.5.2 发展机遇

未来,物联网将渗透到经济领域的各个层面,将带来新的商业机会以及新的经济和技术增长点。物联网以其产品的大数量和多样性,为电子制造业未来的发展提供了想象空间,将催生新的智能硬件的研发。物联网的发展,将创造良好的物联网生态,并为更多的新创公司提供良好的发展机会。

本章小结

本章围绕物联网的基本概念,讲解了物联网的几个关键技术、物联网的发展和物联网的几种典型应用,以及物联网与云计算等技术的结合,最后讨论了物联网产业的机遇和挑战。

习题

一、选择题

1. “智慧地球”是由(　　)公司提出的,并得到奥巴马总统的支持。
   A. Intel　　B. IBM　　C. TID　　D. Google
2. RFID 属于物联网的(　　)层
   A. 应用　　B. 网络　　C. 业务　　D. 感知
3. 物联网的关键技术中,(　　)能接收物品“讲话”的内容。
   A. 电子标签　　B. 传感技术　　C. 人工智能　　D. 纳米技术
4. 云计算的核心理念就是按需服务,就像人使用水、电、天然气等资源一样,可

(　　)配置数据的存储和计算。

A. 动态　　　B. 静态　　　C. 手动　　　D. 随意

二、思考题

1. 物联网的基本概念是什么?
2. 物联网的关键技术主要包含哪些内容?
3. 简述我国物联网发展的机遇和挑战。
4. 举例说明物联网的一个具体应用。
5. 分析物联网的关键技术和应用难点。

第8章　人工智能

人工智能作为当代的高新科学技术之一，已经对人类的各个领域产生了巨大的影响。在需要使用数学计算机工具解决问题的学科，人工智能带来的帮助不言而喻。同时，人工智能有助于人类最终认识自身智能的形成。

本章重点

(1) 了解什么是人工智能。

(2) 了解人工智能的基础学科。

(3) 了解人工智能的历史。

(4) 熟悉人工智能的研究与应用领域。

8.1　人工智能概述

近60多年来，人工智能(Artificial Intelligence，AI)取得了巨大的发展，它引起众多学科和不同专业背景学者们的日益重视，成为一门广泛的交叉和前沿科学。近年来，现代计算机的发展已经能够存储规模庞大的数据，并进行快速信息处理，软件功能和硬件性能均取得了巨大进步，从而使人工智能获得进一步的应用。尽管目前其发展过程中面临着不少争论、困难和挑战，但这些争议的存在有益于推动人工智能的发展。可以预计，人工智能的研究成果将能够创造出更多、更有用的智能产品，为改变人类的生活做出更大贡献。

现在，AI的研究包含了许多不同的子领域，涵盖的范围从通用领域到特定任务。AI对任务进行系统化和自动化，因而与人类活动的所有领域范畴都相关，从这个角度来看，AI可以被认为是一个普遍的研究领域。

8.1.1　什么是人工智能

很多人一直以来把人工智能当作科幻小说，但是近来却不断听到很多人严肃地讨论这个问题，故而产生了困惑。这种困惑在于人们总是把人工智能和电影想到一起，如《星球大战》《结者》《黑客帝国》等。电影是虚构的，那些电影角色也是虚构的，所以人们总是觉得人工智能缺乏真实感。人工智能是个很宽泛的话题。从手机到无人驾驶汽车，到未来可能改变世界的重大变革，人工智能可以用来描述很多东西，所以人们会有疑惑。其实，人们日常生活中已经每天都在使用人工智能了，只是我们没意识到而已。所以人工智能听起来总让人觉得是未来的神秘存在，而不是身边已经存在的现实。同时，也让人们觉得人工智能是一个从未被实现过的流行理念。

要打消这种困惑，首先不要一提到人工智能就想着机器人。机器人只是人工智能的容器，机器人有时候是人形，有时候不是，但是人工智能自身只是机器人体内的计算机。若把人工智能比作大脑的话，机器人就是身体——而且这个身体不一定是必需的。例如Siri背后的软件和数据是人工智能，Siri说话的声音是人工智能的人格化体现，但是Siri本身并没有机器人这个组成部分。

人工智能的概念很宽，所以人工智能也分很多种，可按照人工智能的实力将其分成三大类。

(1) 弱人工智能(Artificial Narrow Intelligence，ANI)：是指擅长于某个方面的人工智能。例如有能战胜象棋世界冠军的人工智能，但是它只会下象棋，要问它怎样更好地在硬盘上储存数据，它就不知道怎么回答你了。

(2) 强人工智能(Artificial General Intelligence，AGI)：人类级别的人工智能，是指在各方面都能与人类比肩的人工智能，人类能干的脑力工作它都能干。创造强人工智能比创造弱人工智能难得多，人们现在还做不到。Linda Gottfredson教授把智能定义为："一种宽泛的心理能力，能够进行思考、计划、解决问题、抽象思维、理解复杂理念、快速学习和从经验中学习等操作。"强人工智能在进行这些操作时应该和人类一样得心应手。

(3) 超人工智能(Artificial Super Intelligence，ASI)：牛津哲学家、知名人工智能思想家Nick Bostrom把超级智能定义为："在几乎所有领域都比最聪明的人类大脑都聪明得多，包括科学创新、通识和社交技能。"超人工智能可以各方面都比人类强一些，也可以是各方面都比人类强万亿倍。

现在，人类已经掌握了弱人工智能。其实弱人工智能无处不在，人工智能革命是从弱人工智能，通过强人工智能，最终到达超人工智能的旅途。

目前有大量的教材给人工智能下定义。有的强调思维过程和推理，有的强调行为，有的强调模拟人类功能的逼真程度，还有的强调"理性"。"理性"是指系统在其所知的范围内"正确行事"。从历史上来看，有人在以下4个方面做了许多工作。

1. 类人行为

1950年提出的图灵测试设计的目的就是为智能提供一个满足可操作的要求的定义。该测试建议提出一个复杂而又有争议的清单来列举智能所需要的能力，不局限于采用基于人类这种无可争议的智能实体的辨别能力的测试。如果人类询问者在提出一些问题后，无法判断答案是否由人回答，那么这个智能就通过测试。让计算机编制能通过测试的智能还需要做大量的工作，计算机必须具有以下能力。

(1) 自然语言处理。使计算机可以用人类的文字或是语言成功进行交流。

(2) 知识表示：存储智能知道的或是听到的信息。

(3) 自动推理：运用存储的知识来回答问题和提取新的结论。

(4) 机器学习：能够适应新的环境并能检测和推断新的模式。

(5) 计算机视觉：可以感知物体。

(6) 机器人技术：可以操纵物体。

2. 类人思考

类人思考是认知模型的方法。如果想让程序像人一样思考，那么必须先弄清楚人是怎样思考的，这需要深入理解人类思维的真实过程。一旦得到关于思维的足够精确的理论，那么就可以通过计算机程序来表达。要达到这个目的有两种途径：研究人的思维过程和通过心理测试。

3. 理性的思考

古希腊哲学家亚里士多德提出的三段论提供了一种在已知前提正确时总能推出正确结论的论据结构模式。例如，“苏格拉底是男人；所有的男人都是凡人；因此，苏格拉底也是凡人”。这些思维法则被认为支配着思维活动，对它的研究产生并创立了逻辑学。19世纪的逻辑学家发明出一种可以用来描述世界上的一切事物及其彼此关系的精确符号。原则上，已经有程序可以求解任何用逻辑符号描述的可解问题。人工领域中的逻辑主义希望通过实行上述程序来实现智能。但这种方法有两个障碍：一是难以获得非形式化的知识并得到逻辑符号表示所需的形式化表达，特别是在知识不是完全可靠的情况下；二是“原则上”可以解决一个问题与实际解决问题这两者存在巨大的差异。

4. 理性的行动

智能体(Agent)就是某种能够行动的东西。它有别于程序，拥有自主控制的操作、感知环境、持续能力、适应变化。理性智能体通过自己的行动获得最佳结果，或者在不确定的情况下，获得最佳期望结果。

人工智能这一术语是1956年由John McCarthy提议使用的。AI这一学科至今已有60多年的历史，在国际上已确认AI是当代高科技的核心之一。

AI是一个广义词，各有说法，很难给出准确的定义或一般性的定义。其基本含义：AI是用机器(计算机或智能机)来模仿人类的智能行为。AI也叫机器智能，是研究如何使机器具有认识问题与解决问题的能力，并使机器具有感知功能(如视、听、嗅)、思维功能(如分析、综合、计算、推理、联想、判断、规划、决策)、行为功能(如说、写、画)及学习、记忆等功能。所以，如果一个计算机系统具有某种学习能力，能够给出有关问题的正确答案，使用的方法与人类相似，还能解释系统的智能活动，那么，这种计算机系统便认为具有某种智能。

人工智能是用计算机技术的概念和方法对智能进行研究，因此，它从根本上提供了一个全新的理论基础。作为一门学科，人工智能的目的是了解使智能得以实现的原理；作为一门技术，它的最终目的是设计出完全与人类智能相媲美的智能计算机系统。到目前为止，计算机作为一种最有效的信息处理工具，人们已片刻离不开它。但是，与人脑相比，计算机的智能在许多方面还不及婴幼儿。如果计算机具有一定的智能，能够模拟人类的智能活动，成为人脑的延伸，那么计算机将对人类产生不可估量的影响，人类将步入智能机器人时代。尽管科学家们尚未达到这个目的，但在使计算机更加智能化方面已经取得了很大的进展，许多AI计算机系统在不少领域实际上已超出了高水平的人类技艺，如计算机象棋的水平极高，还可诊断出某种疾病，以及发现数学概念。AI是使技术适应于人类的钥匙，是自动化技术向智能技术方向发展的关键，也是揭示人类智能和人脑奥秘的有力工具。

尼尔逊教授为人工智能下了这样一个定义：“人工智能是关于知识的学科——怎样表示知识以及怎样获得知识并使用知识的科学。”另一位美国麻省理工学院的温斯顿教授认为：“人工智能就是研究如何使计算机去做过去只有人才能做的智能工作。”这些说法反映了人工智能学科的基本思想和基本内容，即人工智能是研究人类智能活动的规律，构造具有一定智能的人工系统，研究如何让计算机去完成以往需要人的智力才能胜任的工作，也就是研究如何应用计算机的软硬件来模拟人类某些智能行为的基本理论、方法和技术。

人工智能是计算机学科的一个分支，20世纪70年代以来被称为世界三大尖端技术之一(空间技术、能源技术、人工智能)，也被认为是21世纪三大尖端技术(基因工程、纳米科学、人工智能)之一。这是因为近30年来它获得了迅速发展，在很多学科领域都得到了广泛应用，并取得了丰硕的成果，人工智能已逐步成为一个独立的分支，无论在理论和实践上都已自成一个系统。

人工智能是研究使计算机来模拟人的某些思维过程和智能行为(如学习、推理、思考、规划等)的学科，主要包括计算机实现智能的原理、制造类似于人脑智能的计算机，使计算机能实现更高层次的应用。人工智能将涉及计算机科学、心理学、哲学和语言学等学科，可以说涵盖了自然科学和社会科学的所有学科，其范围已远远超出了计算机科学的范畴。人工智能与思维科学的关系是实践和理论的关系，人工智能处于思维科学的技术应用层次，是它的一个应用分支。从思维观点看，人工智能不仅限于逻辑思维，要考虑形象思维、灵感思维才能促进人工智能的突破性的发展；数学常被认为是多种学科的基础科学(如数学也进入语言、思维领域)，其在标准逻辑、模糊数学等范围发挥作用，人工智能学科也必须借用数学工具，数学和人工智能学科将互相促进，从而更快地发展。

8.1.2 人工智能的学派

在人工智能研究中有许多学派，如功能学派和结构学派、心理学派和生理学派、启发学派和算法学派等。不同学派的研究方法、学术观点、工作重点有所不同。

从人工智能的中心内容(研究核心)来看，主要有两种研究方法或途径。

(1) 功能学派：功能学派从人的思维活动和智能行为的心理学特性出发，利用计算机软件与心理学方法，进行宏观功能模拟，也可称为计算机学派或心理学派。这种研究不关心人的智能器官(大脑)的结构，只是模拟人的智能行为。这种方法的主要成功代表为基于知识表达和知识推理的专家系统。

(2) 结构学派：结构学派从人脑的生理结构原型出发，探讨思维活动的机理，进行结构模拟，也可称为仿生学派或生理学派。结构学派的观点是，要模拟人的智能就必须首先从研究人脑的结构和生理特点出发，制造出与人脑具有类似结构和功能的机器。这一研究的主要代表是人工神经网络、联想记忆、模式识别、图像分析。

从方法论的观点看，结构学派采用“白箱”方法，功能学派采用“黑箱”方法，但是结构是功能的基础，功能是结构的表现。因此，在人工智能研究中，结构与功能研究应相互促进，“白箱”方法与“黑箱”方法应相互结合，取长补短，才能取得更大的进展。

在功能学派的研究方法中，又分为以下两派。

(1) 启发派：主要依靠启发推理，利用启发程序进行问题求解。

(2) 算法派：主要依靠算法证明，利用算法程序进行问题求解。

从实现方式的原理看有以下三种。

(1) 符号主义(Symbolicism)，又称为逻辑主义(Logicism)、心理学派(Psychologism)或计算机学派(Computerism)，其原理主要为物理符号系统(即符号操作系统)假设和有限合理性原理。符号主义认为人工智能源于数理逻辑。数理逻辑从19世纪末起得以迅速发展，到20世纪30年代开始用于描述智能行为。计算机出现后，又在计算机上实现了逻辑演绎系统。其有代表性的成果为启发式程序LT(Logic Theorist，逻辑理论家)，证明了38条数学定理，表明可以应用计算机研究人的思维过程，模拟人类智能活动。正是这些符号主义者，早在1956年首先采用“人工智能”这个术语。后来又发展了启发式算法→专家系统→知识工程理论与技术，并在20世纪80年代取得很大发展。符号主义曾长期一枝独秀，为人工智能的发展做出重要贡献，尤其是专家系统的成功开发与应用，为人工智能走向工程应用和实现理论联系实际具有特别重要意义。在人工智能的其他学派出现之后，符号主义仍然是人工智能的主流派别。这个学派的代表任务有纽厄尔(Newell)、西蒙(Simon)和尼尔逊(Nilsson)等。

(2) 连接主义(Connectionism)，又称为仿生学派(Bionicsism)或生理学派(Physiologism)，其主要原理为神经网络及神经网络间的连接机制与学习算法。连接主义认为人工智能源于仿生学，特别是对人脑模型的研究。它的代表性成果是1943年由生理学家麦卡洛克(McCulloch)和数理逻辑学家皮茨(Pitts)创立的脑模型，即MP模型，开创了用电子装置模仿人脑结构和功能的新途径。它从神经元开始进而研究神经网络模型和脑模型，开辟了人工智能的又一发展道路。20世纪六七十年代，连接主义，尤其是对以感知机(Perceptron)为代表的脑模型的研究出现过热潮，由于受到当时的理论模型、生物原型和技术条件的限制，脑模型研究在20世纪70年代后期至80年代初期落入低潮。直到Hopfield教授在1982年和1984年发表两篇重要论文，提出用硬件模拟神经网络以后，连接主义才又重新抬头。1986年，鲁梅尔哈特(Rumelhart)等人提出多层网络中的反向传播算法(BP)。此后，连接主义势头大振，从模型到算法，从理论分析到工程实现，为神经网络计算机走向市场打下基础。现在，对人工神经网络(ANN)的研究热情仍然较高，但研究成果没有像预想的那样好。

(3) 行为主义(Actionism)，又称为进化主义(Evolutionism)或控制论学派(Cyberneticsism)，其原理为控制论及感知-动作型控制系统。行为主义认为人工智能源于控制论。控制论思想早在20世纪四五十年代就成为时代思潮的重要部分，影响了早期的人工智能工作者。维纳(Wiener)和麦卡洛克等人提出的控制论和自组织系统以及钱学森等人提出的工程控制论和生物控制论，影响了许多领域。控制论把神经系统的工作原理与信息理论、控制理论、逻辑以及计算机联系起来。早期的研究工作重点是模拟人在控制过程中的智能行为和作用，如对自寻优、自适应、自镇定、自组织和自学习等控制论系统的研究，并进行“控制论动物”的研制。到 20 世纪六七十年代，上述这些控制论系统的研究取得一定进展，播下智能控制和智能机器人的种子，并在 20 世纪 80 年代诞生了智能控制和智能机器人系统。行为主义是 20 世纪末才以人工智能新学派的面孔出现的，引起许多人的兴趣。这一学派的代表作首推布鲁克斯(Brooks)的六足行走机器人，它被看作是新一代的“控制论动物”，是一个基于感知-动作模式模拟昆虫行为的控制系统。

8.2 人工智能基础

本节将介绍为 AI 贡献了想法、观点和技术的学科。

8.2.1 哲学

(1) 形式化规则能用来抽取合适的结论吗?

(2) 精神意识是如何从物质的大脑产生出来的?

(3) 知识从哪里来?

(4) 知识是如何导致行动的?

亚里士多德是第一个把支配意识的理性部分的法则形式化为精确的法则集合的人。他发展了一种非形式的三段论系统用于正确的推理，这个系统原则上允许在初始前提的条件下机械式推导出结论。笛卡儿首次给出了第一个关于意识和物质之间的区别，并就由此引起的问题进行了清晰讨论。唯物主义坚持大脑依照物理定律运转而构成意识。

有了能处理知识的物理意识，下一个问题就是建立知识的来源。休谟提出了归纳原理：一般规则是通过揭示形成规则的元素之间的重复关联而获得的。

关于意识的哲学图景的最后元素是知识与行动之间的联系。这对人工智能是至关重要的，因为智能既要求推理也要求行动。只有理解如何判断行动的正确性，人们才能理解如何去构建其行动能够被判断为正确的智能体。

8.2.2 数学

(1) 什么是抽取合理结论的形式化规则?

(2) 什么可以被计算?

(3) 如何用不确定的知识进行推理?

哲学家提出了 AI 的大部分重要思想，但是实现成为一门规范科学的飞跃要求在三个基础领域完成一定程度的数学形式化，即逻辑、计算和概率。布尔完成了形式逻辑的数学发展，他提出的命题逻辑也被称为布尔逻辑。与计算相关的概念有不可判定性、不可计算性和不可操作性。概率理论中的贝叶斯法则及由其衍生出来的被称为“贝叶斯分析”的领域形成了大多数人工智能系统中不确定推理的现代方法的基础。

8.2.3 经济学

(1) 如何决策以获得最大收益?

(2) 在他人不合作的情况下如何做到?

(3) 在收益不可预测的情况下如何做到?

人工智能技术的发展突飞猛进,对经济社会的各个领域都产生了重大影响,这种影响当然也波及了经济学。很多一线经济学家纷纷加入到对人工智能的研究中,不少知名学术机构还组织了专门的学术研讨会,组织学者对人工智能时代的经济学问题进行专门的探讨。

事实上,经济学家并不是最近才开始关注人工智能的。在理论层面,经济学对决策问题的探讨与人工智能所研究的问题有很多不谋而合之处,这决定了这两门学科在研究上存在很多交叉。从历史上看,经济学家对人工智能的理论关注至少有过三次高潮:第一次高潮是 20 世纪 60 年代,人工智能这门学科的奠基之初。当时,有不少经济学家参与了这一学科的建设。例如,诺贝尔经济学奖得主 Herbert Simon 就是人工智能学科的创始人之一,也是"符号学派"的开创者。在他看来,经济学和人工智能有不少共通之处,它们都是"人的决策过程和问题求解过程",因此在进行人工智能研究的过程中,他融入了不少经济学的思想。第二次高潮是在 21 世纪初。当时,经济学在博弈论、机制设计、行为经济等领域都取得了不少的进展,这些理论进展被频繁地应用在人工智能领域。最近经济学家对人工智能问题的关注是第三次高潮。这次高潮主要是在以深度学习为代表的技术突破的推动下发生的,由于深度学习技术强烈依赖于大数据,因此在这轮高潮中,不少讨论集中在了与数据相关的问题上,而在对人工智能进行建模时也重点体现出了规模经济、数据密集等相关的性质。

至于应用层面,经济学和人工智能这两个领域的互动更为频繁。目前,在金融经济学、管理经济学、市场设计等领域都可以看到人工智能的应用。

从总体上看,最近有关人工智能的经济学大致可以分为以下三类。

第一类研究是将人工智能视为分析工具。一方面,人工智能的一些技术可以与传统的计量经济学相结合,从而克服传统计量经济学在应对大数据方面的困难。应用这些新的计量技术,经济学家可以探索和构建新的经济理论。另一方面,人工智能的发展也为采集新的数据提供了便利。借助人工智能,诸如语音、图像等信息可以较为容易地整理为数据,这为经济学研究提供了重要的分析材料。

第二类研究是将人工智能作为分析对象。从经济学角度看,人工智能具有十分鲜明的性质。首先,人工智能是一种"通用目的技术"(General Purpose Technology,GPT),可以被应用到各个领域,其对经济活动带来的影响是广泛和深远的。现在,在分析经济增长、收入分配、市场竞争、创新问题、就业问题,甚至是国际贸易等问题时,都很难回避人工智能所造成的影响。其次,人工智能是一种强化的自动化,它会对劳动力产生替代,并造成偏向型的收入分配结果。再次,当前的人工智能技术发展强烈依赖于大数据的应用,这就决定了它具有很强的规模经济和范围经济,这两个特征对产业组织、竞争政策、国际贸易等问题都会产生重要影响。以上的所有这些特征共同决定了分析和评估人工智能对现实经济造成的影响应当成为经济学研究的一个重要话题。

第三类研究是将人工智能作为思想实验。作为一门学科，经济学是建立在理想化的假设基础之上的。在现实中，很多假设并不成立，因此经济学的预言就和现实存在一定的差距。人工智能的出现，从某种意义上来讲是为经济学家提供了一个可能的、符合经济学假设的环境。这同时也为检验经济理论的正确性提供了一个场所。

8.2.4 神经科学

大脑是如何处理信息的？

21 世纪被世界科学界公认为是生物科学、脑科学的时代。20 世纪末，在欧美脑科学时代计划的推动之下，对人脑语言、记忆、思维、学习和注意等高级认知功能进行多学科、多层次的综合研究已经成为当代科学发展的主流方向之一，而认知神经科学的根本目标就是阐明各种认知活动的脑内过程和神经机制，揭开大脑与心灵关系之谜。传统的心理学基础研究即认知心理学，仅是从行为、认知层次上探讨人类认知活动的结构和过程。认知神经科学作为一门新兴的研究领域，高度融合了当代认知科学、计算科学和神经科学，把研究的对象从纯粹的认知与行为扩展到脑的活动模式及其与认知过程的关系。对认知神经科学的意义与前景，国际科学界已经形成共识，许多人把它看成与基因工程、纳米技术一样在近期内会取得突破性进展的学科。

神经科学是指寻求解释生物学机制，即细胞生物学和分子生物学机制的科学。神经科学寻求了解在发育过程中装配起来的神经回路是如何感受周围世界、如何实施行为的，它们又如何从记忆中找回知觉，一旦找回之后，它们还能对知觉的记忆有何作用。

AI 科学家对神经科学的研究产生了人工神经网络(Artificial Neural Network，ANN)，也简称为神经网络(NN)或称作连接模型(Connection Model)。它是一种模仿动物神经网络行为特征，进行分布式并行信息处理的算法数学模型。这种网络依靠系统的复杂程度，通过调整内部大量节点之间相互连接的关系，从而达到处理信息的目的。神经网络是通过对人脑的基本单元——神经元的建模和连接，探索模拟人脑神经系统功能的模型，并研制一种具有学习、联想、记忆和模式识别等智能信息处理功能的人工系统。神经网络的一个重要特性是它能够从环境中学习，并把学习的结果分布存储于网络的突触连接中。神经网络的学习是一个过程，在其所处环境的激励下，相继给网络输入一些样本模式，并按照一定的规则(学习算法)调整网络各层的权值矩阵，待网络各层权值都收敛到一定值后，学习过程结束。然后就可以用生成的神经网络来对真实数据进行分类。

8.2.5 心理学

人类和动物是如何思考和行动的？

心理学作为一门科学，是从 1879 年德国学者冯特受自然科学的影响，建立心理实验室，脱离思辨性哲学成为一门独立的学科开始的。19 世纪末，心理学成为一门独立的学科，到了20世纪中期，心理学才有了相对统一的定义。1879年德国学者冯特受自然科学的影响，在莱比锡大学建立第一个心理实验室，标志着科学心理学的诞生。

8.2.6 计算机工程

我们如何才能制造出计算机？

要使人工智能成功，需要两样东西：智能和人工制品。计算机就是被选中的人工制品。

8.2.7 控制论

人造物品怎样才能在自己的控制下运转？

自从1948年诺伯特·维纳出版著名的《控制论——关于在动物和机器中控制和通信的科学》一书以来，控制论的思想和方法已经渗透到了所有的自然科学和社会科学领域。维纳把控制论看作是一门研究机器、生命社会中控制和通信的一般规律的科学，是研究动态系统在变化的环境条件下如何保持平衡状态或稳定状态的科学。他特意创造Cybernetics这个英语新词来命名这门科学。“控制论”一词最初来源希腊文mberuhhtz，原意为“操舵术”，就是掌舵的方法和技术的意思。在柏拉图(古希腊哲学家)的著作中，经常用它来表示管理的艺术。它是研究动物(包括人类)和机器内部的控制与通信的一般规律的学科，着重于研究过程中的数学关系。它是综合研究各类系统的控制、信息交换、反馈调节的科学，是跨及人类工程学、控制工程学、通信工程学、计算机工程学、一般生理学、神经生理学、心理学、数学、逻辑学、社会学等众多学科的交叉学科。

现代控制理论，特别是随机优化控制的分支，把设计出能够随时间变化使目标函数最大化的系统作为其目的。这粗略地符合人们对AI的观点：设计行为表现最优化的系统。那么为什么它们成为两个不同的领域呢？答案在于它们应用不同的数学工具。

8.2.8 语言学

语言和思维是怎样联系起来的？

语言学(Linguistics)是以人类语言为研究对象的学科，探索范围包括语言的性质、功能、结构、运用和历史发展，以及其他与语言有关的问题。语言学研究的对象是客观存在的语言事实。不管是现代的语言还是古代的语言，都是客观存在的语言现象。尽管不同话语表达的意义是带有主观性且千差万别的，但是传递出来的语言信息却是能被别人共同理解的，语言学被普遍定义为对语言的一种科学化、系统化的理论研究。语言是人类最重要的交际工具，是思想的直接现实。

现代语言学与AI差不多同时诞生，一起长大，交叉形成了一个被称为计算机语言学或自然语言处理的混合领域。

8.3 人工智能的历史

8.3.1 人工智能的孕育期(1943—1955 年)

现在一般认为 AI 的出现汲取了三种资源：基础生理学知识和脑神经元的功能；命题逻辑的形式化分析；图灵的计算理论。图灵的论文《计算机器与智能》中提出了图灵测试、机器学习、遗传算法和增量学习，首次清晰地描绘出 AI 的完整景象。

8.3.2 人工智能的诞生(1956 年)

1956 年召开的 Dartmonth 会议正式确认了 AI 作为人工智能的正式名称。会议提议 AI 有必要成为一个单独的领域，而不是出现在控制论、运筹学或是决策理论的分类下，尽管它们的目标和 AI 很近似。AI 不是数学的一个分支，从一开始就承载着复制人的才能(如创造性、自我修养和语言功能)的使命。没有任何一个其他领域涉及这些问题。AI 的方法论与其领域不同，它是这些领域中唯一一个明确属于计算机科学的分支，而且 AI 是唯一试图建立在复杂和变化的环境中的自动发挥功能的机器的领域。

8.3.3 早期的热情和巨大的期望(1956—1969 年)

在 AI 研究的早期充满了成功(在有限的范围内——只有原始的计算机和当时的程序设计工具)。在计算机还被视为只能做算术题的东西的情况下，计算机哪怕只是做任何一点聪明的事情都是令人震惊的。大体上，主流的思想观念更愿意相信“一台机器永远不能做 X”。AI 的研究者们则不停地演示一个接一个的 X。

通用问题求解器(GPS)这个程序的设计是从模仿人类问题求解的规划开始的。在它能处理的有限类别的问题中，它显示出程序决定的子目标以及可能采取的行动的次序，与人类求解同样问题是类似的。因此，GPS 可能是第一个实现了“像人一样思考”方法的程序。IBM 公司在这个时期制作了一些第一代 AI 程序，包括几何定理证明机能够证明令许多数学系的学生都感到挠头的定理，达到业余高手级别的跳棋程序。

1958 年麦卡锡定义了高级语言 Lisp，成为占统治地位的人工智能程序性设计语言。

8.3.4 现实的困难

在几乎所有的情况下，这些早期的系统最终在试图解决更宽范围和更难问题的时候，都失败了。

第一类困难来自早期的程序很少包含或者不包含它们的主题的知识。它们只是在简单语法处理的意义上成功了。一个典型的例子发生在早期的机器翻译中。它将英语“心有余而力不足"翻译成俄语后意思变成了"伏特加酒是好的而肉是烂的"。时至今日，机器翻译依然无法完全取代人工翻译，虽然它已经广泛使用于工程技术、商业、政府以及互联网的文档和语音处理工作中。

第二类困难是AI试图解决的很多问题不可操作。大部分早期的AI程序求解问题的方式是尝试各步骤的不同组合，直到找到解。这种策略初始的时候是有效的，因为问题空间只包含很少的物体，由此涉及很少的可能行动和步骤以及很短的解序列。在计算复杂性理论发展起来之前，广泛认为大问题只需要更大的内存和更快的计算速度。然而程序原则上能够找到解并不意味着程序实际上包含找到解的机制。随后出现的"组合爆炸"使得英国政府取消了除两所大学以外的所有大学的AI研究支持。

第三类困难来自产生智能行为的基本结构的某些基础限制，且缺乏对智能产生结构的研究。

8.3.5 基于知识的系统(1969—1979年)

AI研究的第一个10年中的问题求解的算法，是一种通用的搜索机制，试图通过串接基本的推理步骤来寻找完全的解。这样的方法被称为弱方法，尽管通用，但是它们不能扩展到大规模或者复杂问题的场合。其替代方案是使用更强有力的、领域相关的知识，以允许更大量的推理步骤和可以更容易地对付范围狭窄的专门领域里出现的典型情况。也就是说，要解决一个难题，你必须已经差不多知道答案。

由斯坦福大学开发的DENDRAL程序是这种方法的一个典型例子。它可以解决根据质谱仪提供的信息推断分子结构的问题。这个程序的意义在于它是第一个成功的知识密集系统：它的专业知识来自大量的专用规则。

8.3.6 AI成为工业(1980年至今)

第一个成功的商用专家系统R1在数据设备公司开始运转。该程序帮助为新计算机系统配置订单；到1986年为止，估计它每年为公司节省了4000万美元。2011年IBM开发的Watson已经被运用到超过35个国家17个产业领域。例如，在医疗保健方面，它可以作为一种线上工具协助医疗专家进行疾病的诊断，医生可以输入一系列的症状和病史，基于Watson的诊断反馈，来做出最终的诊断并制订相关的治疗计划；对于零售商来说，可以利用这项技术，帮助消费者更高效地找到他们想要的商品；对于旅行者来说，他们可以通过这项技术制订最可行的度假计划或出行路线。

IBM和软银机器人控股公司(SBRH)合作推出了基于Watson CCP的智能机器人Pepper，它可以与人类正常沟通，可识别文字、图像和语音，通过行业定制化，可以在银行服务台、餐饮、零售、酒店、医疗接待等领域为人类提供智能的信息化服务。

P53是与许多癌症有关的一种重要蛋白质，迄今已有70 000多篇有关这种蛋白质的论文。贝勒医学院表示，即使科学家一天阅读5篇论文，也要花38年时间来全面了解这种蛋白质。贝勒医学院和IBM合作开发了贝勒知识集成工具包（KnIT)，生物学家和数据科学家使用这一工具包，在 Watson 技术的基础上，准确地识别了可修改 P53 的蛋白质，最终提高了药物和其他疗法的效果。这种自动化分析引导贝勒医学院癌症研究人员确定了 7 种潜在蛋白质，作为新研究的目标。相比于过去 30 年科学家们平均每年才取得一个类似的靶蛋白发现，这一成果所带来的优势十分醒目。

IBM 与医疗技术与服务公司美敦力（Medtronic）在糖尿病管理方面展开深入合作，通过 Watson 的认知计算服务，现已达到了一个关键的里程碑，目前正在测试的一个糖尿病管理应用程序，可以提前 3 小时预测低血糖事件，以让糖尿病患者有充足的时间采取行动，降低不必要的发病损害。

家用电器厂商惠而浦（Whirlpool）与 IBM 合作，实现家用电器的物联网与高级服务。IBM 的 Watson 服务包括认知分析、数据管理和保护，从而可以让惠而浦能及时了解用户的习惯，更有前瞻性地服务于其客户。例如根据用户使用烤箱的习惯（食物喜好、营养状态等），来为其提供定制化的健康食谱。

体育用品公司安德玛（Under Armour）与 IBM 合作开发了一款名为 UA Record，相当于个人健身的数字化助理，它将汇总安德玛全球 1.6 亿用户的健身与健康数据（如睡眠、健身、活动和营养等），为用户提供健身指导（例如推荐符合某一健身指标的运动）。

IBM 通过收购 The Weather Company，利用后者的天气数据，为更多企业提供更加精准的天气信息，帮助企业节省成本，提升效率和效益。例如，一家物流公司通过获取 IBM 的精确天气数据，能够提前知道某些区域是否会出现恶劣天气，包括恶劣天气的具体情况，以此来改变运输车队的路线和行程，避免恶劣天气造成的损失。同样的方法还能够应用于航空公司、销售等。

目前，全世界几乎每个主要的公司都有自己的 AI 研究小组。

8.3.7 神经网络的回归（1986 年至今）

虽然计算机科学在 20 世纪 70 年代后期基本放弃了神经元网络领域，但在其他领域这方面的工作仍在继续。至少 4 个不同的研究小组重新发明了 1969 年首次发现的反向传播算法，该算法被应用于很多计算机科学和心理学中的学习问题。这些被称为连接主义的智能系统被视为传统方法的竞争者。

8.3.8 AI 成为科学（1987 年至今）

这些年来，可以看到人工智能研究的内容和方法论方面发生着变革。现在更普遍的是在已有理论的基础上进行研究而不是提出崭新的理论，主张建立在严格的定理或是确凿的实验证据的基础上而不是靠直觉，显示与现实世界的应用的相关性而不是样例的相关性。

AI 的建立，部分是出自对类似控制论和统计学等已有理论的局限性的叛逆。为了 AI 被接受为坚实的科学方法，它必须以严格的实验为条件，结果的重要性必须经过严格的分析，必须可以重复实验。

近年来基于隐马尔可夫模型的语音识别通过了以上验证。首先，它建立在严格的数学理论基础上；其次，它是在大量的真实语音数据的语料库上通过训练生成的。如此保证了性能是鲁棒的，而且在严格的盲测中稳定拿着高分。同样的趋势也发生在神经网络、贝叶斯网络、机器人技术、计算机视觉和知识表示领域。

8.4 人工智能的研究与应用领域

8.4.1 问题求解

人工智能的一大成就就是发展了能够求解难题的下棋程序。在下棋程序中应用的某些技术，如向前看几步，并把困难的问题分成一些比较容易的子问题，发展成为搜索和问题规约这样的人工智能基本技术。今天的计算机下棋程序已经能够超越人类的水平。另一种问题求解程序把各种数学公式符号汇编在一起，其性能已达到很高水平，并被许多科学家和工程师所应用。有些程序甚至还可以应用经验来改善其性能。到目前为止，人工智能已实现如何考虑要解决的问题，即搜索解答空间和寻找最优解。

8.4.2 逻辑推理与定理证明

早期的逻辑演绎研究工作与问题和难题的求解关系相当密切。已经开发出的程序能够借助于对事实数据库的操作来“证明”断定，其中每个事实由分立的数据结构来表示，就像是数理逻辑中由分立公式表示一样。与人工智能其他技术的不同之处是，这些方法能够完整且一致地加以表示。也就是说，只要事实是正确的，那么程序就能够证明这些从事实得出的定理，而且也仅仅是证明这些定理。

逻辑推理是人工智能研究领域中最持久的方向之一。特别重要的是要找到一些方法，只要注意力集中在一个大型数据库中的有关事实上，留意可信的证明，并在出现新信息时适时修正这些证明。

对数学中臆测的定理寻找一个证明或反证是一项智能任务，为此不仅需要有根据假设进行演绎的能力，而且需要某些直觉技巧。例如，为了求证主要定理而猜测应当首先证明哪一个引理。1976 年，美国的阿佩尔等人合作解决了长达 124 年之久的难题——四色问题。四色定理的成功证明轰动了计算机界。我国人工智能大师吴文俊院士提出并实现了几何定理机器证明的方法，被国际上承认为“吴方法”，是定理证明的又一标志性成果。

8.4.3 自然语言理解

语言处理也是人工智能的早期研究领域之一。目前已经编写出能够从内部数据库回答问题的程序，这些程序通过阅读文本材料和建立内部数据库，能够把句子从一种语言翻译成为另外一种语言，执行给出的指令和获取知识等。有些程序甚至能够在一定程度上进行翻译。尽管这些语言系统并不像人们在语言行为中所做的那样好，但它们能够适应某些简单应用。人工智能在语言翻译与语音理解程序方面已经取得的成就将发展为人类自然语言处理的新概念。

当人们用语言交流时，几乎不费力气地进行着极其复杂却又只需要一点点理解的过程。然而要建立一个能够生成和"理解"哪怕是片段自然语言的计算机系统却是异常困难的。语言已经发展成为智能之间的一种通信媒介，它在某些环境条件下把一点"思维结构"从一个头脑传输到另一个头脑，每个头脑都拥有庞大的高度相似的周围思维结构作为公共的文本。这些相似的、前后有关的思维结构中的一部分允许每个参与者知道对方也拥有这种共同结构，并能够在通信"动作"中用它来执行某些处理。语言的发展显然为参与者使用他们巨大的计算资源和公共知识来生成和理解高度压缩和流畅的知识创造了机会。语言的生成和理解是一个极为复杂的编码和解码问题。

一个能够理解自然语言信息的计算机系统看起来就像一个人一样需要有上下文知识以及根据这些上下文知识和信息进行推理的过程。理解口头和文本语言的计算机系统所取得的进展，其基础就是有关表示上下文知识结构的某些人工智能思想以及根据这些知识进行推理的技术。

8.4.4 自动程序设计

程序设计并不是人类知识的一个十分重要的方面，但是它本身却是人工智能的一个重要研究领域。这个领域的工作叫作自动程序设计。对自动程序设计的研究不仅可以促成半自动软件开发系统的发展，而且也使通过修正自身代码进行学习的人工智能系统得到发展。程序理论方面的有关研究工作对人工智能的所有研究工作都是很重要的组成部分。

自动程序设计研究的重大贡献之一是作为问题求解策略的调整概念。研究发现，对程序设计或是机器人控制问题，先产生一个不费事的有错误的解再修改它，这种做法一般要比坚持要求第一个解就完全没有缺陷的做法要有效得多。

8.4.5 专家系统

专家系统是一个智能计算机程序系统，其内部存有大量专家水平的某个领域的知识与经验，能够利用人类专家的知识和解决问题的方法来解决该领域的问题。也就是说，专家系统是一个具有大量专门知识与经验的程序系统，它应用人工智能技术，根据某个领域中一个或多个人类专家提供的知识和经验进行推理和判断，模拟人类专家的决策过程，以解决那些需要专家解决的复杂问题。

在专家系统或"知识工程"的研究中已经出现了成功和有效的应用人工智能技术的趋势。有代表性的是，用户和专家系统进行"咨询对话"，就像与具有某些方面经验的专家进行对话一样：解释用户的问题，建议进行某些实验以及向专家系统提出询问以期得到有关解答等。目前的实验系统在咨询任务(如化学和地质数据分析、计算机系统结构、建筑工程以及医疗诊断等)方面的质量已经到达了很高的水平。

专家系统与传统的计算机程序最本质的不同之处在于专家系统所要解决的问题一般没有算法解,并且经常要在不完全、不精确或不确定的信息基础上做出结论。随着人工智能整体水平的提高,专家系统也得到了进一步发展。正在开发的新一代专家系统有发布式和协同式专家系统。在新系统中,不但采用基于规则的推理方法,而且采用基于框架的技术和基于模型的原理。

8.4.6 机器学习

机器学习(Machine Learning,ML)是一门多领域交叉学科,涉及概率论、统计学、逼近论、凸分析、算法复杂度理论等多门学科,专门研究计算机怎样模拟或实现人类的学习行为,以获取新的知识或技能,重新组织已有的知识结构使之不断改善自身的性能。

机器学习是人工智能的核心,是使计算机具有智能的根本途径,其应用遍及人工智能的各个领域,它主要使用归纳、综合而不是演绎。学习是人类智能的主要标志和获得知识的基本手段。机器学习(自动获取新的事实和新的推理算法)是使计算机具有智能的根本途径。正如香克所说:“一台计算机若不会学习,就不能称其具有智能。”此外,机器学习还有助于发现人类学习的机理和揭示人脑的奥秘。这是一个始终受到重视,理论正在创立,方法日趋完善,但远未到达理想的研究领域。

学习是一个有特定目的的知识获取过程,其内部表现为新知识结构的不断建立和修改,而外部表现为性能的改善。传统的机器学习倾向于使用符号表示而不是数值表示,使用启发式方法而不是算法。传统机器学习的另一个倾向是使用归纳而不是演绎。前一倾向使它有别于人工智能的模式识别等分支,后一倾向使它有别于定理证明等分支。

一个学习过程本质上是学习系统把导师提供的信息转换为能够被系统理解并应用的形式的过程。综合考虑各种学习方法出现的历史渊源、知识表示、推理策略、结果评估的相似性、研究人员交流的相对集中性以及应用领域等诸因素,将机器学习方法分为以下六类。

1. 经验性归纳学习

经验性归纳学习(Empirical Inductive Learning)采用一些数据密集的经验方法(如版本空间法、ID3 法、定律发现方法)对例子进行归纳学习。其例子和学习结果一般都采用属性、谓词、关系等符号表示。它相当于基于学习策略分类中的归纳学习,但扣除连接学习、遗传算法、加强学习的部分。

2. 分析学习

分析学习(Analytic Learning)方法是从一个或少数几个实例出发,运用领域知识进行分析。其主要特征如下。

(1) 推理策略主要是演绎,而非归纳。

(2) 使用过去的问题求解经验(实例)指导新的问题求解,或产生能更有效地运用领域知识的搜索控制规则。

分析学习的目标是改善系统的性能,而不是新的概念描述。分析学习包括应用解释学习、演绎学习、多级结构组块以及宏操作学习等技术。

3. 类比学习

类比学习相当于基于学习策略分类中的类比学习。在这一类型的学习中比较引人注目的研究是通过与过去经历的具体事例做类比来学习,称为基于范例的学习(Case-Based Learning),或简称范例学习。

4. 遗传算法

遗传算法(Genetic Algorithm)模拟生物繁殖的突变、交换和达尔文的自然选择(在每一生态环境中适者生存)。它把问题可能的解编码为一个向量,称为个体,向量的每一个元素称为基因,并利用目标函数(相当于自然选择标准)对群体(个体的集合)中的每一个个体进行评价,根据评价值(适应度)对个体进行选择、交换、变异等遗传操作,从而得到新的群体。遗传算法适用于非常复杂和困难的环境,例如带有大量噪声和无关数据、事物不断更新、问题目标不能明确和精确定义,以及通过很长的执行过程才能确定当前行为的价值等情况。同神经网络一样,遗传算法的研究已经发展为人工智能的一个独立分支,其代表人物为霍勒德(J.H.Holland)。

5. 连接学习

典型的连接模型实现为人工神经网络,其由称为神经元的一些简单计算单元以及单元间的加权连接组成。

6. 增强学习

增强学习(Reinforcement Learning)的特点是通过与环境的试错法(Trial and Error)交互来确定和优化动作的选择,以实现序列决策任务。在这种任务中,学习机制通过选择并执行动作,导致系统状态的变化,并有可能得到某种强化信号(立即回报),从而实现与环境的交互。强化信号就是对系统行为的一种标量化的奖惩。系统学习的目标是寻找一个合适的动作选择策略,即在任一给定的状态下选择哪种动作的方法,使产生的动作序列可获得某种最优的结果(如累计立即回报最大)。

在综合分类中,经验归纳学习、遗传算法、连接学习和增强学习均属于归纳学习,其中经验归纳学习采用符号表示方式,而遗传算法、连接学习和加强学习则采用亚符号表示方式;分析学习属于演绎学习。

实际上,类比策略可看成归纳和演绎策略的综合,因而最基本的学习策略只有归纳和演绎。

从学习内容的角度看,采用归纳策略的学习由于是对输入进行归纳,所学习的知识显然超过原有系统知识库所能蕴含的范围,所学结果改变了系统的知识演绎闭包,因而这种类型的学习又可称为知识级学习;而采用演绎策略的学习尽管所学的知识能提高系统的效率,但仍能被原有系统的知识库所蕴含,即所学的知识未能改变系统的演绎闭包,因而这种类型的学习又被称为符号级学习。

学习形式分类可分为如下两种。

(1) 监督学习。监督学习(Supervised Learning),即在机械学习过程中提供对错指示。一般是数据组中包含最终结果(0,1)。通过算法可让机器自我减少误差。这一类学习主要应用于分类和预测(Regression & Classify)。监督学习从给定的训练数据集中学习出一个函数,当新的数据到来时,可以根据这个函数预测结果。监督学习的训练集要求包括输入和输出,也可以说是特征和目标。训练集中的目标是由人标注的。常见的监督学习算法包括回归分析和统计分类。

(2) 非监督学习。非监督学习(Unsupervised Learning)又称为归纳性学习(Clustering),是利用 K 方式(Kmeans),建立中心,通过循环和递减运算来减小误差,从而达到分类的目的。

8.4.7 神经网络

由于传统计算机体系结构的局限性,现有计算机还存在一些尚无法解决的问题。例如,基于逻辑思维的知识处理,在一些比较简单的知识范畴内能够建立比较清楚的理论框架,表现出人的某些智能行为;但是,在视觉理解、直觉思维、常识与顿悟等问题上却显得力不从心。这种做法与人类智能活动有许多重要差别。传统的计算机不具备学习能力,无法快速处理非数值计算的形象思维等问题,也无法求解那些信息不完整、不确定性和模糊性问题。人们一直在寻找新的信息处理机会,神经网络就是其中之一。

研究结果表明,用神经网络处理直观和形象思维信息比传统处理方式有好得多的效果。神经网络的发展有非常广阔的科学背景,是众多学科研究的综合结果。对神经网络模型、算法、理论分析和硬件实现的大量研究,为神经网络走向应用提供了物质基础。现在,神经网络已在模式识别、图像处理、组合优化、自动控制、信息处理、机器人学和人工智能其他领域获得日益广泛的应用。

人工神经网络首先要以一定的学习准则进行学习,然后才能工作。下面以人工神经网络对于写 A、B 两个字母的识别为例进行说明,规定当输入 A 时,应该输出 1;当输入 B 时,输出为 0。

所以网络学习的准则应该是:如果网络做出错误的判决,则通过网络的学习,应使得网络减少下次犯同样错误的可能性。首先,给网络的各连接权值赋予(0,1)区间内的随机值,将 A 所对应的图像模式输入给网络,网络将输入模式加权求和、与门限比较,再进行非线性运算,得到网络的输出。在此情况下,网络输出为 1 和 0 的概率各为 50%,也就是说是完全随机的。这时如果输出为 1(结果正确),则使连接权值增大,以便使网络再次遇到 A 模式输入时,仍然能做出正确的判断。

普通计算机的功能取决于程序中给出的知识和能力。显然,对于智能活动要通过总结编制程序将十分困难。

人工神经网络也具有初步的自适应与自组织能力。在学习或训练过程中改变突触权重值，以适应周围环境的要求。同一网络因学习方式及内容不同可具有不同的功能。人工神经网络是一个具有学习能力的系统，可以发展知识，以致超过设计者原有的知识水平。通常，它的学习训练方式可分为两种：一种是有监督或称有导师的学习，这时利用给定的样本标准进行分类或模仿；另一种是无监督学习或称无为导师学习，这时，只规定学习方式或某些规则，则具体的学习内容随系统所处环境（即输入信号情况）而异，系统可以自动发现环境特征和规律性，具有更近似人脑的功能。

神经网络就像是一个爱学习的孩子，教给它的知识它是不会忘记而且会学以致用的。当把学习集（Learning Set）中的每个输入加到神经网络中，并告诉神经网络输出应该是什么分类，在全部学习集都运行完成之后，神经网络就根据这些例子总结出它自己的想法，到底它是怎么归纳的就是一个黑盒了。之后人们就可以把测试集（Testing Set）中的测试例子用神经网络来分别做测试，如果测试通过（比如 80％或 90％的正确率），那么神经网络就构建成功了。之后就可以用这个神经网络来判断事务的分类了。

8.4.8 深度学习

2013 年 4 月，《麻省理工技术评论》杂志将深度学习列为 2013 年十大突破性技术（Breakthrough Technology）之首。先来看看人类的大脑是如何工作的。1981 年的诺贝尔医学奖，颁发给了 David Hubel、Torsten Wiesel 和 Roger Sperry。前两位的主要贡献是，发现了人的视觉系统的信息处理是分级的。光线通过视网膜进入大脑，通过提取边缘特征，检测基本形状或目标的局部，再到高层的整个目标（如判定为一张人脸），以及到更高层进行的分类判断等。也就是说高层的特征是低层特征的组合，从低层到高层的特征表达越来越抽象和概念化，也即越来越能表现语义或者意图。

这个发现激发了人们对于神经系统的进一步思考。大脑的工作过程或许是一个不断迭代、不断抽象概念化的过程，如图 8-1 所示。例如，从原始信号摄入开始（瞳孔摄入像素），接着做初步处理（大脑皮层某些细胞发现边缘和方向），然后抽象（大脑判定眼前物体的形状，例如椭圆形的），然后进一步抽象（大脑进一步判定该物体是张人脸），最后识别眼前的这个人。这个过程其实和人们的常识是相吻合的，因为复杂的图形，往往就是由一些基本结构组合而成的。同时还可以看出：大脑是一个深度架构，认知过程也是深度的。

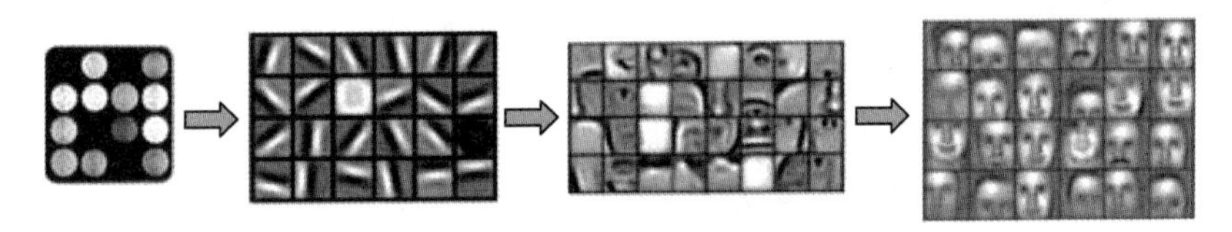

图 8-1 视觉的分层处理结构（图片来源：Stanford）

深度学习（Deep Learning）其实算是神经网络的延伸，从概念被提出，其逐渐地在人工智能领域大显身手。尤其是在 2012 年，其在图像识别领域获得惊人的成绩。与神经网络一样，深度学习也是一个算法的集合，只不过这里的算法都是基于多层神经网络的新算法。它是一种新的算法和结构，新的网络结构中最著名的就是卷积神经网络

(Convolutional Neural Network,CNN),它解决了传统网络的层数较多时,很难训练的问题,使用了“局部感受野”和“权植共享”的概念,大大减少了网络参数的数量。关键是这种结构确实很符合视觉类任务在人脑上的工作原理。新的方法不断增多,如新的激活函数(ReLU)、新的权重初始化方法(逐层初始化、XAVIER 等)、新的损失函数、新的防止过拟合方法(Dropout、BN 等)。这些方面主要都是为了解决传统的多层神经网络的一些不足,如梯度消失、过拟合等。

由于其解决了早期人工智能的一些遗留问题,在大数据和大算力的加持下,使得人工智能重新进入到大众的视野,并在视觉识别、图像识别、语音识别、棋类 AI 中成为核心技术。所以现在深度学习就是新的神经网络,其本质仍然是神经网络,但是又区别于旧的神经网络。

深度学习是机器学习中一种基于对数据进行表征学习的方法。观测值(例如一幅图像)可以使用多种方式来表示,如每个像素强度值的向量,或者更抽象地表示成一系列边、特定形状的区域等。使用某些特定的表示方法更容易从实例中学习任务(例如,人脸识别或面部表情识别)。深度学习的好处是用非监督式或半监督式的特征学习和分层特征提取高效算法来替代手工获取特征。

同机器学习方法一样,深度机器学习方法也有监督学习与无监督学习之分。不同的学习框架下建立的学习模型不同。例如,卷积神经网络就是一种深度监督学习下的机器学习模型,而深度置信网(Deep Belief Net,DBN)就是一种无监督学习下的机器学习模型。

阿尔法狗(AlphaGO)是第一个击败人类职业围棋选手、第一个战胜围棋世界冠军的人工智能程序。它主要的原理就是深度学习。2016 年 3 月,AlphaGO 与围棋世界冠军、职业九段棋手李世石进行围棋人机大战,以 4 比 1 的总比分获胜;2016 年末 2017 年初,AlphaGO 在中国棋类网站上以“大师”(Master)为注册账号与中、日、韩数十位围棋高手进行快棋对决,连续 60 局无一败绩;2017 年 5 月,在中国乌镇围棋峰会上,AlphaGO 与排名世界第一的世界围棋冠军柯洁对战,以 3 比 0 的总比分获胜。

围棋界公认 AlphaGO 的棋力已经超过人类职业围棋顶尖水平,AlphaGO 的胜利是人工智能历史上的一座里程碑。

早在 1997 年,IBM 的国际象棋系统“深蓝”击败了世界冠军卡斯帕罗夫时,采用的算法是通过暴力搜索的方式尝试更多的下棋方法从而战胜人类,其所依赖的更多是计算机的计算资源优势。

“深蓝”对战卡斯帕罗夫的算法在围棋领域完全不适用。为了战胜人类围棋选手,AlphaGO 需要更加智能且强大的算法。深度学习为其提供了可能。

AlphaGO 主要包括三个组成部分。

(1) 蒙特卡洛搜索树(MonteCarlo Tree Search,MCTS)。

(2) 估值网络(Value Network)。

(3) 策略网络(Policy Network)。

AlphaGO 的一个大脑——策略网络,通过深度学习在当前给定棋盘条件下,预测下一步在哪里落子。通过大量对弈棋谱获取训练数据,该网络预测人类棋手下一步落子点的准确率可达57%以上(当年数据),并可以通过自己跟自己对弈的方式提高落子水平。

AlphaGO的另一个大脑——估值网络,判断在当前棋盘条件下黑子赢棋的概率。其使用的数据就是策略网络自己和自己对弈时产生的。

AlphaGO使用蒙特卡洛搜索树算法,根据策略网络和估值网络对局势的评判结果来寻找最佳落子点。

基于以上深度学习的各种算法的有机结合,才让AlphaGO以悬殊的比分战胜人类选手。

8.4.9 大数据

人工智能和大数据是人们耳熟能详的流行术语,但也可能会有一些混淆。人工智能和大数据有什么相似之处和不同之处?它们有什么共同点吗?它们是否相似?能进行有效的比较吗?

人工智能是一种计算形式,它允许机器执行认知功能,例如对输入起作用或做出反应,类似于人类的做法。传统的计算应用程序也会对数据做出反应,但反应和响应都必须采用人工编码。如果出现任何类型的差错,就像意外的结果一样,应用程序无法做出反应。人工智能系统不断改变它们的行为,以适应调查结果的变化并修改它们的反应。支持人工智能的机器旨在分析和解释数据,然后根据这些解释解决问题。通过机器学习,计算机会学习一次如何对某个结果采取行动或做出反应,并在未来知道采取相同的行动。大数据是一种传统计算。它不会根据结果采取行动,而只是寻找结果。它定义了非常大的数据集,但也可以是极其多样的数据。在大数据集中,可以存在结构化数据,如关系数据库中的事务数据,以及结构化或非结构化数据,例如图像、电子邮件数据、传感器数据等。它们在使用上也有差异。大数据主要是为了获得洞察力,例如Netflix网站可以根据人们观看的内容了解电影或电视节目,并向观众推荐哪些内容。因为它考虑了客户的习惯以及他们喜欢的内容,推断出客户可能会有同样的感觉。人工智能可对决策和学习做出更好的决定。无论是自我调整软件、自动驾驶汽车还是检查医学样本,人工智能都会在人类之前完成相同的任务,但速度更快,错误更少。

虽然它们有很大的区别,但人工智能和大数据仍然能够很好地协同工作。这是因为人工智能需要数据来建立其智能,特别是机器学习。例如,机器学习图像识别应用程序可以查看数以万计的飞机图像,以了解飞机的构成,以便将来能够识别出它们。实现人工智能最大的飞跃是大规模并行处理器的出现,特别是GPU,它是具有数千个内核的大规模并行处理单元,而不是CPU中的几十个并行处理单元。这大大加快了现有的人工智能算法的速度,且已使它们可行。大数据可以采用这些处理器,机器学习算法可以学习如何重现某种行为,包括收集数据以加速机器。人工智能不会像人类那样推断出结论,它通过试验和错误来学习,这需要大量的数据来教授和培训。人工智能应用的数据越多,其获得的结果就越准确。过去,人工智能由于处理器速度慢、数据量小而不能很好地工作。也没有像当今先进的传感器,并且当时互联网还没有广泛使用,所以很难提供实时数据。现在,人们拥有所需要的一切:快速的处理器、输入设备、网络和大量的数据集。毫无疑问,没有大数据就没有人工智能。

8.4.10 模式识别

人们在观察事物或现象的时候,常常要寻找它与其他事物或现象的不同之处,并根据一定的目的把各个相似但又不完全相同的事物或现象组成一类。字符识别就是一个典型的例子。例如数字 4 可以有各种写法,但都属于同一类别。更为重要的是,即使对某种写法的 4,以前未曾见过,也能把它分到 4 所属的这一类别。人脑的这种思维能力就构成了"模式"的概念。在上述例子中,模式和集合的概念是未分开的,只要认识这个集合中的有限数量的事物或现象,就可以识别属于这个集合的任意多的事物或现象。为了强调从一些个别的事物或现象推断出事物或现象的总体,把这样一些个别的事物或现象叫作各个模式。也有的学者认为应该把整个的类别叫作模式,这样的"模式"是一种抽象化的概念,如"房屋"等都是"模式",而把具体的对象,如人民大会堂,叫作"房屋"这类模式中的一个样本。这种名词上的不同含义是容易从上下文中弄清楚的。

模式识别是人类的一项基本智能,在日常生活中,人们经常进行"模式识别"。随着 20 世纪 40 年代计算机的出现以及 50 年代人工智能的兴起,人们当然也希望能用计算机来代替或扩展人类的部分脑力劳动。(计算机)模式识别在 20 世纪 60 年代初迅速发展并成为一门新学科。

早期的模式识别研究着重在数学方法上。20 世纪 50 年代末,罗森布拉特提出了一种简化的模拟人脑进行识别的数学模型——感知器,初步实现了通过给定类别的各个样本对识别系统进行训练,使系统在学习完毕后具有对其他未知类别的模式进行正确分类的能力。1957 年,周绍康提出用统计决策理论方法求解模式识别问题,促进了从 50 年代末开始的模式识别研究工作的迅速发展。1962 年,纳拉西曼提出了一种基于基元关系的句法识别方法。傅京孙在句法模式的理论和应用两方面进行了系统的卓有成效的研究,并于 1974 年出版了一本专著《句法模式识别及其应用》。1982 年和 1984 年,荷甫菲尔德发表了两篇重要论文,深刻揭示出人工神经元、网络所具有的联想存储和计算能力,进一步推动了模式识别的研究工作,短短几年在很多应用方面就取得了显著成果,从而形成了模式识别的人工神经元网络方法的新的学科方向。

模式识别可用于文字和语音识别、遥感和医学诊断等方面。

1. 文字识别

汉字已有数千年的历史,也是世界上使用人数最多的文字,对于中华民族灿烂文化的形成和发展有着不可磨灭的功劳。所以在信息技术及计算机技术日益普及的今天,如何将文字方便、快速地输入到计算机中已成为影响人机接口效率的一个重要瓶颈,也关系到计算机能否真正在我国得到普及。目前,汉字输入主要分为人工键盘输入和机器自动识别输入两种。其中人工输入速度慢且劳动强度大;自动输入又分为汉字识别输入及语音识别输入。从识别技术的难度来说,手写体识别的难度高于印刷体识别,在手写体识别中,脱机手写体的难度又远远超过了联机手写体识别。到目前为止,各国手写文字的识别都已开始商业应用。

2. 语音识别

语音识别技术所涉及的领域包括信号处理、模式识别、概率论和信息论、发声机理和听觉机理、人工智能等。近年来，在生物识别技术领域中，声纹识别技术以其独特的方便性、经济性和准确性等优势受到世人瞩目，并日益成为人们日常生活和工作中重要且普及的安全验证方式。而且利用基因算法训练连续隐马尔可夫模型的语音识别方法现已成为语音识别的主流技术，该方法在语音识别时识别速度较快，也有较高的识别率。

3. 指纹识别

人们手掌及其手指、脚趾内侧表面的皮肤凹凸不平产生的纹路会形成各种各样的图案。这些皮肤的纹路在图案、断点和交叉点上各不相同，是唯一的。依靠这种唯一性，就可以将一个人同其指纹对应起来。通过将某人指纹和预先保存的指纹进行比较，便可以验证此人的真实身份。一般的指纹可分成以下几大类：环状（Loop）、螺旋状（Whorl）、弓状（Arch），这样就可以将每个人的指纹分别归类，进行检索。指纹识别基本上可分成：预处理、特征选择和模式分类等步骤。

4. 遥感

遥感图像识别已广泛用于农作物估产、资源勘察、气象预报和军事侦察等。

5. 医学诊断

在癌细胞检测、X射线照片分析、血液化验、染色体分析、心电图诊断和脑电图诊断等方面，模式识别已取得了很大成效。

本章小结

本章从各个角度和不同层次介绍了什么是人工智能。研究人工智能的主流学派及其研究方式方法和原理。为深入理解人工智能这个概念，有必要通过该学科的8个基础来展开学习。通过对人工智能曲折发展历史的回顾，向人们展现了该学科光明的未来。通过对人工智能10个研究及应用方向的介绍，拉近了概念与现实的距离，使读者更加容易接受新技术的发展所带来的改变。

习题

1. 什么是人工智能？
2. 人工智能有哪些研究领域？
3. 人工智能的基础有哪些？

参 考 文 献

[1] 尹立莉，胡伟成.发展物联网产业问题浅析[J].经济研究导刊，2010(23)：186-187.

[2] 王保云.物联网技术研究综述[J].电子测量与仪器学报，2009，23(12)：1-7.

[3] 李龙.新工业时代下中国工业物联网发展现状及趋势[J].电子产品世界，2016(2)：9-12.

[4] 武岳山."智慧地球"概念的内涵浅析(九)——IBM的"智慧地球"概念说了些什么？[J].物联网技术，2012，2(2)：90-92.

[5] 李爱国，李战宝."智慧地球"的战略影响与安全问题[J].计算机安全，2010(11)：85-88.

[6] 张建勋，古志民，郑超.云计算研究进展综述[J].计算机应用研究，2010，27(2)：429-433.

[7] 吴康迪.智能体技术——人工智能的新飞跃[J].科学与社会，2000(1)：61-64.

[8] 王万良.人工智能及其应用[M].北京：高等教育出版社，2005.

[9] 李刚，张志宏.蜜蜂的舞蹈——ZigBee的无线网络技术和应用[J].电子产品世界，2006(2S)：84-87.

[10] 封瑜，葛万成.基于ZigBee技术的无线传感器网络构建与应用[J].电子工程师，2007(3).

[11] 孙红，许涛，王颖慧，等.ZigBee网络的RFID技术在物联网中的研究[J].微计算机信息，2011，27(6)：93.

图书资源支持

感谢您一直以来对清华版图书的支持和爱护。为了配合本书的使用，本书提供配套的资源，有需求的读者请扫描下方的“书圈”微信公众号二维码，在图书专区下载，也可以拨打电话或发送电子邮件咨询。

如果您在使用本书的过程中遇到了什么问题，或者有相关图书出版计划，也请您发邮件告诉我们，以便我们更好地为您服务。

我们的联系方式：

地　　址：北京市海淀区双清路学研大厦 A 座 701

邮　　编：100084

电　　话：010-83470236　010-83470237

资源下载：http://www.tup.com.cn

客服邮箱：tupjsj@vip.163.com

QQ：2301891038（请写明您的单位和姓名）

资源下载、样书申请

书圈

扫一扫，获取最新目录

课 程 直 播

用微信扫一扫右边的二维码，即可关注清华大学出版社公众号“书圈”。